Feldbahnen und Industriebahnen

Ein Lehr- und Handbuch für Ingenieure, Techniker, Großgrund- und Grubenbesitzer und Studierende

Von

Ing. L. Ptaczowsky

Mit 229 Abbildungen im Text

BERLIN W.
Verlag von M. Krayn.
1920.

Druck von H. Laupp jr in Tübingen.

Vorwort.

Eine der wichtigsten Fragen beim Wiederaufbau unseres durch den Krieg so schwer mitgenommenen Wirtschaftslebens bildet die Mechanisierung unserer Transportmittel. Durch die großen im Kriege erlittenen Verluste an menschlichen und tierischen Arbeitskräften sind wir gezwungen, neue Wege und Mittel in dieser Hinsicht einzuschlagen, da es weiterhin nicht angängig erscheint, derartige kostspielige Arbeitskräfte für Transportarbeiten, wie bisher, heranzuziehen. Es wurde bereits von Fachleuten darauf hingewiesen, daß es nicht ratsam erscheint, für diese Zwecke neue Lokalbahnen zu bauen, da ja schon die bestehenden eine ungünstige Rentabilität zeigen. Die gesamte Transportarbeit durch Lastautomobile zu bewältigen erscheint aber nicht durchführbar, da dies eine völlige Rekonstruktion unseres Straßennetzes bedingen würde. Hier kann nur durch die Erbauung von Feldbahnen eine befriedigende Lösung dieser Frage gefunden werden. Die Folge ist, daß das Feldbahnwesen einer großen Zukunft entgegengeht und daß sich viele Ingenieure, Techniker, Großgrundbesitzer und Landwirte, ferner Gruben- und Fabrikbesitzer sowie Bauunternehmer neuerdings eingehend mit diesem Gegenstande beschäftigen müssen.

Eine rasche Orientierung auf dem Gebiete des Feldbahnwesens wird nun dadurch erschwert, daß in der Literatur fast nichts vorhanden ist, was diesen Gegenstand erschöpfend behandelt und man gezwungen ist, in allen möglichen Büchern, Zeitschriften und Katalogen Nachschau zu halten, was nicht nur zeitraubend ist, sondern auch nicht immer zu dem gewünschten Resultat führt.

Diesem fühlbaren Mangel abzuhelfen ist der Zweck vorliegenden Buches. Es soll alles gesagt werden, was für den Bau und Betrieb von Feld- und Industriebahnen notwendig erscheint, so daß sich auch der Nichtfachmann in allen Fragen ein Urteil bilden kann.

Die verschiedenen führenden Firmen wie A. Borsig, Berlin-Tegel, Hannoversche Maschinenbau-A.-G., Hannover-Linden, Gasmotorenfabrik Deutz, Köln-Deutz, Ruhrthaler Maschinenfabrik, Mühlheim (Ruhr) usw. haben meine Arbeit in zuvorkommendster Weise unterstützt und sei ihnen an dieser Stelle mein Dank ausgesprochen.

Berlin im Oktober 1919.

Ingenieur L. Ptaczowsky.

Einleitung.

Schon im 17. Jahrhundert waren deutsche Bergleute bemüht, den Fahrwiderstand der von ihnen im Bergwerksbetriebe verwendeten Fahrzeuge dadurch herabzumindern, daß sie Holzbahnen zur Anwendung brachten Diese Holzbahnen wurden dann auch in England bekannt und gaben dort Anregung zu den eisernen Schienen. Im Jahre 1776 wurde von Benjamin Curr bei den Sheffielder Kohlenwerken die erste Bahn mit gußeisernen Schienen errichtet. Diese gußeisernen Schienen hatten an der Außenseite einen Rand angegossen, durch welchen die Fahrzeuge gezwungen wurden, in ihrer Spur zu bleiben.

Die eigentliche Weiterentwicklung derartiger Eisenbahnen begann erst mit der Nutzbarmachung der Dampfkraft. Das Verdienst, die Dampfmaschine für Eisenbahnen in Anwendung zu bringen, gebührt Trevithick, der 1804 eine Lokomotive baute, die in Wales auf einem Pferdebahngleis lief. George Stephanson vervollkommnete die Lokomotive derart, daß er 1829 über verschiedene Konkurrenzmaschinen den Sieg davontragen konnte.

Den ersten Lokomotiven gab Stephanson eine Spurweite von 4′ 6″ (engl.) = 1372 mm. Dieses Maß wurde mit Rücksicht auf die damaligen Landfuhrwerke gewählt, damit diese die Winkelschinen als Spurbahn benutzen konnten. Als Stephanson später auf die hochstegige Schiene überging, erweiterte er die Spurweite auf 4′ 8½″ = 1435 mm, ohne daß ihn irgendwelche bestimmte technische Gründe zur Wahl dieser Spurweite veranlaßten. Diese Spurweite wurde dann auch von den andern Ländern übernommen und beibehalten; man bezeichnet sie als Vollspur, auch Regel- oder Normalspur. In verschiedenen Ländern konnte diese keinen Eingang finden. So gibt es größere Spurweiten in Rußland (1,524 m), Spanien (1,74 m) usw.; schmälere in Griechenland, Korsika, Brasilien (1,0 m), Norwegen, Japan, Java, Kapland (1, 067 m) usw.

Neben der Normalspur entwickelten sich eine Reihe von Spurweiten, die kleiner als die Normalspur sind und teils aus wirtschaftlichen, teils aus technischen Gründen hervorgegangen sind. Seitdem aber die schmalspurigen Bahnen auch in der Industrie, Land- und Forstwirtschaft eine ungeahnte Verbreitung in allen Ländern der Erde gefunden haben, kennt man ungefähr 100 verschiedene Spurweiten, von welchen einzelne wieder eine allgemeine Anwendung gefunden haben. Die sogenannten Kleinbahnen, Nebenbahnen usw. dienen dem öffentlichen Verkehr und unterliegt daher deren Bau und Betrieb den bestehenden Gesetzen und Vorschriften. Da im nachstehenden nur von den für die Industrie sowie Land- und Forstwirtschaft usw. dienenden Schmalspurbahnen die Rede ist, die rein privaten Charakter haben und für die allgemeine amtliche Vorschriften nicht bestehen, so kann von der Anführung der oben erwähnten Gesetze und Vorschriften hier abgesehen werden. Zu bemerken wäre noch, daß gewisse Bedingungen bei Grubenbahnen bestehen, unter welchen die Inbetriebnahme mit einer Verbrennungskraft-, Dampf- oder elektrischen Lokomotive erfolgen kann.

Die für die Industrie sowie Land- und Forstwirtschaft dienenden Schmalspurbahnen bezeichnet man allgemein mit Feldbahnen, ganz gleich, welchem Zwecke sie dienen. Ihr Anwendungsgebiet ist heute ein sehr großes, da sich mit ihnen eine namhafte Vereinfachung in den Betrieben und mithin auch große Ersparnisse erzielen lassen. Dies geht schon daraus hervor, daß durch die Verwendung von Gleisen gegenüber einer mittelguten wagerechten Straße eine ungefähr fünf- bis achtfache Ersparnis an Zugkraft erzielt wird.

Für die Wahl der Spurweite, Solidität des Unterbaues usw. sind verschiedene Gesichtspunkte maßgebend. Je kleiner die Spur, desto besser schmiegt sie sich dem Gelände an und desto geringer werden die Anlagekosten, wobei zu berücksichtigen ist, daß beispielsweise die bei Feldbahnen übliche Spurweite von 600 mm nur für Pferdezug, Motor- oder leichten Lokomotivbetrieb praktisch geeignet erscheint. Für längere Strecken, auf welchen schwere Lasten durch schwere Lokomotiven befördert werden sollen, eignet sich die 600 mm-Spur weniger. Die Wahl der Spurweite hängt ferner von der Größe der zu befördernden Fahrzeuge ab, deren Breite und Höhe in einem bestimmten Verhältnis zur Spur stehen muß, damit während der Fahrt kein Umkippen der Fahrzeuge eintritt. Für kürzere Strecken soll in der Regel schwerer Oberbau verwendet werden, so daß die Züge einen größeren Raddruck haben können, wodurch die Anschaffungskosten des rollenden Materials reduziert werden.

Handelt es sich um Transporte, die von oder nach häufig wechselnden Stellen stattfinden, so eignen sich hierzu am besten die transportablen Gleise, welche keinen besonderen Unterbau beanspruchen, und welche mit geringem Zeit- und Arbeitsaufwand nach beliebigen Stellen verlegt werden können. Sollen die Transporte auf einer dauernden Verbindung stattfinden, so kommen festverlegte Gleise, welche auf einen sorgfältig hergestellten Unterbau verlegt werden, zur Anwendung. Die gebräuchlichsten Spurweiten für transportables Gleis sind 500 und 600 mm, für festverlegtes Gleis 600, 760, 900 und 1000 mm.

I. Linienführung.

Für die Ausarbeitung eines Feldbahnprojekts sind in erster Linie die Herstellung eines Lageplanes notwendig, aus dem alle wichtigen Daten, wie Linienführung, Steigungsverhältnisse, Krümmungsradien der Kurven usw. ersichtlich sind. Solange es sich um die Herstellung einer Feldbahn handelt, die nur untergeordneten Zwecken dienen soll, kann von der Anfertigung eines Lageplanes abgesehen werden. Handelt es sich jedoch um Feldbahnen, die einem bleibenden Zwecke dienen sollen und auf der schwere Lasten über lange Strecken transportiert werden sollen, so wird die Herstellung eines Lageplanes unbedingt notwendig werden.

Was nun die Linienführung einer Schmalspurbahn betrifft, so können hier die bei den Vollspurbahnen beobachteten Grundsätze sinngemäße Anwendung finden, wobei natürlich mit Rücksicht auf die verminderte Fahrgeschwindigkeit auf Schmalspurbahnen wesentlich andere Bedingungen in bezug auf den Krümmungshalbmesser, Kurvenüberhöhung usw zu berücksichtigen sind.

Für die Linienführung oder das Aufsuchen der Trasse kann gewöhnlich eine besondere Aufnahme des Geländes entbehrt werden, da uns für diese Zwecke ausgezeichnetes Planmaterial in den Generalstabskarten (1 : 100 000 und 1 : 50 000), den Meßtischblättern (1 : 25 000) mit Höhenschichtenlinien und geologischen Karten zur Verfügung steht; dazu kommen noch die vorzüglichen Spezialpläne der Stadt- und Landgemeinden in Maßstäben von 1 : 2500, 1 : 4000 oder 1 : 5000. Für die hier in Frage kommenden Pläne sind die Generalstabskarten weniger geeignet; da ihr Maßstab zu klein ist, eignen sie sich nur für eine oberflächliche Orientierung. Viel besser eignen sich die Meßtischblätter, da man auf ihnen nicht nur die Entfernungen ablesen kann, sondern auch Gelegenheit hat, die Höhenunterschiede im Gelände genau zu erkennen Ganz besonders aber werden die in noch größeren Maßstäben gehaltenen Spezialpläne der Gemeinden geeignet sein

Beim Aufsuchen der Trasse sind gewöhnlich mehrere Punkte gegeben, stets jedoch zwei: der Ausgangspunkt und der Endpunkt Sind zwischen diesen beiden Punkten noch andere Punkte gegeben, z. B. eine Verladestation, eine Brücke, die für die Feldbahn verwendet werden kann usw., so nennt man diese Punkte Zwangspunkte. Das Naheliegendste wäre nun, diese gegebenen Punkte durch gerade Linien zu verbinden, um eine möglichst kurze Trasse zu erhalten. Dies wird aber nur in den seltensten Fällen der Fall sein können, da sich immer irgendwelche Hindernisse in den Weg stellen werden. Es muß auch stets danach gestrebt werden, Steigungen zu vermeiden, denn jede Steigung erhöht die Betriebskosten.

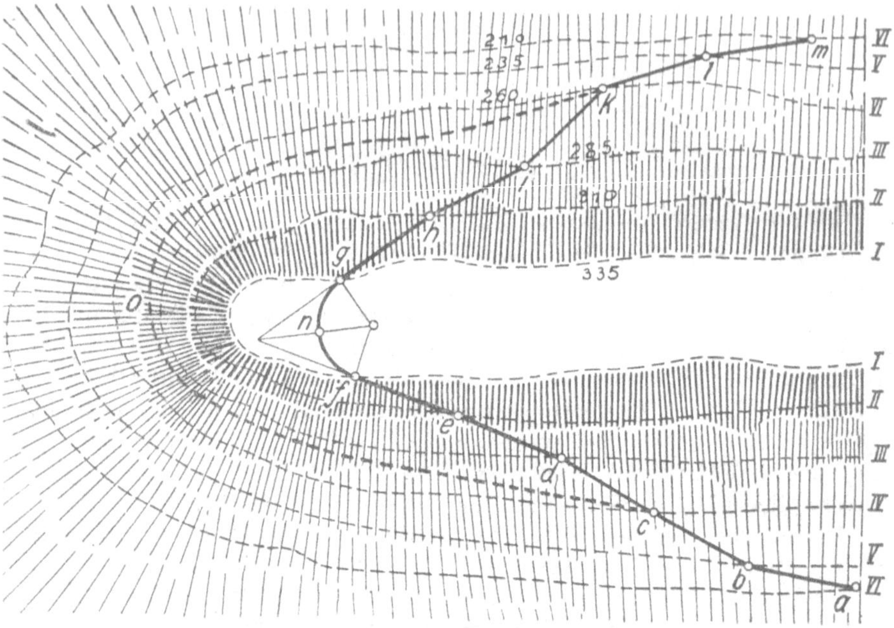

Fig. 1.

Kommen für eine Neuanlage mehrere Spurweiten in Betracht, so ist für jede Spurweite ein vollständiges Projekt auszuarbeiten, da sich für verschiedene Spurweiten oft ganz abweichende Trassen ergeben, mithin die Bauko ten der einzelnen Trassen oft erhebliche Differenzen aufweisen können.

Wie schon erwähnt wird für eine Feldbahnanlage in den meisten Fällen eine besondere Geländeaufnahme entbehrlich werden und wird man mit den Meßtischblättern stets das Auslangen finden. Die auf den Meßtischblättern eingezeichneten Schichtenlinien, welche man auch Höhenkurven nennt, stellen jene Linien dar, durch welche alle Punkte im Gelände miteinander verbunden sind, die gleiche Höhenlage haben. Sind nun zwei Punkte im Plan gegeben so kennt man ihre Entfernung, die sich mit Hilfe des am Plane eingezeichneten Maßstabes leicht ablesen läßt, ferner ihren Höhenunterschied h, mithin auch das Steigungsverhältnis, das stets der Quotient aus dem Höhenunterschied und der Länge, also $\frac{h}{l}$ ist. Jn der Praxis wird das Steigungsverhältnis niemals durch einen Bruch angegeben, sondern in Prozenten oder als Verhältniszahl. So heißt beispielsweise 1 : 100: auf 100 m Länge 1 m Hebung, oder man verwendet „Tausendteile" an — 10 ‰ heißt: auf 1000 m Länge 10 m Steigung; 1 % ist also dasselbe wie 10 ‰ oder 1 : 100.

Das Aufsuchen der Trasse für ein bestimmtes Steigungsverhältnis soll nachstehend ganz allgemein an einem Beispiel, das in der Praxis wohl selten vorkommen wird, aber den Vorgang gut charakterisiert, näher erklärt werden.

Beispielsweise soll eine Trasse von a (Fig. 1) ab über eine Wasserscheide, mit einer bestimmten nicht zu überschreitenden Steigung nach m geführt werden. Die mit I, II, III, IV, V und VI bezeichneten Kurven sind die Schichtlinien oder Höhenkurven. Die Höhenlage jeder dieser Kurven über NN [1]) ist in der Fig. 1 angegeben. Der senkrechte Abstand der Schichtenlinien untereinander beträgt beispielsweise 25 m.

Da nun der vertikale Abstand der Schichtenlinien untereinander bekannt ist, so kann man die Längen der zwischen je zwei Schichtenlinien fallenden Trassenstücke berechnen und die Winkelpunkte leicht festlegen. Die erhaltenen Winkelpunkte werden durch Gerade und Kurven verbunden, so daß man die sogenannte Leitlinie erhält.

Steigt die Trasse von der Länge x um y, ist der Abstand von Schichtlinie zu Schichtlinie y_1 und der zwischen zwei Winkelpunkten liegende horizontale Abstand x_1, so besteht folgende Beziehung:

$$x : x_1 = y : y_1$$

$$x_1 = \frac{x \cdot y_1}{y}.$$

Der Abstand des Punktes a von f (Fig. 1) beträgt z. B. 3750 m und die Höhe des Punktes f über a 125 m (5 Schichten á 25 m), so wird

$$x_1 = \frac{25 \cdot 3750}{125} = 750 \text{ m}.$$

Die so berechnete Länge x_1 wird im Maßstab des Planes, auf welchem die Leitlinie eingezeichnet werden soll, in den Zirkel genommen und beschreibt man vom Punkte a aus einen Kreisbogen der die Schichtenlinie V im Punkte b schneidet. Dieses Verfahren setzt man vom Punkte b aus nach c, von c nach d usw. fort, bis man zu der die Kuppe begrenzenden Schichtenlinie I kommt, so daß dann der Punkt f den Endpunkt des aus Geraden bestehenden Linienzuges darstellt. Auf gleichem Wege werden sich die Richtungen der Trassenstrecken an dem anderen Hange des Bergzuges bestimmen lassen, wobei jedoch häufig der Punkt g eine der Vereinigung der Strecken e—f und g—h durch einen Kreisbogen, dessen Halbmesser durch den für bestimmte Verhältnisse gegebenen kleinstzulässigen Krümmungshalbmesser gegeben ist, ungünstige Lage erhalten wird. Um nun an der Kuppe kostspielige Erd- und Bauarbeiten zu vermeiden, wählt man, vorausgesetzt daß eine Verschiebung der Punkte a und m zulässig ist, die Lage der Punkte f und g derart, daß eine Vereinigung durch einen Kreisbogen, dessen Halbmesser dem kleinstzulässigen Krümmungshalbmesser entspricht, möglich ist und bestimmt dann bergabwärts die Winkel-

1) Handelt es sich um die Festlegung verschiedener Punkte im Terrain, so werden deren Höhen auf den Meeresspiegel der Nordsee bei Amsterdam bezogen. An der Berliner Sternwarte wurde ein Normalhöhenpunkt errichtet, der genau 37 m über dem Amsterdamer Pegel liegt. Diesen Normalpunkt bezeichnet man mit „Normal-Null“ oder kurz NN.

punkte der Schichtenlinien. Hat die Kuppe eine horizontale Begrenzung, so müßte zur Erzielung eines Längsgefälles im Kreisbogen f—n—g bei n eine Dammschüttung erforderlich werden, die man aber dadurch umgehen kann, daß man die Punkte f und g um das den Kreisbögen n—f und n—g anzuweisende Gefälle unter die die Kuppe begrenzende Horizontalebene legt und gleichzeitig das Einigungsgefälle verringert. Die geraden Strecken sind durch Kreisbögen zu verbinden, wobei die Steigung in den Bögen etwas stärker ausfallen wird als auf den geraden Strecken. Dieser Umstand kann bei großen Halbmessern unberücksichtigt bleiben, wenn man die Steigung bei der Berechnung der Längen der geraden Strecken gleich etwas geringer annimmt.

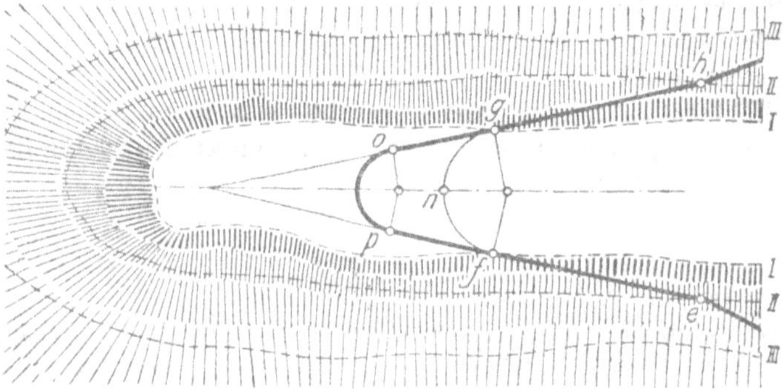

Fig. 2

Ist die Kuppe nicht durch eine horizontale Ebene begrenzt, sondern durch einen Sattel oder Grat gebildet, so würde sich bei n (Fig. 1), wenn die Vereinigung der geraden Strecken e—f und g—h durch einen Kreisbogen f—n—g in einem schwachen Gefälle ausgeführt werden soll, ein tiefer Einschnitt ergeben. Derartige Einschnitte sollen aber tunlichst vermieden werden, da sie die Baukosten erhöhen. Man umgeht daher solche Einschnitte derart, daß man die Trassenstücke e—f und g—h (Fig. 2) noch um eine entsprechende Höhe in geraden Linien oder langgestreckten Kurven bis zu den Punkten o und p führt, wobei man jedoch beachten muß, daß die Vereinigung dieser beiden Strecken noch durch einen zulässigen Krümmungshalbmesser erfolgt. Bei dem vorliegenden Beispiel wäre noch in Erwägung zu ziehen, ob nicht die Umgehung der Kuppe durch eine horizontale Trasse c—o—k (Fig. 1) wirtschaftlich vorteilhafter wäre, da die Steigung von e bis n in Wegfall käme, was einer Brennstoffersparnis gleichkommt. Bevor man sich also endgültig für eine der Trassen entscheidet, wäre zu untersuchen, ob die Brennstoffersparnisse so groß sind, daß die durch die längere Trasse e—o—k bedingten Mehrkosten für den Bau gerechtfertigt erscheinen.

Das Aufsuchen der Trasse kann auch unmittelbar auf dem Terrain mit Hilfe eines Nivellierinstrumentes erfolgen. Es würde hier zu weit führen, auf diese Arbeit näher einzugehen und muß ebenso wie bei allen anderen hier in Betracht kommenden Vermessungs-, Nivellierungs- und Kartierungsarbeiten auf die einschlägige Literatur verwiesen werden.

Ist die Leitlinie ermittelt, wobei natürlich auf die gute Durchführbarkeit der Anlage Rücksicht genommen worden ist, so wird zur Uebertragung auf das Gelände geschritten; man beginnt mit dem Stationieren und Nivellieren der Leitlinie. Mit der Festlegung des Polygonzuges beginnt man gewöhnlich vom höchsten Punkt aus.

Die theoretische Trasse wird in den seltensten Fällen ohne Berichtigung bleiben können, da die Oberfläche des Terrains nicht ohne weiteres benutzbar ist. Die Leitlinie muß daher berichtigt werden, wobei darauf zu achten ist, daß ihre Neigung an keinem Punkte die zulässige Steigung überschreitet, daß sich die Auf- und Abträge möglichst ausgleichen und die Erdarbeiten möglichst gering ausfallen. Sind nun die Winkelpunkte genau eingerichtet und die Bögen abgesteckt, so kann man den endgültigen Lageplan und das Längenprofil aufzeichnen.

Nach der Bestimmung des Längenprofils werden die Querprofile ermittelt und abgesteckt. Die Querprofile bestimmt man in Entfernungen von ungefähr 25 bis 25 m und überall da, wo das Terrain in seiner Beschaffenheit wechselt, unter allen Umständen aber auf den wesentlichsten im Längenprofil berücksichtigten Punkten, die auf die für dieselben gewählte x—y-Achse (Fig. 4) zu beziehen sind.

Bezüglich des Stationierens sei noch bemerkt, daß bei dieser Arbeit ein bestimmter Punkt als Anfangspunkt angenommen wird, von welchem aus die Stationen in Längen zu 50 oder 100 m aneinandergelegt und durch Pfähle, die genau nach der Mittellinie ausgerichtet sind, gekennzeichnet werden. Neben dem Stationspfahl wird noch ein Geländepfahl eingeschlagen, dessen Oberkante in der Erdgleiche liegt und auf dessen Kopf die Nivellierlatte aufgesetzt wird. Wichtige Punkte, die innerhalb zweier Stationspunkte liegen, und zwar solche Punkte, die sich durch eine höhere oder tiefere Lage auszeichnen, müssen gleichfalls nivelliert werden, ebenso feste Punkte seitlich der Trasse, die dann als Fixpunkte dienen sollen, falls während des Baues die Nivellierpunkte verloren gegangen sind.

Fig. 3 zeigt einen Teil eines Lageplanes einer Feldbahn, auf dem alle wichtigen Daten ersichtlich sind. In Fig. 4 ist das dazugehörige Längenprofil dargestellt. Letzteres wird auf einer Geraden x—y, welche Horizont genannt wird, errichtet, auf der dann die einzelnen Stationspunkte und die durch Nivellierung festgelegten wichtigen Punkte eingezeichnet werden. Ueber diese Punkte errichtet man Ordinaten. Die Stationspunkte werden sowohl im Lageplan als auch im Längenprofil mit fortlaufenden Zahlen bezeichnet. Die Entfernungen der wichtigen Punkte von ihren voranliegenden Stationspunkten schreibt man zu den jeweiligen Ordinaten, die man in diesen Punkten errichtet.

Da die Ausdehnung der Längen das Maß der Höhendifferenzen weitaus übertrifft, so würde man, falls man für die Längen als auch die Höhen denselben Maßstab verwenden würde, einerseits eine sehr unübersichtliche Zeichnung

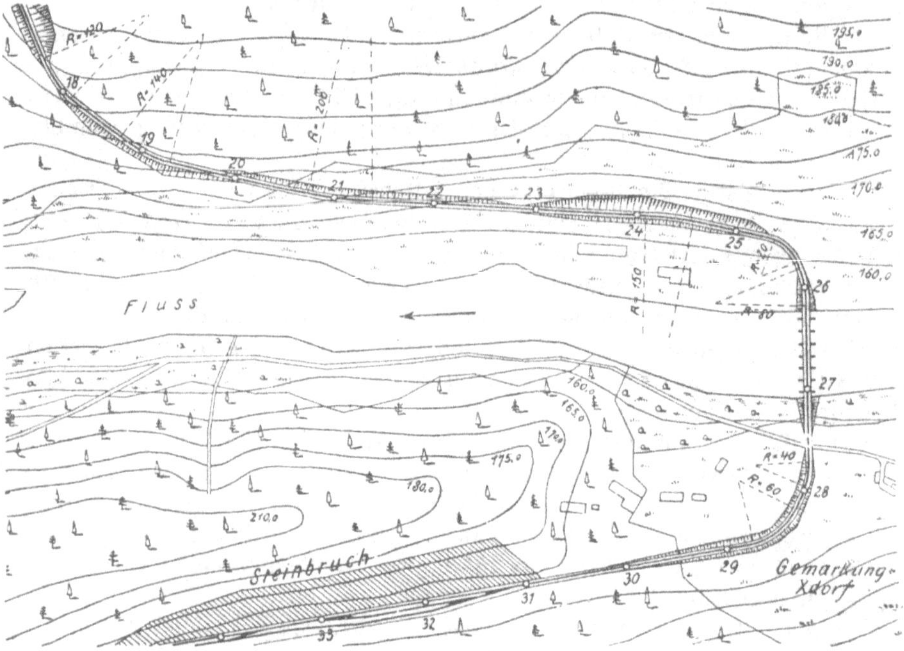
R=120
R=140
R=200
195,0
190,0
185,0
175,0
170,0
165,0
160,0
18
19
20
21
23
24
25
26
27
28
29
30
31
32
33
Fluss
R=150
R=20
R=80
160,0
165,0
175,0
180,0
210,0
R=40
R=60
Steinbruch
Gemarkung-
Xdorf

Fig. 3.

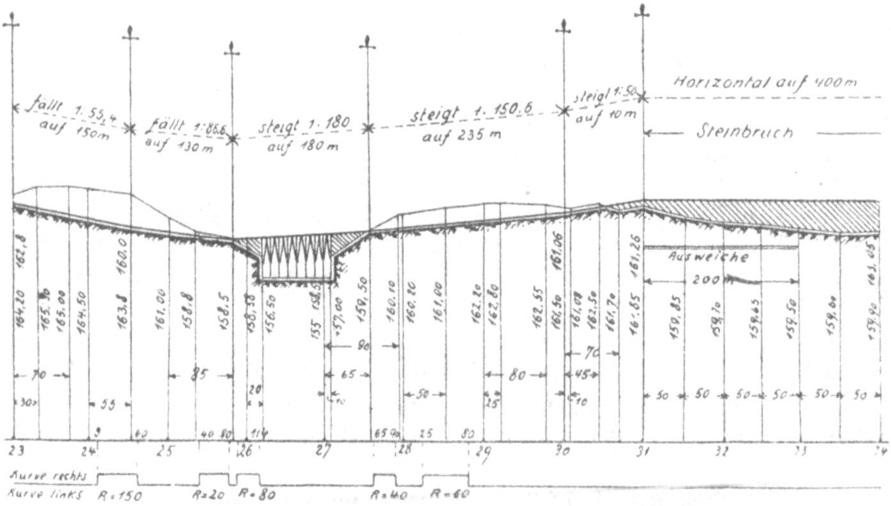
fällt 1:55,4
auf 150m
fällt 1:86,6
auf 130m
steigt 1:180
auf 180m
steigt 1:150,6
auf 235m
steigt 1:50
auf 10m
Horizontal auf 400m
Steinbruch
Ausweiche
200m
23
24
25
26
27
28
29
30
31
32
33
34
Kurve rechts
Kurve links
R=150
R=20
R=80
R=40
R=60

Fig. 4.

erhalten, andererseits für eine einige Kilometer lange Strecke eine Unmenge Papier benötigen. Würde man beispielsweise eine 1 km lange Strecke im Maßstab 1 : 1000 auftragen, so würde diese Strecke am Papier schon einer Länge von 1 m entsprechen, während 1 m Steigung nur der kleinen Strecke von 1 mm entsprechen würde. Das Abgreifen der Höhen wird sehr ungenau werden. Aus diesen Gründen wählt man für die Längen einen kleinen Maßstab, für die Höhen einen großen. Vorteilhaft wird man für die Längen einen Maßstab von 1 : 5000, für die Höhen einen solchen von 1 : 200 wählen.

Auf den über den einzelnen Punkten der Linie x—y errichteten Ordinaten werden nun sowohl die jeweiligen Höhen der Schienenoberkante als auch des Terrains aufgetragen. Da man eine Höhe im Gelände gewöhnlich auf NN bezieht, so würden die im Längenprofil dargestellten Höhen oft sehr groß ausfallen. Um dies zu vermeiden nimmt man die Horizontale x—y entsprechend über NN an und trägt jetzt in die Zeichnung nur die Differenzen zwischen der tatsächlichen und der angenommenen Höhe des Horizonts ein. Zu jeder Ordinate schreibt man die Höhenlage des Terrains und der Schienenoberkante, ferner noch die Differenz dieser beiden Zahlen.

Im Längenprofil werden noch diejenigen Punkte besonders bezeichnet, in welchen ein Neigungswechsel stattfindet. Zwischen je zwei solcher Punkte gibt man noch das Gefälle und die zu diesem gehörige Länge an.

Unter dem Horizont gibt man noch eine Linie an, aus der man die Anfangs- und Endpunkte jeder in der Trasse befindlichen Kurve ersehen kann. Die Kurven mit rechts liegendem Zentrum werden nach oben, die mit links liegendem Zentrum nach unten angedeutet. Die Entfernungen von Kurvenanfang und Kurvenende vom vorausgehenden Stationspunkt werden auf der Zeichnung angegeben, ebenso die Kurven fortlaufend nummeriert.

II. Bahnkörper.

a) Unterbau.

Der Unterbau der Feldbahnen richtet sich nach der Art des Betriebes. Während man bei dem sogenannten beweglichen (transportablen) Gleis überhaupt von besonderen Planierungsarbeiten absieht und das Gleis unmittelbar auf den Boden verlegt und, falls Zugtiere zur Verwendung kommen, höchstens für eine ordentliche Laufbahn zwischen den Schienen sorgt, beschränkt man sich bei dem halbbeweglichen Gleis auf eine Ausgleichung der hauptsächlichsten Unebenheiten. Handelt es sich jedoch um eine längere Feldbahn, auf welcher schwere Lasten durch längere Zeit transportiert werden sollen, wobei nur festverlegtes Gleis in Frage kommt, so muß für die Herstellung des Unterbaues größere Sorgfalt verwandt werden, die um so größer sein soll, je größer die Zeitdauer ist, für welche die Feldbahn voraussichtlich in Verwendung kommt. Mit Rücksicht auf die Wirtschaftlichkeit des Betriebes soll bei längeren Strecken und längerer Verwendung der Feldbahn tunlichst angestrebt werden, möglichst wenig Neigungsänderungen zu erhalten.

b) Brücken.

In bezug auf die Lebensdauer, Festigkeit und Billigkeit in der Herstellung der Brücken für Feldbahnen sollen folgende Punkte angestrebt werden:

Möglichst einfache Konstruktionssysteme, deren Bestandteile und Verbindungsstücke den größten Belastungen und sonstigen Beanspruchungen genügend Widerstand bieten. Die Brücken sollen so ausgeführt sein, daß sie ohne Gefahr bestiegen, befahren und begangen werden können; sie sollen mit sicheren Laufbohlen und Geländer versehen werden.

Als Baumaterial für die Brücken kommen Kiefer-, Tannen-, Fichten- und Eichenholz in Betracht. Da das spezifische Gewicht wesentlich von der Lagerungsdauer des Holzes beeinflußt wird, so kann man für Gewichtsberechnungen für 1 cbm Holz durchschnittlich 800 kg annehmen.

Als zulässige Inanspruchnahmen für vorübergehende Holzkonstruktionen kann man nach „Hütte“ die Werte der Tabelle I für je 1 qcm annehmen.

Da es sich bei den Brücken für Feldbahnen gewöhnlich nur um vorübergehende Zwecke handelt, so sollen nur Rundhölzer für die Joche und möglichst wenig Kanthölzer für die Tragwerke zur Verwendung kommen, wodurch man Arbeit und Material erspart, auch kann das zur Verwendung kommende Holz später anderen Zwecken zugeführt werden.

Tabelle I.

Holzart	Zug kz	Druck k	Elast. Ziffer E
Kieferholz	120	70	130 000
Tannenholz	60	50	130 000
Fichtenholz	100	60	120 000
Eichenholz	120	90	120 000

Da es hier zu weit führen würde allgemeine Vorschriften über die Berechnung und den Bau von Brücken anzuführen, so sollen im nachstehenden einige Beispiele ausgeführter Feldbahnbrücken angeführt werden, so daß man sich rasch über den Vorgang der Berechnung und die Konstruktion solcher Brücken informieren kann.

Einige lehrreiche Beispiele finden sich in dem Buch „Die Hochwasserschutz-Talsperre bei Mauer im Riesengebirge“ von Oberingenieur A. Cucchiero, Verlag für Fachliteratur, Berlin.

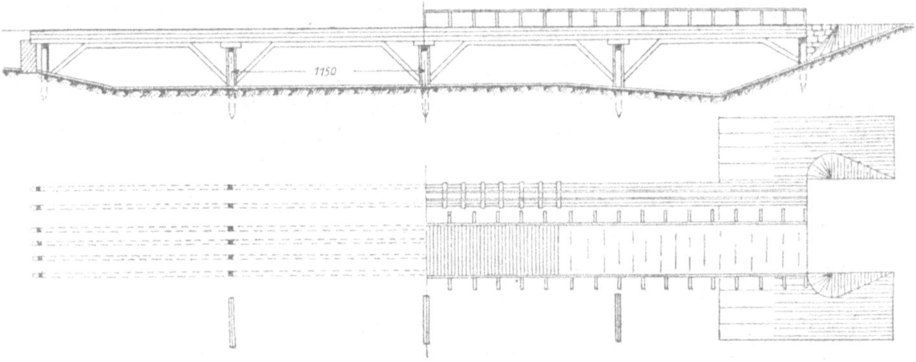

Fig. 5.

Als erstes Beispiel soll eine Brücke behandelt werden, die über den Bober führte, und die für die Förderung von Sand und Bruchsteinen diente. Die in Fig. 5 dargestellte Sprengwerkbrücke wurde neben einer Straßenbrücke angelegt, damit letztere der Feldbahnbrücke bei Eintritt von Hochwasser Schutz gewährt. Für die Ueberführung wurden 3 Joche und 2 Landpfeiler notwendig. Fig. 6 zeigt die Verbindung der Strebenfüße mit den Pfosten der Joche, während Fig. 7 die Verbindung der Streben mit den Tragbalken durch Spannriegel, an welche die Streben unter stumpfem Winkel anstoßen, zeigt. Die Verbindung der Streben mit den Spannriegeln erfolgte durch schmiedeiserne Bänder, die der Spannriegeln mit den Tragbalken durch Schraubenbolzen.

Die Joche bestanden aus je 2 in den Boden eingetriebenen Pfählen, die über Wasser mit 2 Zangen, auf welchen die Streben zu ruhen kamen, ver-

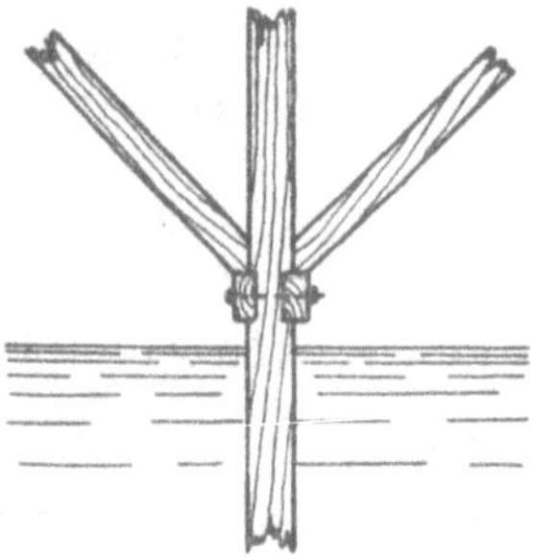

Fig. 6.

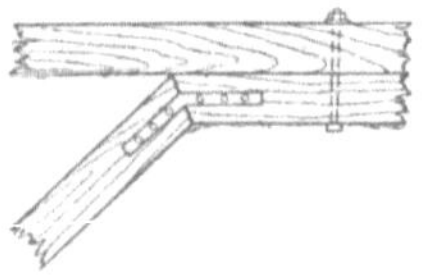

Fig. 7.

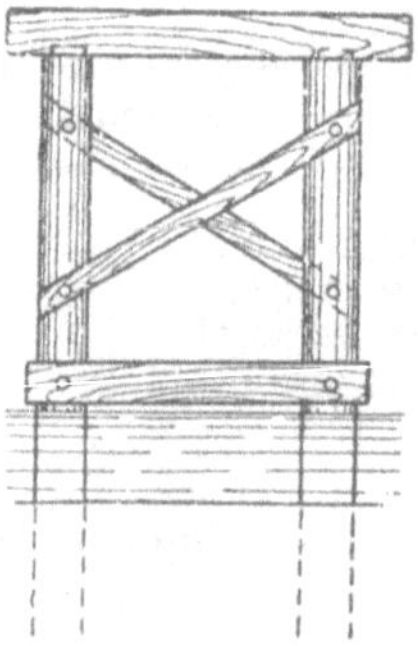

Fig. 8.

bunden wurden. Die beiden Pfähle wurden dann verstrebt und verbolzt und oben mit der Unterlagsschwelle für die Tragbalken versehen (Fig. 8). In ähnlicher Weise wurden die beiden Landpfeiler errichtet, die jedoch, um das Herabrutschen des Erdreiches zu verhindern, wie Bollwerke ausgeführt wurden.

Die Joche wurden mit Hilfe der Eulerschen Formel

$$P = \frac{\pi^2}{4} \cdot \frac{E \,.\, J}{l^2}$$

berechnet. Das eine Ende fest eingespannt, das andere Ende frei.

Die zulässige Beanspruchung des auf Knickung beanspruchten Pfahles wurde

$$P_0 = P : S,$$

wobei S = Sicherheitsgrad mit 15 gewählt wurde. Angenommen wurde ein Pfahl von 30 cm Durchmesser mit $J_{min} = 39\,761$ cm^4. Sofnit wurde $P = 110\,415$ kg und $P_0 = 7\,360$ kg, was annähernd dem Dienstgewichte der zur Verwendung gekommenen 40 PS-Lokomotive entsprach.

Zur Berechnung des Durchmessers d der Pfähle wurde die Formel

$$d = 3{,}02 \sqrt[4]{\frac{P_0 \,.\, l^2}{E}}$$

benutzt. Diese ergab folgende Abmessung:

Dienstgewicht der Lokomotive rund 7500 kg = P_0,
Höhe des Pfahles 300 cm = l,
E 100 000

$$d = 3{,}02 \sqrt[4]{\frac{7500 \,.\, 300^2}{100\,000}} = 27{,}18 \text{ cm.}$$

Das für die erste Berechnung angenommene Maß von 30 cm wurde beibehalten.

Da für jedes Joch 2 Pfähle verwendet wurden, die zusammen ungefähr 7800 kg zu tragen hatten, so konnte mit einer ausreichenden Sicherheit gegen Knicken gerechnet werden.

Die beiden Endjoche erhielten ebenfalls Pfähle von 30 cm Durchmesser und wurde angenommen, da sie ja eigentlich nur $P_0 \cdot \frac{1}{2}$ zu tragen hatten, daß sie den Erddruck sicher aufzunehmen imstande waren. Es wurde nur die Bohle selbst und zwar wie folgt berechnet:

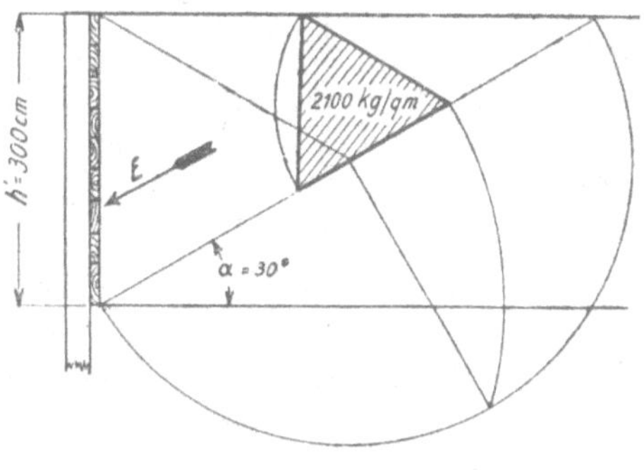

Da vollkommene Einspannung (s. Fig. 9) vorlag, so war das Biegungsmoment der Bohle

$$M = \frac{p \cdot l^2}{10}.$$

Der Erddruck E wurde graphisch (s. „Hütte") zu 2100 kg qm ermittelt. Für 1 qm Fläche der Bohlenbekleidung wurde der Wert $p = \frac{1}{10\,000} E/kg/qm$.

$$p = \frac{1}{10\,000} \cdot E = \frac{2\,100}{10\,000} = 0{,}21 \text{ kg};$$

$$M = \frac{p \cdot l^2}{10} = \frac{0{,}21 \cdot 100 \cdot 100}{10} = 210 \text{ cm/kg}$$

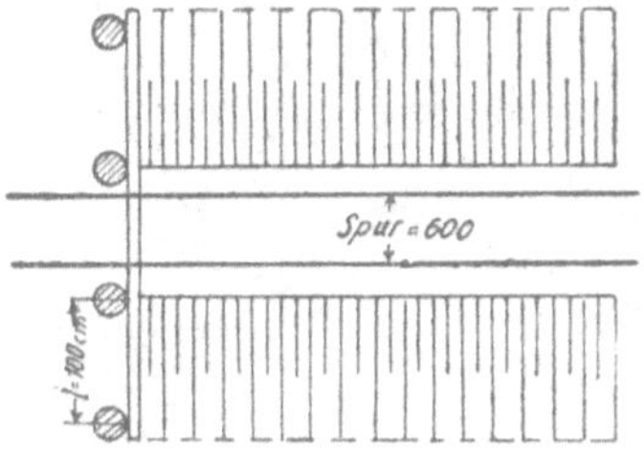

Fig. 9.

für einen Bohlenstreifen von 1 cm Höhenabmessung.

Die Stärke der Bohle wurde nach der Formel

$$\frac{b\ d^2 \cdot k}{6} = 210$$

bestimmt, wobei k = die Holzbeanspruchung mit 60 kg/qcm und b = 1 cm angenommen wurde, daher war

$$\frac{1 \cdot d^2}{6} \cdot 60 = 210; \quad d^2 = \frac{6 \cdot 210}{60} = 21 \text{ qcm}; \quad d = \sqrt{21} = 4{,}58 \text{ cm}.$$

Die Bohlenstärke wurde mit 5 cm angenommen. Der Berechnung des unsymmetrisch belastet angenommenen Sprengwerkes wurden folgende Daten zugrunde gelegt:

Q = Gesamtbelastung einer Brückenöffnung und zwar		
Dienstgewicht der Lokomotive	. . . .	7 800 kg.
6 belastete Transportwagen à 2500 kg	. . . .	15 000 kg.
	zusammen	22 800 kg.

Die Belastung verteilt sich auf 2 kontinuierliche Streckbäume, demnach kam auf eine Tragrippe

$$\frac{22\,800}{2} = 11\,400 \text{ kg.}$$

Unter der Voraussetzung, daß die Last über das Sprengwerk gleichmäßig verteilt und $l_1 = l_2 = l_3$ (Fig. 10), konnten die Spannkräfte aus der Formel

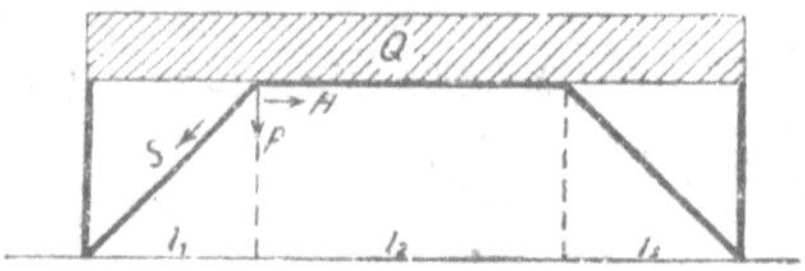

Fig. 10.

$$H = \frac{11}{30} \cdot \frac{Q}{\operatorname{tg} \alpha},$$

$$P = \frac{11}{30} \cdot Q \text{ und}$$

$$S = \frac{11}{30} \cdot \frac{Q}{\sin \alpha}$$

berechnet werden.

Da jedoch das Sprengwerk ungleichmäßige Stützenweite hatte und zwar $l_1 = 3{,}00$ m, $l_2 = 5{,}50$ m und $l_3 = 3{,}00$ m, so wurde die Heinzerlingsche Formel (Heinzerling, Die Brücken der Gegenwart, III. Abt. S. 37) angewendet.

Die bewegliche Last einer Tragrippe war 11 400 + 3600 (Menschenlast) = 15 000 kg. Zahl der Tragrippen n = 3, daher

$$P = \frac{Q}{n-1} = \frac{15\,000}{3-1} = 7500 \text{ kg,}$$

somit

$$P_m = \frac{\lambda_m + \lambda_{m+1}}{2\,l} \cdot P = \frac{3{,}0 + 5{,}5}{2 \,.\, 11{,}5} \cdot 7500 = 2771 \text{ kg,}$$

daher

$$S = P_m \frac{\sqrt{(\lambda_1 + \lambda_2 + \ldots.)^2 + K^2}}{K} = 2771 \cdot \frac{\sqrt{3{,}0^2 + 3{,}0^2}}{3{,}00} = \text{rund } 3900.$$

Es wurde

$$H = P_m \frac{\lambda_1 + \lambda_2 + \ldots.}{K} = 2771 \cdot \frac{3{,}00}{3{,}00} = 2771 \text{ und } H + H = 5542.$$

Nach der Eulerschen Formel für Knicken (Fall 1)

$$P = \eta \cdot \frac{\pi^2}{4} \cdot \frac{E \,.\, J}{l^2}$$

findet sich der Querschnitt für die Strebe

$$S = 3900 \,.\, \frac{1}{20} \cdot \frac{3 \,.\, 14^2}{4} \cdot \frac{100\,000 \,.\, J}{425^2}$$

wobei

$$J = \frac{b\,h^3}{12},$$

daher

$$b = \sqrt[4]{\frac{3900}{0{,}0147}} = 23$$

und

$$\text{bei } b = \frac{5}{7}\,h,\; h = \frac{7}{5}\,b = \frac{7}{5} \cdot 23 = 32 \text{ cm.}$$

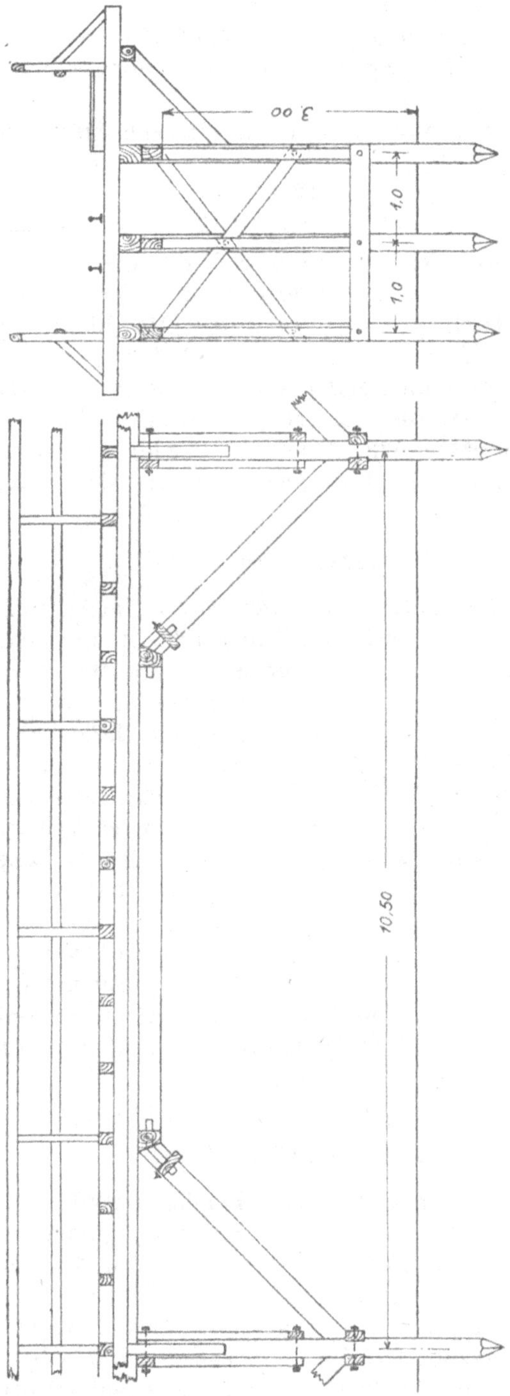

Fig. 11.

Gewählt wurde ein Balken von 26/32 cm.

Aehnlich wurde die Berechnung für den auf Knicken beanspruchten Spannriegel durchgeführt. Der Spannriegel erhielt einen Querschnitt von 32/32 cm.

Der nur auf Biegung beanspruchte kontinuierliche Träger wurde nach der Formel

$$W = \frac{P \cdot l}{8\ k_b}$$

berechnet und zwar unter der Annahme, daß die Last der Lokomotive + Menschenlast = 9000 kg das erste und letzte Feld — ohne Rücksicht auf die gleichmäßig verteilte Belastung — drücken würde. Der Balken erhielt einen Querschnitt von 32/38 cm.

In Fig. 11 ist gleichfalls eine Feldbahnbrücke, wie sie beim Bau der Talsperre bei Mauer errichtet wurde, dargestellt. Mit Rücksicht auf später zu befördernde schwere Maschinenteile erhielt hier jedes Joch 3 Pfähle. Die Berechnung der Holzstärken erfolgte in gleicher Weise wie vorstehend.

c) Straßenkreuzungen.

An Stellen, wo das Gleis durch Fuhrwerke passiert wird, ist darauf Rücksicht zu nehmen, daß das Gleis keinen Schaden erleidet und dem Fuhrwerk kein Hindernis entgegengestellt wird. Für untergeordnete Zwecke eignen sich hierfür am besten die sogenannten hölzernen Wegübergänge. Ein solcher ist in Fig. 12 dargestellt. Zwischen den Schienen befinden sich gewöhnliche, seitlich der Schienen keilförmige Bretter, die untereinander durch eiserne Bänder zusammengehalten werden.

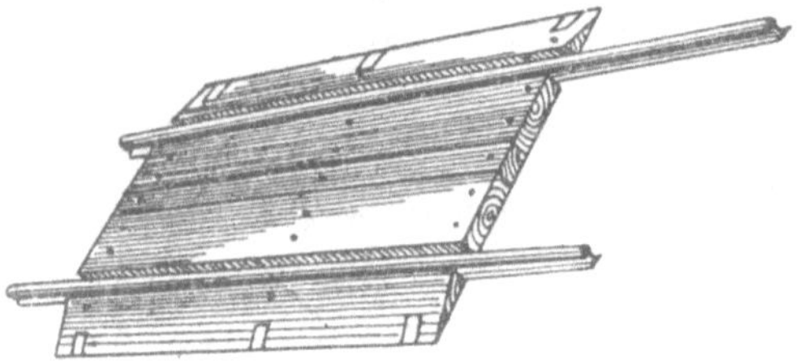

Fig. 12.

Für festverlegtes Gleis, welches Straßen überquert oder in Fabrikhöfen usw. verlegt ist, kommen noch die in Abschn. III S. 25 und 26 (Fig. 35—38) besprochenen Ausführungen zur Anwendung.

d) Sonstige Baulichkeiten.

Bei jeder dauerndem Betrieb dienenden Feldbahn wird noch eine Reihe von Baulichkeiten notwendig werden (Stützmauern, Verladerampen usw.), die sich aus der Eigenart des Betriebes und Formation des Terrains, über welches die Feldbahn führt, ergeben. Die große Anzahl voneinander abweichender Baulichkeiten, die ja alle einfacher Natur sind, macht es unmöglich, hier näher darauf einzugehen. Im nachstehenden soll daher nur einiges über Lokomotivschuppen für Feldbahnlokomotiven gesagt werden.

Ist die Lokomotive außer Dienst gestellt, so wird sie, damit sie nicht den atmosphärischen Einflüssen ausgesetzt bleibt, in einem geeigneten Schuppen

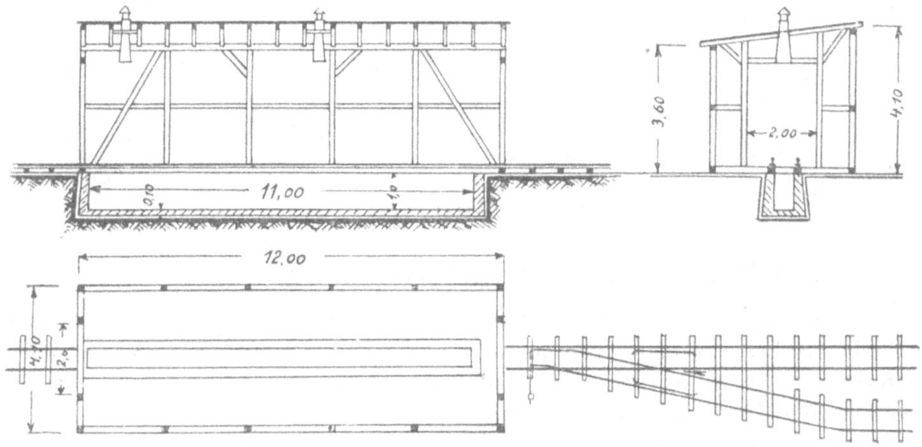

Fig. 13.

untergebracht, so daß auch die Reinigungsarbeiten und Reparaturen erleichtert werden. Um den Aschenkasten bequem reinigen zu können ist eine Reinigungsgrube anzuordnen. Für eine gute Entlüftung des Schuppens ist Sorge zu tragen. Ueber jedem Lokomotiv-Rauchfang muß am Schuppen ein Rauchfang vorgesehen werden, so daß beim Anheizen der Lokomotive die Rauchgase bequem in das Freie gelangen können.

Fig. 13 zeigt einen Lokomotivschuppen für zwei 30—35 PS-Feldbahnlokomotiven.

Fig. 14 zeigt die Anordnung eines Rauchfanges für Lokomotivschuppen, bei welchem das Unterteil hochziehbar ist und auf den Lokomotivrauchfang aufgesetzt werden kann.

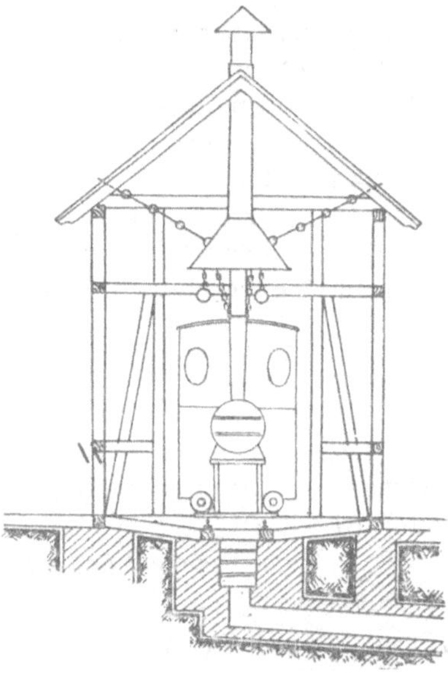

Fig. 14.

III. Oberbau.

a) Neigungs- und Krümungsverhältnimsse, Radstand.

Im allgemeinen sind bei Schmalspurbahnen stärkere Neigungen zulässig als bei Vollspur, was durch die geringere Fahrgeschwindigkeit der ersteren begründet erscheint. Als zulässige Steigungen werden empfohlen: Für 1 m Spur bis 1 : 30, für 0,75 m Spur bis 1 : 25 und 0,60 m Spur bis 1 : 25.

Bei Feldbahnen ist der Krümmungsradius bedeutend kleiner als der bei Kleinbahnen, die für öffentlichen Verkehr dienen, gültige Wert. So kommen bei Feldbahnen nicht selten Krümmungsradien von 10 m vor, bei Verwendung von Menschen oder Tieren ja sogar Krümmungsradien, die kleiner als 5 m sind.

Bezüglich der Krümmungsradien wäre zu bemerken, daß diese in einem bestimmten Verhältnis zum Radstand der Lokomotive und deren Raddurchmesser stehen müssen. Ueber den kleinstzulässigen Kurvenradius R_{min} und Raddurchmesser d_{max} gibt Tabelle II Aufschluß, wobei jedoch eine Vergrößerung dieser Werte angestrebt werden soll.

Um ein möglichst leichtes Durchfahren der Kurven zu erzielen erhalten dieselben eine Spurerweiterung e, die häufig nach folgender Formel berechnet wird:

$$e = \frac{l \cdot \sqrt{2 \rho t}}{R},$$

worin l den Radstand in m, ρ den äußeren Halbmesser der Räder (bis Spurkranzumfang) in m, t die größte Höhe des Spurkranzes und R der Kurvenradius ist.

Nach dem Taschenbuch „Hütte" sind für Schmalspur folgende Formeln zu benutzen:

Spur 1 m; für R = 80—250 m $e = 240 : \sqrt{R}$ jedoch $<$ 25 mm
Spur 0,75 m; für R = 50—150 m $e = 140 : \sqrt{R}$ jedoch $\leqq$ 20 mm
Spur 0,60 m; für R = 30—100 m $e = 100 : \sqrt{R}$ jedoch $\leqq$ 18 mm

Letztere Fomeln ergeben genügend genaue für die Praxis brauchbare Werte. Diese Werte stimmen mit den im Schaubild Fig. 15 [1]) angegebenen Spurerweiterungen überein. Bezüglich der in Schaubild Fig. 15 eingezeichneten Krümmungswiderstände, siehe Abschnitt V, Fahrwiderstand und Zugkraft.

---

1) Hanamag-Nachrichten, Jahrg. II, Heft 7.

Tabelle II.

Fester Radstand in mm	bis 500 Spur R min	bis 500 Spur d max	über 5—600 Spur R min	über 5—600 Spur d max	über 6—750 Spur R min	über 6—750 Spur d max	über 750—900 Spur R min	über 750—900 Spur d max
550	5,5	350	5,9	400	—	—	—	—
600	6,0	350	6,4	400	—	—	—	—
650	6,9	400	7,3	450	—	—	—	—
700	7,45	400	7,85	450	7,85	450	—	—
750	8,4	450	8,4	450	8,4	450	9,75	500
800	9,0	450	10,4	500	10,4	500	11,3	600
900	11,7	500	11,7	500	12,2	550	12,7	600
1000	13,0	500	13,5	550	14,1	600	14,6	650
1100	14,3	500	14,85	550	15,5	600	16,1	650
1200	15,6	500	16,9	600	16,9	600	18,1	700
1300	17,6	550	18,35	600	19,0	650	19,6	700
1400	18,9	550	19,75	600	20,4	650	22,5	800
1500	20,6	580	21,8	650	21,8	650	24,2	800
1600	22,6	600	23,35	650	24,2	700	25,75	800
1700	24,0	600	24,8	650	25,7	700	27,4	800
1800	25,4	600	27,2	700	27,2	700	29,9	850
2000	—	—	30,2	700	31,2	750	33,2	850
2200	—	—	35,4	800	35,4	800	36,5	850
2400	—	—	38,6	800	38,6	800	40,8	900
2600	—	—	—	—	41,9	800	44,3	900
2800	—	—	—	—	47,6	900	47,6	900
3000	—	—	—	—	51,1	900	51,1	900

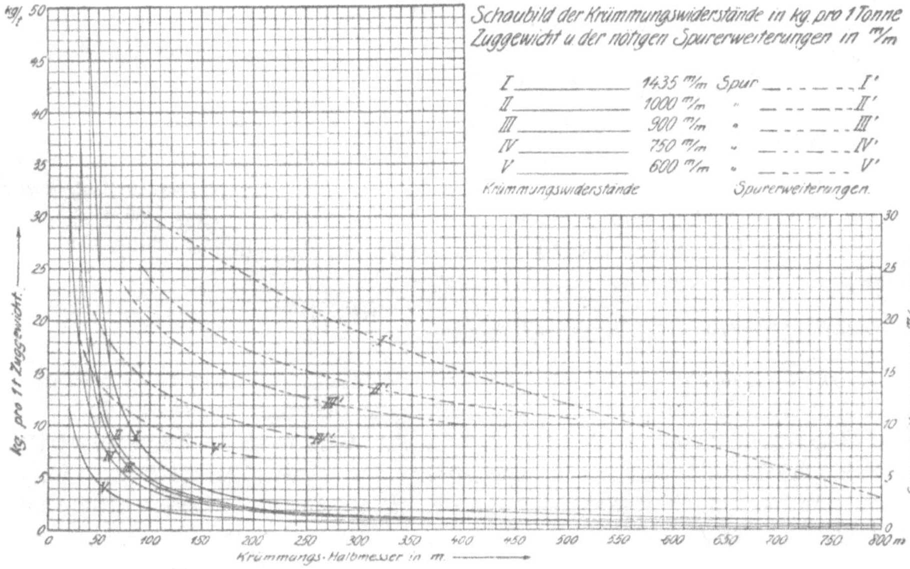

Fig. 15.

Die Erweiterung wird meist durch Hinausrücken der inneren Schiene hergestellt.

Desgleichen wird es notwendig, in den Kurven eine Schienenüberhöhung anzuordnen, die abhängig von der Spur des Gleises, von der Geschwindigkeit der Züge oder Wagen ist und vom Kurvenradius.

Brauchbare Werte für die Schienenüberhöhung ergeben folgende Formeln:

$$\text{bei } 500 \text{ mm Spur } h = 0{,}051 \frac{v^2}{R},$$

$$\text{bei } 600 \text{ mm Spur } h = 0{,}061 \frac{v^2}{R},$$

$$\text{bei } 750 \text{ mm Spur } h = 0{,}765 \frac{v^2}{R},$$

$$\text{bei } 900 \text{ mm Spur } h = 0{,}092 \frac{v^2}{R},$$

$$\text{bei } 1000 \text{ mm Spur } h = 0{,}102 \frac{v^2}{R},$$

worin v = Geschwindigkeit der Züge oder Wagen in m/sek, R = Kurvenradius und h die Schienenüberhöhung in m bedeutet.

Beispiel: Auf einer Feldbahn soll eine Lokomotive in Dienst gestellt werden, die einen Radstand von 1100 mm und einen Raddurchmesser von 600 mm hat; die Spurweite des Gleises sei 600 mm und die Zugsgeschwindigkeit 10 km/std. Zu bestimmen ist der kleinstzulässige Krümmungsradius der zu durchfahrenden Kurven, die Spurerweiterung und Schienenüberhöhung in der kleinsten Kurve.

Aus Tabelle II erhalten wir für einen Radstand von 1100 mm R_{min} = 14,85, d_{max} = 550. Wir wahlen R_{min} = **15** m, so daß noch der Raddurchmesser von 600 mm zulässig erscheint.

$$\text{Kurvenerweiterung } e = \frac{1 \,.\, \sqrt{2 \rho t}}{R} = \frac{1{,}1 \sqrt{2{,}0 \,.\, 32 \,.\, 0{,}02}}{15} \approx \mathbf{10} \text{ mm},$$

wobei t die Höhe des Spurkranzes, 20 mm, sei. Die Spurerweiterung um 10 mm ist zu gering und wird es besser sein, sich nach den Formeln der „Hütte" zu richten (S. 18) und für e den maximal zulässigen Wert von 18 mm zu wählen.

$$\text{Schienenüberhöhung } h = 0{,}061 \frac{v^2}{R} = \frac{0{,}061 \,.\, 2{,}77^2}{15} = \mathbf{0{,}031} \text{ m}.$$

Es sei hier noch auf den Umstand hingewiesen, daß man in der Praxis häufig der Ueberhöhung der äußeren Schiene in den Kurven wenig oder gar keine Beachtung schenkt. Abgesehen von der Gefahr des Umkippens tritt der Fall ein, daß die äußere Schiene infolge der Zentrifugalkraft der Lokomotive und Wagen überaus stark beansprucht wird, da die Lokomotive und die Wagen in diesem Falle fast nur auf der außeren Schiene laufen.

b) Schienen, Berechnung und Querschnitte, Schienenverbindungen.

Wie schon erwähnt, unterscheidet man drei Arten von Gleisen: Das bewegliche, das halbbewegliche und das festverlegte Gleis.

1. Bewegliches Gleis.

Handelt es sich um leichte Betriebe, wo Menschen oder Pferde in Betracht kommen, wobei es darauf ankommt, das Verlegen der Gleise mit möglichst geringem Zeit- und Arbeitsaufwand durchzuführen, wie dies häufig bei Eisenbahn-, Straßen- und Kanalbauten notwendig wird, so kommt das bewegliche oder transportable Gleis zur Anwendung. Da es sich in diesem Falle um keinen dauernden Betrieb handelt, so sind besondere Erdarbeiten für die Verlegung der Gleise nicht notwendig und werden diese unmittelbar an der Verwendungsstelle auf den Boden verlegt.

Das bewegliche Gleis wird meistens aus Schienen im Gewichte von 4—8 kg pro Meter und aus Stahlschwellen im Gewichte von 3,5—6 kg pro Meter hergestellt, wobei die Schienen und Schwellen zu leiterartigen Rahmen (Gleisrahmen) zusammengefügt werden. Dadurch wird erreicht, daß die Montage und Demontage mit Leichtigkeit durchgeführt werden kann, die Gleisrahmen auf einen Transportwagen verladen werden können, so daß sie bis zu ihrer Verwendungsstelle auf dem bereits verlegten Gleis herangefahren werden können; in umgekehrter Weise kann dann auch der Abbau durchgeführt werden. Die Gleisrahmen kommen für alle drei Gleisarten in Anwendung. Gleisrahmen werden sowohl als gerade Gleisrahmen als auch als Kurvenrahmen hergestellt. Für bewegliches Gleis kommen Rahmen von 2—5 m Länge, für halbbewegliches und festverlegtes Gleis solche von 5—7 m zur Verwendung.

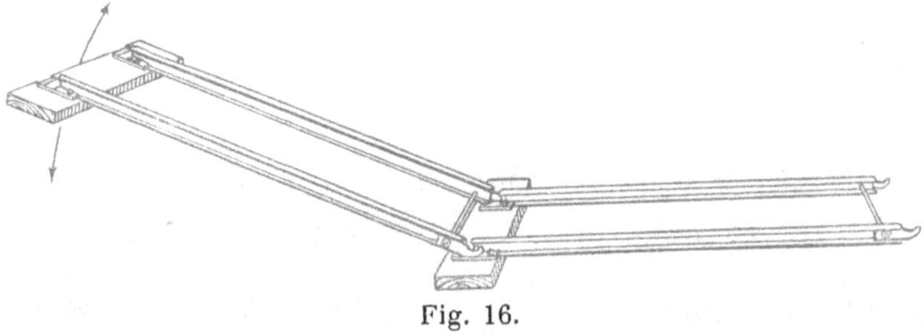

Fig. 16.

Fig. 16 zeigt ein Spezial-Gleis wie es in der Landwirtschaft häufig zur Anwendung kommt. Die Schienen sind an dem einen Ende auf einer Holzschwelle montiert und am anderen Ende mit einer hakenförmigen Lasche versehen (Fig. 17). Die Schienenenden, an deren Stege Zapfen a befestigt sind, werden auf in den Holzschwellen versenkt liegenden Platten aus Temperguß gelegt und durch Bolzen und Klemmplatten befestigt. Um die Rahmen

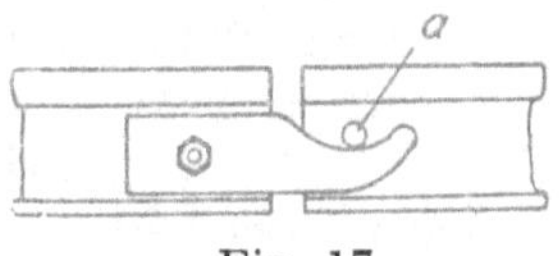

Fig. 17.

miteinander zu verbinden, hebt man nur einen derselben mit dem Ende, an welchem die Schwelle befestigt ist, so hoch, bis die Haken unter die Zapfen des bereits liegenden Rahmens gleiten und läßt denselben alsdann herunter. Diese Gleise können auch in unebenem Terrain verlegt werden, ohne daß die Gefahr besteht, daß ein Lösen der Hakenverbindung selbst bei größeren Lasten eintritt.

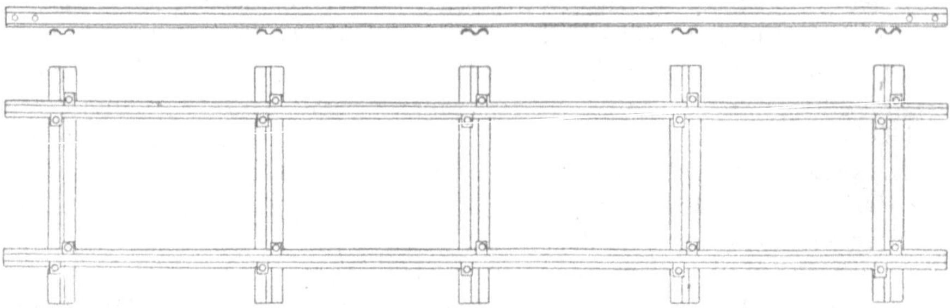

Fig. 18.

In Fig. 18 ist ein 5 m langer Gleisrahmen dargestellt, bei welchem die Schienen auf Stahlschwellen entweder mittels Klemmplatten aus gepreßtem Flußeisen (Fig. 19) oder solche aus gewalztem Flußeisen (Fig. 20) befestigt sind. Die Befestigung der Schienen auf Holzschwellen erfolgt nach Fig. 21.

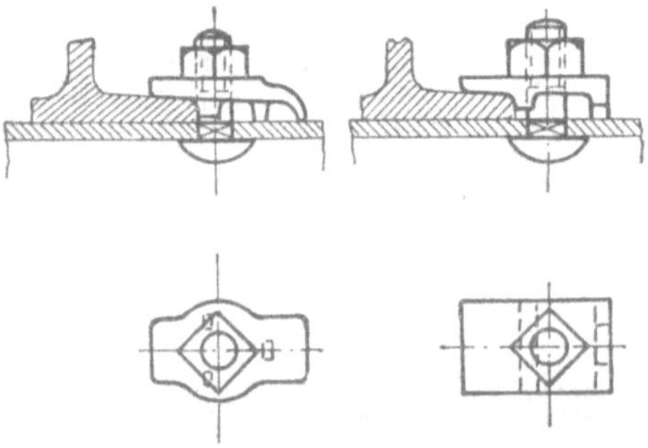

Fig. 19 und 20.

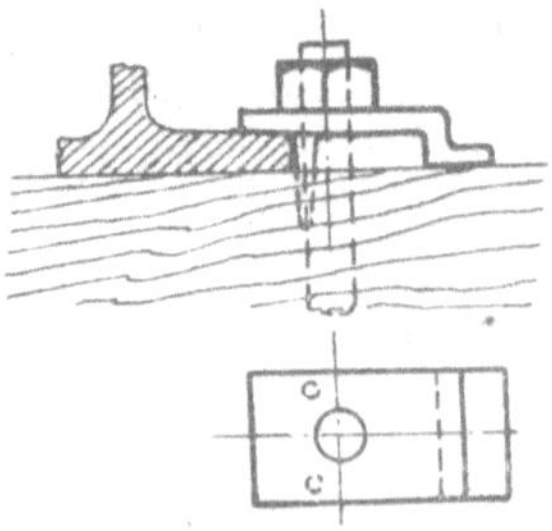

Fig. 21.

Eine Gleisverbindung, wie sie für bewegliches Gleis häufig verwendet wird, ist in Fig. 22 dargestellt. Die Verbindung der Schiene erfolgt hier direkt auf einer Stahlschwelle durch Flanschlaschen und Bolzen. Einen „festen" Schienenstoß mit Winkellaschen und Bolzen zeigt Fig. 23.

Die Verbindung der Schienen kann auch durch spitze Laschen erfolgen, wie dies in Fig. 24 dargestellt ist. Eine ähnliche Verbindung zeigt Fig. 25.

Für leichte Betriebe kommen noch die Diagonallasche (Fig. 26) und die Hakenlasche, System Merrel (Fig. 27) in Betracht.

Zu erwähnen wäre hier noch die Schienenbefestigung an Holzschwellen durch Bügelschrauben, wie in Fig. 28 gezeigt ist.

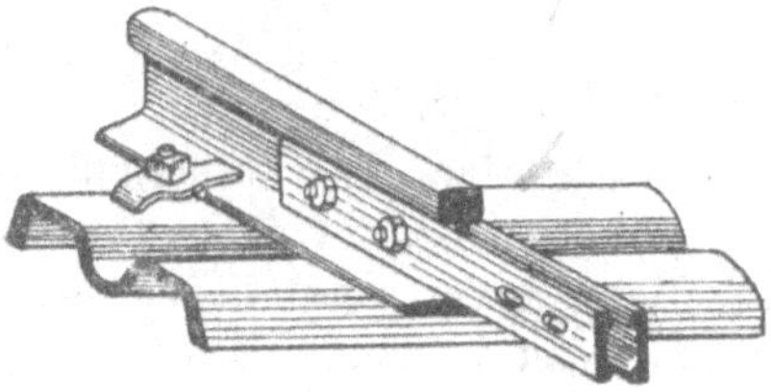

Fig. 22.

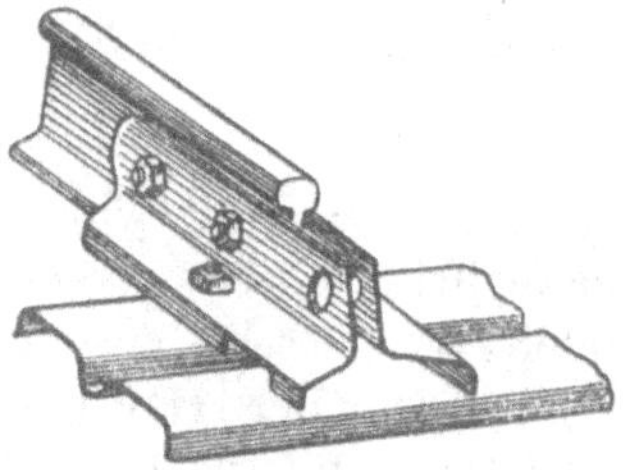

Fig. 23.

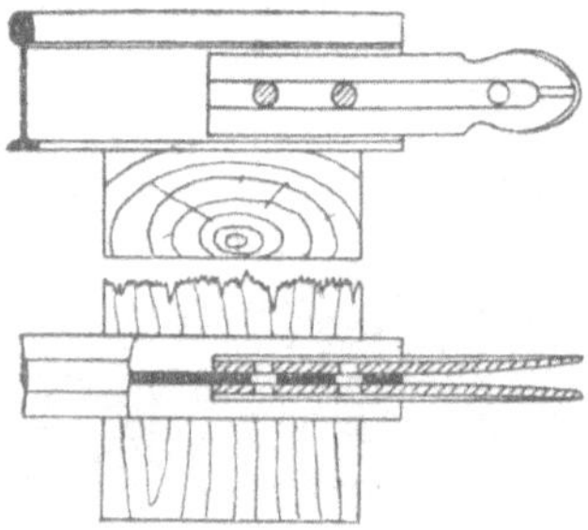

Fig. 24.

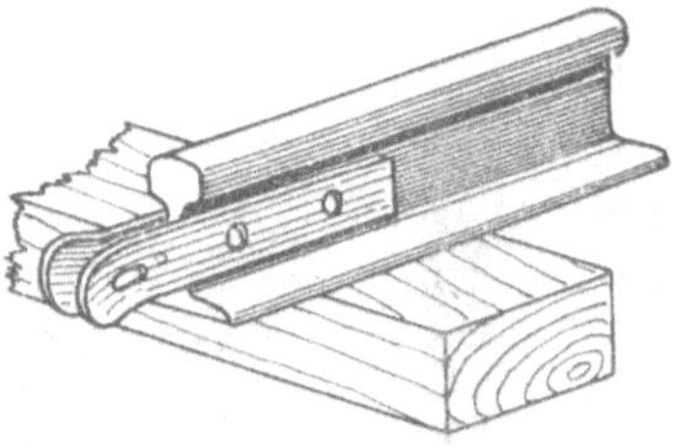

Fig. 25.

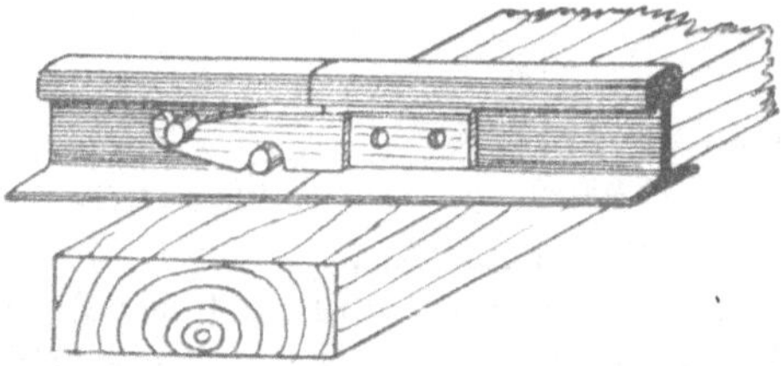

Fig. 26.

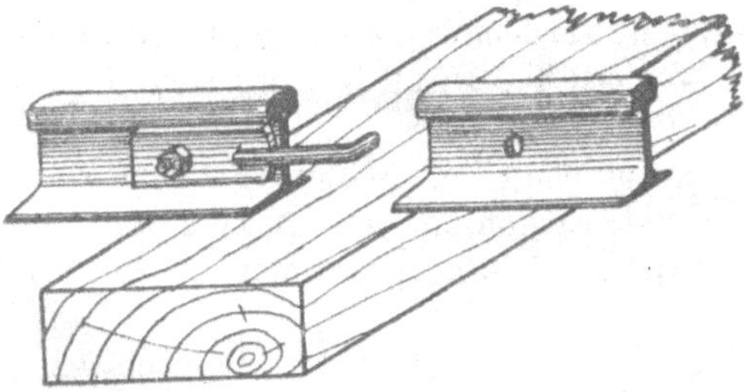

Fig. 27.

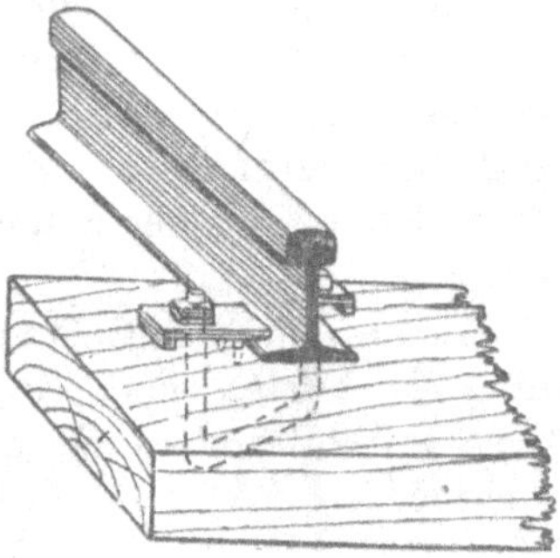

Fig. 28.

Erfolgt die Schienenverbindung zwischen zwei Schwellen, so spricht man von einem „schwebenden Stoß“, erfolgt sie auf einer Schwelle, von einem „festen Stoß“.

2. Halbbewegliches Gleis.

Halbbewegliches Gleis verwendet man da, wo es sich um eine periodische Arbeit handelt, wie dies bei der Ernte, beim Abholzen eines Waldes usw. der Fall ist, wo also das Gleis eine bestimmte Zeitlang unverändert liegen bleibt, um dann eventuell anderweitig wieder verwendet zu werden. Hier wird auf das leichte und rasche Verlegen der Gleise weniger Wert gelegt, jedoch werden die Schienenverbindungen stabiler als bei den beweglichen Gleisen ausgeführt. Die Verbindung erfolgt durch „schwebenden Stoß“. Die Befestigung der Schienen an den eisernen oder hölzernen Schwellen erfolgt durch Klemmplatten und Schrauben.

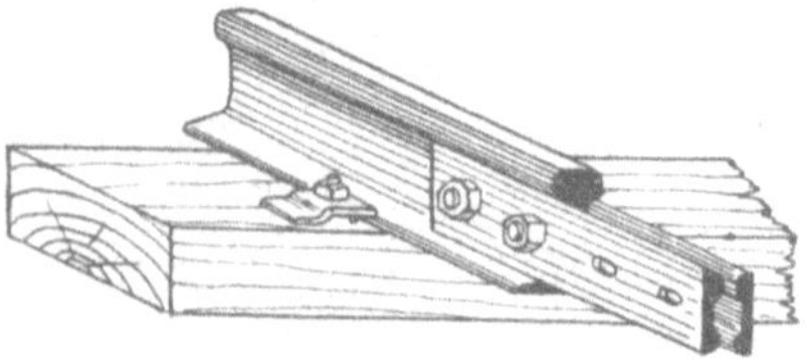

Fig. 29.

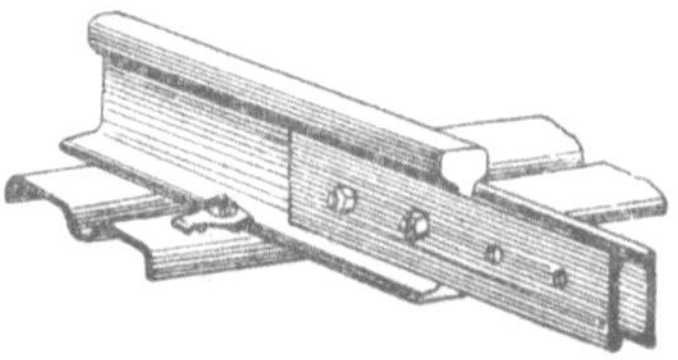

Fig. 30.

Eine Schienenverbindung, bei welcher der Stoß schwebend und die Schiene auf einer Holzschwelle befestigt ist, zeigt Fig. 29; dieselbe kann jedoch auch auf Stahlschwellen mit schwebendem Stoß (Fig. 30) oder mit festem Stoß auf Stahlschwellen oder Holzschwellen erfolgen.

3. Festverlegtes Gleis.

Dient eine Feldbahn einem dauernden Verkehr und bleibt das Gleis auf längere Zeit liegen, so müssen festverlegte Gleise zur Anwendung kommen. Je schwerer die Transporte und je höher die Fahrgeschwindigkeit der Züge, desto größere Sorgfalt muß dem Unterbau zugewendet werden. Dies gilt auch von der Befestigung der Schienen auf den Schwellen und von der Schienenverbindung.

Unebenheiten des Geländes müssen ausgeglichen und für eine sichere Bettung des Gleises muß Sorge getragen werden, da eine sorgfältige Herstellung des Unterbaues für einen sicheren Betrieb auf festverlegten Gleisen erforderlich ist.

Für festverlegtes Gleis kommen im allgemeinen Schienen im Gewicht von 7 kg pro Meter an aufwärts in Betracht. Es kommen sowohl Holzschwellen als auch Eisenschwellen, letztere im Gewicht von 6 kg pro Meter an, zur Verwendung.

Die Befestigung der Schienen auf den Schwellen erfolgt bei Eisenschwellen durch Klemmplatten und Bolzen, auf Holzschwellen mittels Schienennägel oder Schrauben. Die Befestigung durch Schrauben (Tirefonds) ist dauerhafter als die mit Nägeln.

Fig. 31, 32 und 33.

Fig. 31 zeigt die Schienenbefestigung durch Schienenschrauben, Fig. 32 durch Schienennägel. Bei schweren Betrieben werden mitunter zwischen den Schienen und Holzschwellen eiserne Unterlagsplatten gelegt, durch welche die Nägel hindurchgehen (Fig. 33).

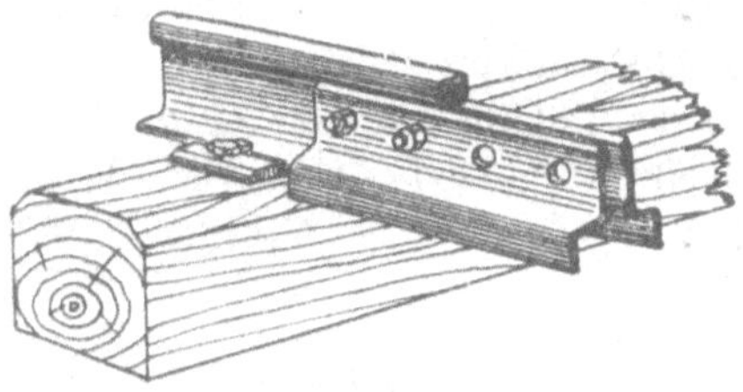

Fig. 34.

Die Verbindung der Schienen erfolgt entweder nach Fig. 29 oder 30 oder durch Winkellaschen und Bolzen nach Fig. 34.

In Fabrikshöfen, Gasanstalten, auf Straßen und Lagerplätzen usw. würden die unmittelbar am Boden verlegten Gleise dem Verkehr der Fuhrwerke hindernd entgegenstehen. In solchen Fällen wird das Gleis einbetoniert oder eingepflastert. Fig. 35 zeigt ein einbetoniertes Gleis mit einfacher Vignolschiene, welche auf zwei Arten durch Spurstangen verbunden werden können. In Fig. 36 ist ein eingepflastertes Gleis aus doppelten Vignolschienen, in Fig. 37 ein solches aus Rillenschienen dargestellt. Eine sehr solide Ausführung zeigt Fig. 38. Hier ist ein zwischen Pflastersteinen einbetoniertes Gleis aus doppelten Vignolschienen dargestellt,

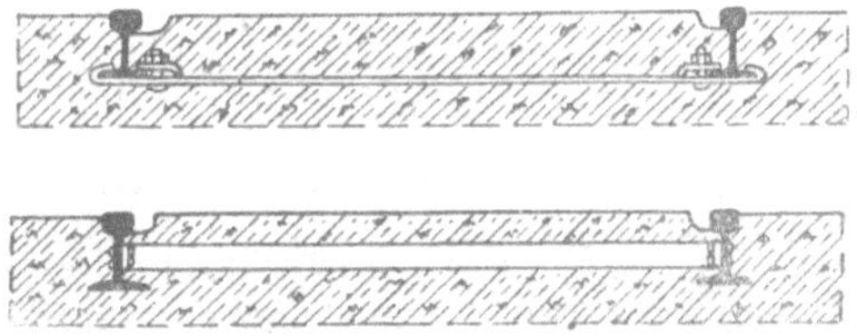

Fig. 35.

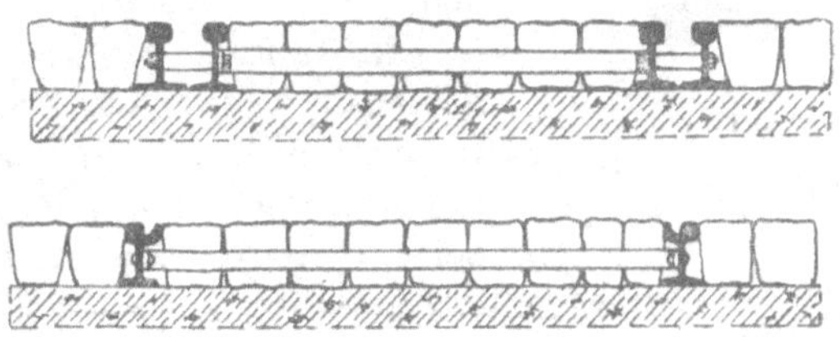

Fig. 36 und 37.

wobei die Holzschwellen in der Längsrichtung des Gleises liegen und durch Spurstangen untereinander verbunden sind.

Fig. 38.

4. Berechnung und Dimensionen der Schienen.

Bei der Wahl des Schienenprofils soll man sich nicht von dem Gedanken leiten lassen, daß man mit Rücksicht auf die Herabminderung der Kosten für den Oberbau an die äußerste Grenze der zulässigen Beanspruchung der Schienen herangeht. In zweifelhaften Fällen wähle man stets das nächst größere Profil. Ein kräftiges Gleis bietet Sicherheit für einen wirtschaftlichen und sicheren Betrieb und verringert die Unterhaltungskosten wesentlich.

Das Schienenprofil ist abhängig von der Belastung und von dem Abstand der Schwellen. Die Berechnung der Schienen erfolgt auf Biegung nach der Formel

$$W = \frac{P \cdot l}{5{,}1\, k_b},$$

worin W = Widerstandsmoment der Schiene in cm^3, P = Raddruck in kg, l = Entfernung von Mitte Schwelle bis Mitte Schwelle in cm und k_b = zulässige Biegungsbeanspruchung in kg/cm^2 (800—1000 kg pro cm^2). Da die Lokomotive das größere Gewicht hat, so legt man den Raddruck für die Lokomotive fest und zwar bei einer zweiachsigen Lokomotive mit ¼ des Lokomotivgewichtes.

Brauchbare Werte für die Bestimmung des Widerstandsmomentes eines Schienenprofiles liefert auch die Formel

$$W = 0{,}064\ h^3\ cm^3,$$

worin h die Schienenhöhe in cm bedeutet.

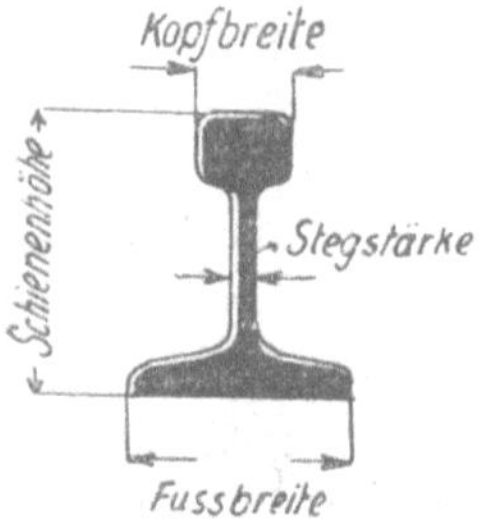

Fig. 39.

Aus nachstehend angeführten Tabellen III, IV und V sind alle wichtigen Daten der gebräuchlichen Schienen ersichtlich, wobei die einzelnen Bezeichnungen der Schienenteile aus Fig. 39 hervorgehen.

In Tabelle III sind die in Deutschland üblichen Schienenprofile nach Angaben der Firma Orenstein & Koppel angeführt, in Tabelle IV die in den ehemaligen Ländern von Oesterreich-Ungarn üblichen und in Tabelle V (nach „Die Grubenbahnen" von F. Schulte) solche, wie sie vorzugsweise in Grubenbetrieben verwendet werden. Zu bemerken wäre, daß die in den Tabellen angegebenen Werte für Achsendrücke berechnet sind und nicht für den einzelnen Raddruck.

Tabelle III.

Schienengewicht pro m in kg	Schienen- Höhe	Kopfbreite	Fußbreite	Stegstarke	Widerstandsmoment W	Zulässige Achsendrücke in kg bei einer Schwellenentfernung von ca. cm 115	92	77	110	94	83	73
3,9	50	17	35	4	6,6	600	725	875	—	—	—	—
4	40	19	38	4	5,26	480	600	700	—	—	—	—
4,3	46	19	35	4	6,79	600	750	900	—	—	—	—
4,5	55	19	36	4	8,83	800	1000	1200	—	—	—	—
5	55	21	42	4,5	10,41	900	1125	1350	—	—	—	—
5	60	20	40	4	10,81	1000	1250	1500	—	—	—	—
7	55	25	45	6	12,73	1175	1450	1750	—	—	—	—
7	65	24	48	5,5	15,28	—	—	—	1386	1622	1848	2104
8	60	27	50	6,5	16,50	—	—	—	1562	1828	2084	2372
9	70	27	55	6	25,22	—	—	—	2350	2750	3100	3525
9,3	65	29	55	7	18,8	—	—	—	1800	2125	2400	2725
10	70	32	58	6	25,82	—	—	—	2500	2900	3300	3750
10,3	80	30	58	6	36,86	—	—	—	3425	4000	4525	5150
12	70	36	64	7,5	30,14	—	—	—	2800	3275	3725	4225
12	80	33,5	66	6,5	31,2	—	—	—	3250	3800	4325	4900
13,75	80	37	65	9	39,06	—	—	—	3600	4225	4800	5450

Tabelle IV siehe Seite 28 und 29.

Tabelle V.

Schienen- Gewicht per m in kg	Höhe mm	Fußbreite mm	Kopfbreite mm	Stegstärke mm	Widerstandsmoment W cm³	Belastung und Durchbiegung der Schienen *) P (l = 60)	f (l = 60)	P (l = 75)	f (l = 75)	P (l = 100)	f (l = 100)
7	65	50	25	5	15,34	1022	0,4	818	0,62	614	1,12
10	75	58	30	6	25,75	1717	0,35	1373	0,55	1030	0,98
12	80	66	35	7	31,17	2077	0,33	1662	0,51	1247	0,91
14	80	70	38	9,5	37,26	2486	0,33	1987	0,52	1490	0,92
16	93	80	40	8	52,3	3487	0,28	2789	0,44	2092	0,78
18	93	83	43	11	56,6	3773	0,28	3018	0,44	2264	0,78
20	100	82	44	10	66,21	4414	0,26	3581	0,41	2648	0,73

*) P = Belastung in kg, f = Durchbiegung in mm, l = Schwellenentfernung in cm, Biegungsspannung k_b = 1000kg/qcm.

c) Schwellen.

Als Unterlage für die Schienen dienen die Schwellen, die aus Holz oder Stahl hergestellt werden. Stahlschwellen werden heute häufiger verwendet als Holzschwellen, obwohl erstere in ihrem Anschaffungspreis höher zu stehen kommen als Holzschwellen, was aber nur scheinbar der Fall ist, da, falls die Schwellen einmal unbrauchbar geworden, die Holzschwelle fast gar keinen, die Stahlschwelle hingegen einen noch ziemlichen Altmaterialwert hat. Als Material für Holzschwellen kommt astfreies, geschnittenes Kiefern-, Lärchen-

Tabelle IV.

Provenienz	Schienengewicht pro m in kg	Schienenhöhe mm	Fußbreite mm	Kopfbreite mm	Stegstärke mm	Widerstandsmoment W cm³	Zulässiger Achsendruck in Tonnen																				
							1	1,2	1,4	1,6	1,8	2	2,2	2,4	2,6	2,8	3	3,2	3,4	3,6	3,8	4	4,2	4,4	4,6	4,8	5
							notwendige Schwellenentfernung in cm																				
Witkowitzer Werke	6	50	40	22	5	9,81	103	86	74	64	57	51	—	—	—	—	—	—	—	—	—	—	—	—	—	—	—
	6,9	55	45	24	5,5	11,95	126	105	90	79	70	63	57	52	—	—	—	—	—	—	—	—	—	—	—	—	—
	5	60	40	20	4	9,9	104	87	74	65	58	52	—	—	—	—	—	—	—	—	—	—	—	—	—	—	—
	8,2	60	45	28	6	14,55	—	—	109	96	85	77	69	63	59	54	51	—	—	—	—	—	—	—	—	—	—
	7	65	48	24	5,5	14,2	—	125	107	93	83	75	68	62	57	53	50	—	—	—	—	—	—	—	—	—	—
	7,2	65	50	25	5	15,3	—	—	115	101	89	80	73	67	62	57	53	50	—	—	—	—	—	—	—	—	—
	9,4	65	55	29	7	19,39	—	—	—	—	115	102	93	81	78	73	68	64	60	56	53	51	—	—	—	—	—
	9,2	70	57	31	5	23,82	—	—	—	—	—	125	114	105	96	90	84	78	74	70	66	63	60	57	54	52	50
	11,5	70	60	34	7	25,61	—	—	—	—	—	—	123	112	104	96	90	84	79	75	71	67	64	61	58	56	54
	7,4	75	50	24	5	18,9	—	—	—	123	111	100	90	83	76	71	66	62	58	55	52	50	—	—	—	—	—
	12,2	80	66	33,5	6,5	31,2	—	—	—	—	—	—	—	—	126	117	111	103	97	91	86	82	78	75	71	68	66
	14,2	81	65	37	8	36,76	—	—	—	—	—	—	—	—	—	—	—	121	114	108	102	97	92	88	84	81	77
Alpine Montan-Gesellschaft	4	40	35	10	4,5	4,88	51	—	—	—	—	—	—	—	—	—	—	—	—	—	—	—	—	—	—	—	—
	5	50	40	20	5	8,54	90	75	64	56	50	—	—	—	—	—	—	—	—	—	—	—	—	—	—	—	—
	6	50	42	23	6	10,38	109	91	78	68	61	54	—	—	—	—	—	—	—	—	—	—	—	—	—	—	—
	7	55	45	25	6	13,54	—	119	102	96	79	71	65	79	55	51	—	—	—	—	—	—	—	—	—	—	—
	5	60	40	20	4	9,60	101	84	72	63	56	50	—	—	—	—	—	—	—	—	—	—	—	—	—	—	—
	8	60	52	27	6,5	15,53	—	—	117	102	91	82	74	68	63	58	54	50	—	—	—	—	—	—	—	—	—
	7	65	48	24	5	15,36	—	—	116	101	90	81	75	67	62	58	54	50	—	—	—	—	—	—	—	—	—
	9	65	55	26	7	18,85	—	—	—	124	110	99	90	83	76	71	65	62	58	55	52	—	—	—	—	—	—
	10	70	58	30	6,5	22,35	—	—	—	—	—	118	107	98	90	84	78	73	69	65	62	59	56	53	51	—	—
	11	70	60	31	7	24,20	—	—	—	—	—	—	116	106	98	91	85	80	75	71	67	64	60	58	55	53	51
	12	70	64	33	7,5	26,20	—	—	—	—	—	—	—	115	106	99	92	86	81	77	72	69	66	63	60	57	55

Prager Eisen-Industrie	4	40	35	19	4	5,21	55	—	—	—	—	—	—	—	—	—	—	—	—	—	—	—	—	—	—	—	—
	5	45	38	22	5	7,38	78	65	55	—	—	—	—	—	—	—	—	—	—	—	—	—	—	—	—	—	—
	4,3	46	35	19	4	6,56	69	57	—	—	—	—	—	—	—	—	—	—	—	—	—	—	—	—	—	—	—
	4,7	50	40	20	4,5	8,09	85	71	61	63	—	—	—	—	—	—	—	—	—	—	—	—	—	—	—	—	—
	6	50	42	24	5,5	9,99	105	88	75	66	58	52	—	—	—	—	—	—	—	—	—	—	—	—	—	—	—
	4,5	55	36	19	4	8,83	93	77	66	58	51	—	—	—	—	—	—	—	—	—	—	—	—	—	—	—	—
	5	55	42	21	4,5	10,41	110	91	78	68	53	—	—	—	—	—	—	—	—	—	—	—	—	—	—	—	—
	7	55	45	25	6	12,75	—	111	96	84	74	67	61	54	51	—	—	—	—	—	—	—	—	—	—	—	—
	5	60	40	20	4	10,81	114	95	81	71	63	57	51	—	—	—	—	—	—	—	—	—	—	—	—	—	—
	6,5	60	45	22	5	12,47	122	109	94	82	73	65	59	54	50	—	—	—	—	—	—	—	—	—	—	—	—
	8	60	50	27	6,5	16,50	—	—	117	109	97	87	79	73	67	62	58	54	51	—	—	—	—	—	—	—	—
	9	60	55	31	6,5	19,42	—	—	—	—	114	102	92	85	79	73	68	64	60	57	54	50	—	—	—	—	—
	6	65	45	20	5	13,31	—	117	100	88	78	70	64	58	54	50	—	—	—	—	—	—	—	—	—	—	—
	7	65	48	24	5,5	15,28	—	—	115	101	89	80	73	67	62	57	53	50	—	—	—	—	—	—	—	—	—
	10	65	53	30	7	22,23	—	—	—	—	—	117	106	98	90	84	78	73	69	65	61	56	53	51	—	—	—
	10	70	58	32	6	25,82	—	—	—	—	—	—	124	110	105	97	91	85	80	75	71	68	65	62	59	56	54
	12	70	64	36	7,5	30,14	—	—	—	—	—	—	—	—	122	113	106	99	93	88	83	79	75	72	69	66	63
Diósgyör	4,6	50	44	21	4	7,75	82	68	58	51	—	—	—	—	—	—	—	—	—	—	—	—	—	—	—	—	—
	5	50	40	20	5	7,8	82	69	59	52	—	—	—	—	—	—	—	—	—	—	—	—	—	—	—	—	—
	6,5	55	45	23	6	10,8	114	95	82	71	63	57	52	—	—	—	—	—	—	—	—	—	—	—	—	—	—
	5,25	60	44	22	4	11,02	116	97	83	73	65	58	53	—	—	—	—	—	—	—	—	—	—	—	—	—	—
	8	60	50	26	7	14,05	—	—	110	96	85	77	70	64	59	55	51	—	—	—	—	—	—	—	—	—	—
	7	65	48	24	5,5	14,36	—	127	109	95	84	76	69	63	58	54	51	—	—	—	—	—	—	—	—	—	—
	9,25	65	55	29	7	18,8	—	—	—	125	111	100	91	83	77	71	67	62	59	56	53	50	—	—	—	—	—
	10,3	70	58	32	6	24,28	—	—	—	—	—	—	115	107	99	92	86	81	76	71	68	64	61	58	56	52	49
	11,7	70	58	34	7	25,6	—	—	—	—	—	—	123	113	103	98	91	85	80	76	72	68	65	62	59	57	54
	10,9	75	61	31	6	25,67	—	—	—	—	—	—	—	117	107	101	94	88	83	78	74	70	67	64	61	59	57
	13	75	65	35	9	29,9	—	—	—	—	—	—	—	—	122	113	106	99	93	88	84	79	76	72	69	66	63
	12	80	63	35	7	30	—	—	—	—	—	—	—	—	122	113	106	99	93	88	84	79	76	72	69	66	64

Für untergeordnete Gleisanlagen oder solche mit vorübergehendem Verwendungszweck können die zulässigen Achsendrücke bzw. die notwendigen Schwellenentfernungen obiger Tabelle IV um 20 v. H. vergrößert werden.

und Eichenholz in Betracht. Die ungefähren Abmessungen der Holzschwellen sind: Länge 85—150 cm, Breite 12—18 cm und Stärke 5—12 cm. Für eine 600 mm-Spur kommen bei Lokomotivbetrieb Schwellen von zirka 120 cm Länge, 14 cm Breite und 12 cm Stärke in Anwendung.

Die gebräuchlichsten Querschnittsformen der Stahlschwellen sind in Fig. 40 und 41 dargestellt. Fig. 40 zeigt die sogenannten Kastenschwellen, Fig. 41 die Rillenschwellen. Letztere kommen für leichtere Betriebe in Anwendung.

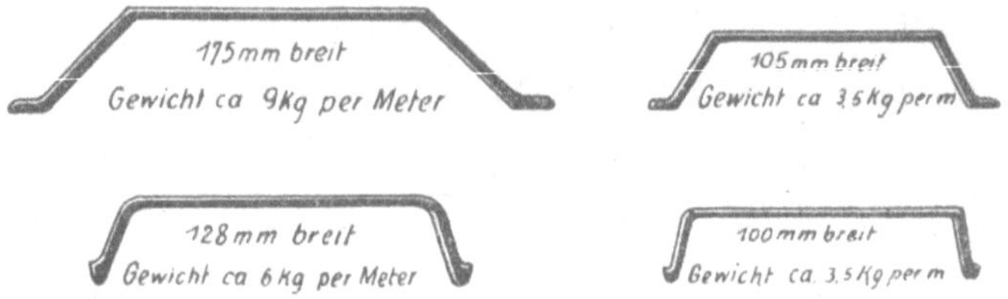

Fig. 40.

Fig. 41.

Die Stahlschwellen müssen an den Enden durch Pressung geschlossen (gekappt) sein (Fig. 42), damit ein Verschieben derselben, besonders in den Kurven, nach Möglichkeit vermieden wird.

Die Art der Befestigung der Schienen auf den Schwellen wurde bereits im Abschnitt b) besprochen. Hierzu wäre noch zu bemerken, daß man bei Verwendung von Holzschwellen in den geraden Strecken häufig Schienennägel, in den Kurven Tirefonds verwendet.

Fig. 42.

Bei den Stahlschwellen erfolgt die Befestigung der Schienen entweder durch 4 Schrauben und 4 Klemmplatten oder es wird die Schwelle für die Außenbefestigung der Schiene hakenförmig aufgeschlitzt, so daß nur 2 Schrauben und 2 Klemmplatten notwendig werden. Eine Abänderung der letzteren Befestigungsart besteht darin, daß man die Schwelle nicht aufschlitzt, sondern an Stelle des Schlitzes eine Z-förmige Platte annietet, die dann die Schiene am Fuß übergreift.

Die Schwellenentfernung ist abhängig von der Belastung der Schienen und gibt Tabelle III und IV brauchbare Abmessungen hierfür. Da durch die

Zentrifugalkraft in den Kurven erhebliche Drücke auftreten können, so muß hier für eine ganz besonders gute Bettung des Gleises Sorge getragen werden; auch ist es ratsam die Schwellenabstände zu verringern.

d) Weichen.

Man unterscheidet so wie bei den Gleisen bewegliche und festverlegte Weichen. Für beide Fälle kommen 3 Weichenanordnungen zur Verwendung.

I. Einfache Links- oder Rechtsweiche (Fig. 43). Der Hauptstrang geht geradlinig weiter, während das Zweiggleis in einer Kurve nach links oder rechts abzweigt.

II. Symmetrische Bogenweichen (Fig. 44.) Der Hauptstrang zweigt sowohl nach links als auch nach rechts symmetrisch ab.

III. Dreiteilige Weichen oder Dreiwegeweichen (Fig. 45), welche jedoch für Feldbahnen nur selten zur Verwendung kommen. Der Hauptstrang läuft in gerader Richtung fort, während nach rechts und links je 1 Kurvenstrang abzweigt.

1. Bewegliche Weichen.

Bewegliche Weichen werden als Zungenweichen, Schleppweichen und Kletterweichen hergestellt. Die Schienen sind mit den Schwellen durch Nieten verbunden. Die beiden ersten Arten werden an der Bedarfsstelle wie Gleisrahmen verlegt, während die Kletterweichen auf das Gleis gelegt werden.

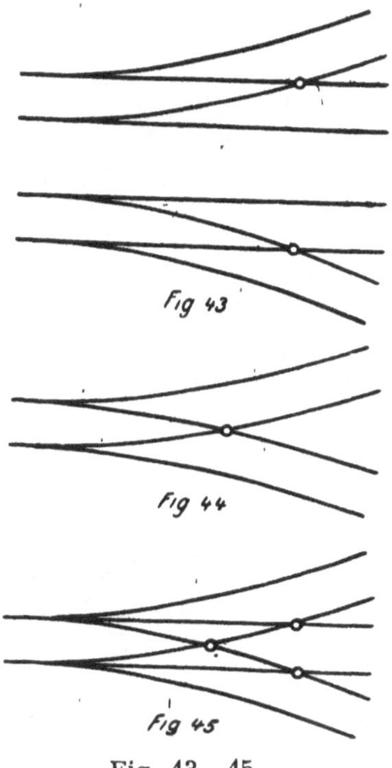

Fig. 43—45.

A. Zungenweichen.

Allgemein kommt die Rechts-, Links- und symmetrische Weiche zur Anwendung (Fig. 46, 47 und 48). Man unterscheidet bewegliche und feste Zungen (Fig. 49). Feste Zungen werden nur für ganz untergeordnete Betriebe verwendet und muß bei diesen der Wagen über die Spurkranzbrücken a von Hand in das richtige Gleis geschoben werden.

Bei den beweglichen Weichen erfolgt die Stellung derselben für die gewünschte Abzweigung durch einfache Verschiebung der durch eine Spurstange a verbundenen Zungen b (Fig. 46, 47 und 48). Letztere sind aus Schienenstücken, welche abgehobelt werden, hergestellt. Das Herzstück c wird gleichfalls aus Schienenstücken hergestellt. Die Zwangsschiene d wird durch Distanzrohre und Schrauben im richtigen Abstand von der Schiene gehalten.

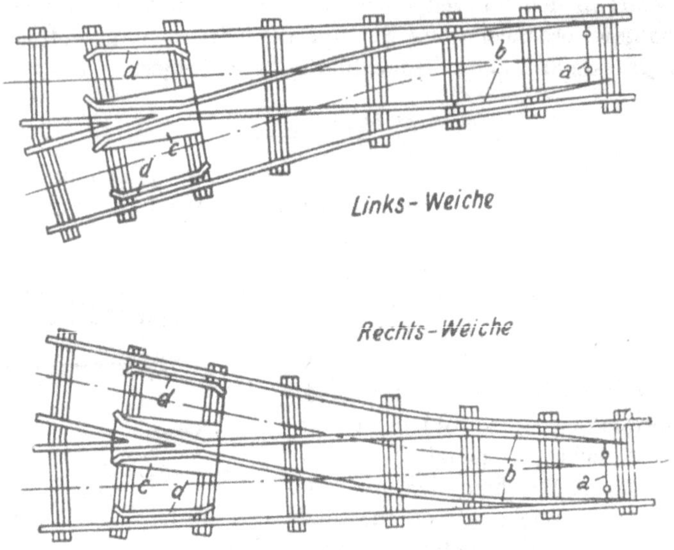

Fig. 46 und 47.

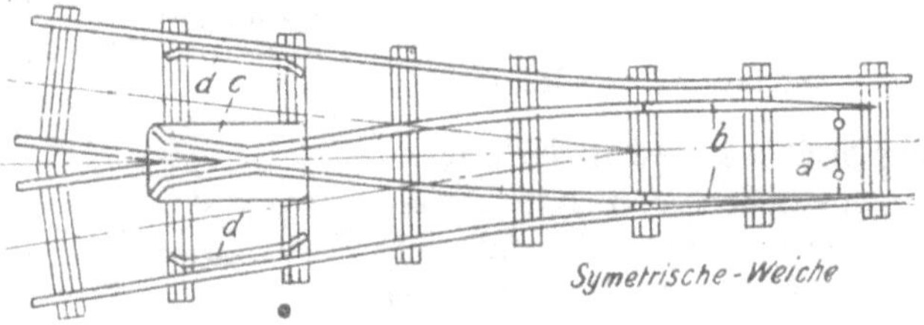

Fig. 48.

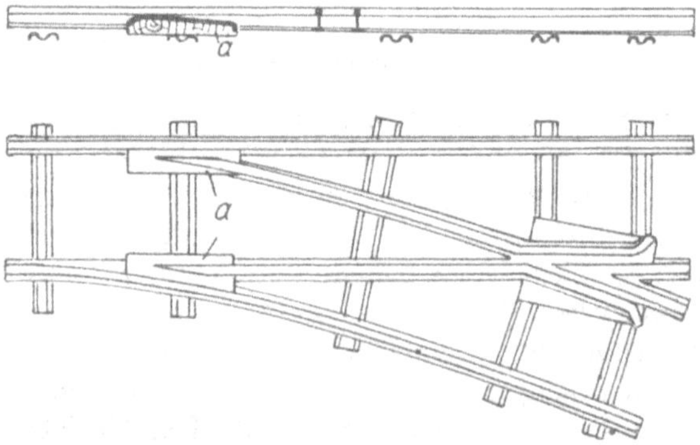

Fig. 49.

Zungenweichen, wie sie beispielsweise die Firma Orenstein & Koppel für Spurweiten von 500, 600 und 760 mm liefert, zeigen folgende Hauptabmessungen:

Normallänge	Radius ca.	für Wagen mit einem Radstand bis
2½ m	3½ m	500 mm
5 m	10 m	800 mm
7 m	25 m	1200 mm

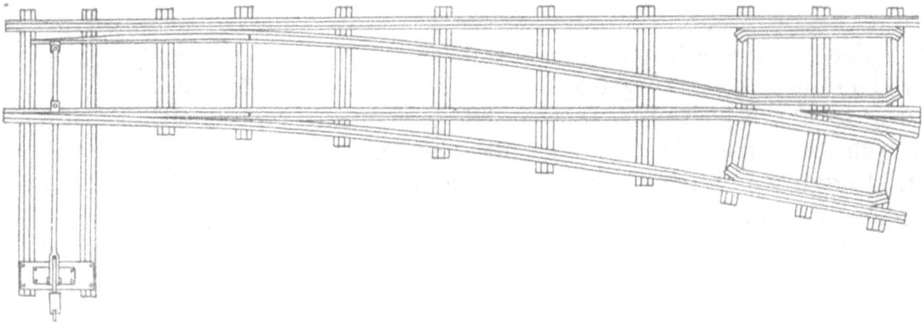

Fig. 50.

Für leichten Lokomotivbetrieb werden auch transportable Weichen in Längen von zirka 7 m mit Stellblock angefertigt (Fig. 50). Diese Weichen werden auch zweiteilig ausgeführt, um ein bequemes Verlegen zu ermöglichen.

B. Schleppweichen.

Die Schleppweichen unterscheiden sich von den Zungenweichen dadurch, daß statt der gehobelten Zungen und der dazugehörigen Anschlagschienen ein besonderer Rahmen a (Fig. 51) mittels eines Hebels b verstellt wird, wobei

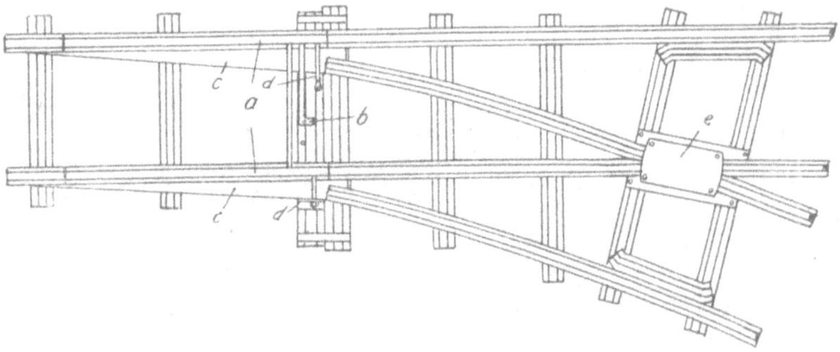

Fig. 51.

der Rahmen auf 2 Platten c gleitet, und zwar so lange, bis die beiden Weichenstücke an die Anschläge d zu liegen kommen. Die Schleppweichen werden nur selten verwendet, sind aber notwendig, wenn Wagen mit zweiflanschigen

Rädern zur Verwendung kommen; sie werden für Betriebe mit ein- und zweiflanschigen Rädern und für solche mit nur einflanschigen Rädern ausgeführt. Die in Fig. 51 dargestellte Schleppweiche eignet sich für ein- und zweiflanschige Räder. Kommen nur einflanschige Räder zur Anwendung, so kann die Platte als gewöhnliches Herzstück ausgebildet werden.

Die Dreiwegweichen werden meistens als Schleppweichen konstruiert, da sich dadurch die Weiche einfacher gestaltet. Für eine Zungenweiche wären 4 Zungen notwendig.

C. Kletterweichen.

Die Kletterweichen werden überall da angewendet, wo von einem bereits vorhandenen Gleisstrang ein Zweiggleis abgeleitet werden soll. Man unterscheidet 2 Ausführungsarten von Kletterweichen: verstellbare, bei welchen sowohl das Hauptgleis als auch das Zweiggleis befahren werden kann, und Kletterrahmen, bei welchen das Hauptgleis erst nach Abheben des Kletterrahmens befahren werden kann.

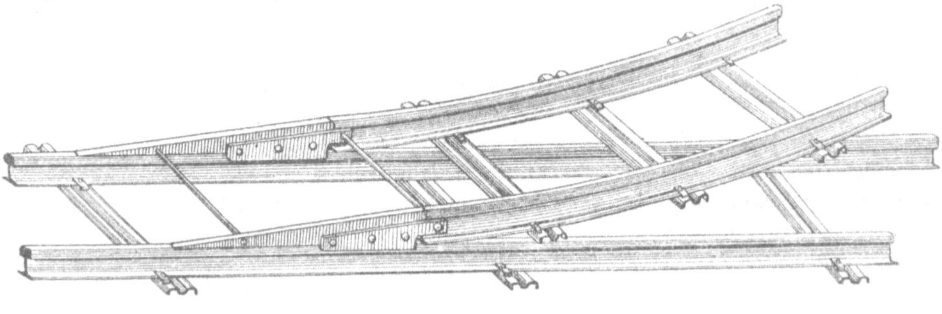

Fig. 52.

Die Kletterrahmen bestehen aus einem transportablen Kurvenrahmen, die, falls eine einfache Abzweigung hergestellt werden soll, mit 1 Paar Kletter-

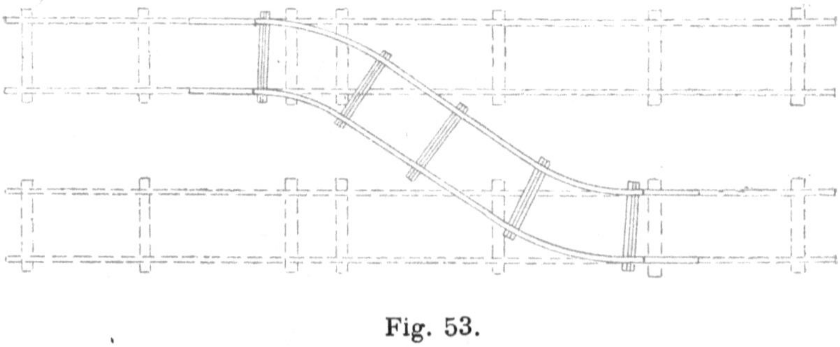

Fig. 53.

zungen (Fig. 52) oder, falls 2 parallel laufende Gleise miteinander verbunden werden sollen, mit 2 Paar Kletterzungen (Fig. 53) versehen werden. Der freischwebende Teil der Weiche muß durch eine geschaffene Erderhöhung oder Holzbalken eine Auflage erhalten.

Der in Fig. 54 dargestellte Kletterrahmen weist den Vorteil auf, daß der Rahmen durch eine einfache Drehung auf den Hauptstrang gelegt und von demselben wieder abgenommen werden kann, während die in Fig. 52 und 53 dargestellten Rahmen jedesmal beim Befahren des Hauptstranges aufgehoben und beiseite gelegt werden müssen. Die Drehung des Kletterrahmens (Fig. 54) findet an der Stoßschwelle bei a statt.

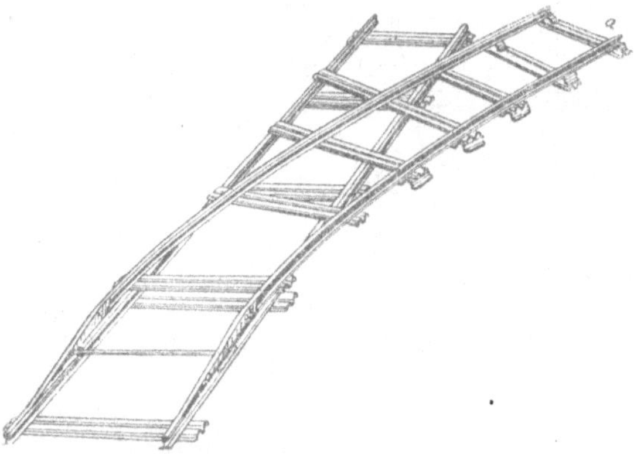

Fig. 54.

Die Kletterweichen haben gegenüber den Kletterrahmen den Vorteil, daß dieselben, ohne aufgenommen werden zu müssen, sowohl ein Befahren des Hauptgleises als auch des Nebengleises gestatten.

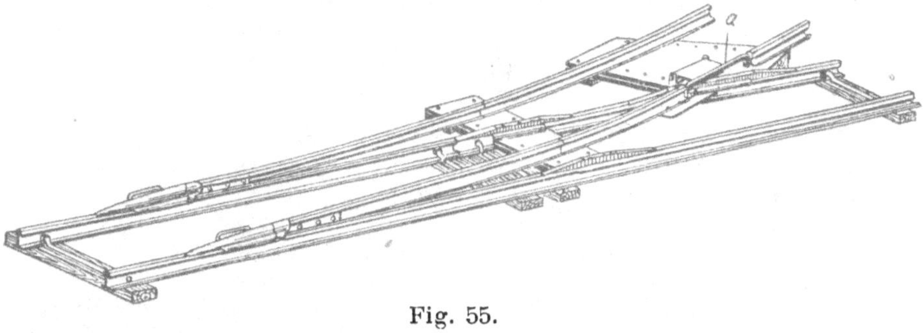

Fig. 55.

Eine solche Kletterweiche, die zum Befahren mit zweiflanschigen Rädern und für Zugtierbetrieb eingerichtet ist, zeigt Fig. 55. Die Figur zeigt die Kletterweiche auf dem Hauptgleis liegend, und zwar in der Stellung, in welcher das nach links abzweigende Gleis befahrbar ist, wobei die Kletterzungen auf dem Hauptgleis liegen und die am Kreuzungspunkt der Schienen befindliche Brücke a für den Uebergang geschlossen ist. Fig. 56 zeigt dieselbe Kletterweiche, jedoch in der Stellung, in welcher das Hauptgleis befahrbar ist. Die Kletterzungen sind von den Schienen abgehoben, die Brücke a umgelegt.

Ein Kletterweiche, die als Zungenweiche konstruiert ist und in entsprechender Verstärkung auch für Lokomotivbetrieb Verwendung findet, ist in Fig. 57 dargestellt.

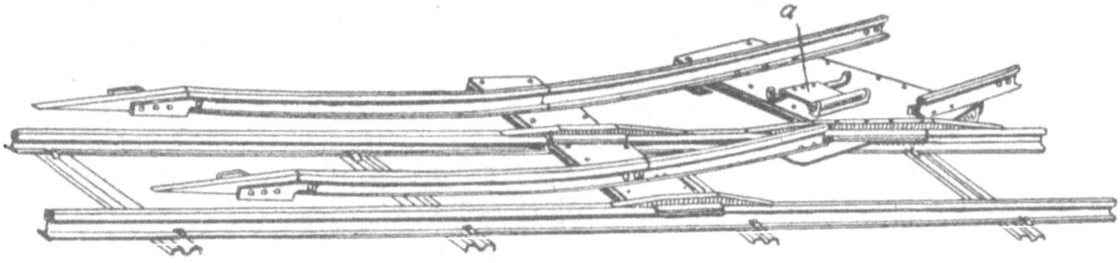

Fig. 56.

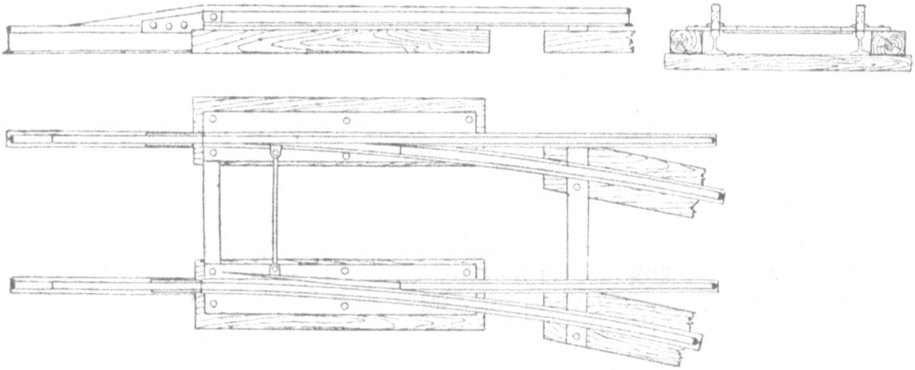

Fig. 57.

Zwei Arten von Kletterzungen, wie sie von der Firma Orenstein & Koppel hergestellt werden und für Kletterweichen und Kletterdrehscheiben (s. S. 42) Verwendung finden, sind in Fig. 58 und 59 dargestellt. Fig. 58 zeigt eine ge-

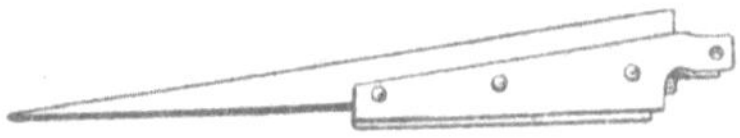

Fig. 58.

Fig. 59.

schmiedete (in Längen von zirka 600—1000 mm), Fig. 59 eine aus Temperguß (in Längen von zirka 600 mm) hergestellte Kletterzunge. Zwei solcher Kletterzungen können durch eine Verbindungsstange zu einem Zungenpaar in beliebiger Spurweite vereinigt werden.

2. Festverlegte Weichen.

Festverlegte Weichen werden nur als Zungenweichen ausgeführt; sie werden meistens auf Holzschwellen und nur selten auf Stahlschwellen montiert. Sie werden aus Schienenstücken zusammengesetzt, die das gleiche Profil haben wie das festverlegte Gleis.

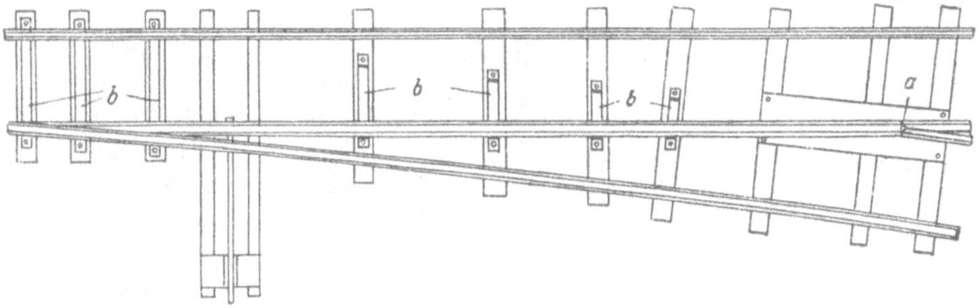

Fig. 60.

Fig. 60 zeigt eine Einzungenweiche für schwachbetriebene Ausweichstellen. Die Zunge ist hier sehr lange und gerade gehalten und im Punkte a drehbar gelagert. Um den Reibungswiderstand zu verringern und die Holzschwellen an der Gleitstelle der Zunge zu schonen, sind an die Schwellen Flacheisenschienen b befestigt.

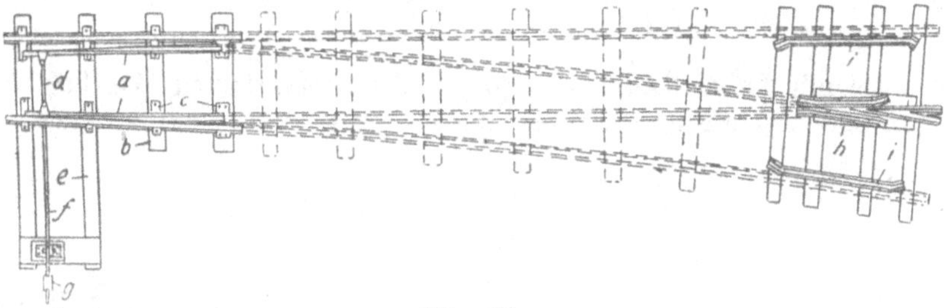

Fig. 61.

Für stärker beanspruchte Abzweigstellen und für Lokomotivbetrieb kommt die sogenannte Bockzungenweiche (Fig. 61) zur Anwendung. Die aus Schienen gehobelten Zungen a sind länger als bei den transportablen Weichen gehalten und bewegen sich auf den Gleitstühlen b und Wurzelplatten c. Die beiden Zungen a werden an ihren Enden durch die Verbindungsstange d im richtigen Abstand zueinander gehalten. Der Weichenbock e trägt die Stellvorrichtung mit der Zugstange f und Gegengewicht g. Das Herzstück h ist aus Schienenstücken zusammengesetzt, die auf eine Platte vernietet sind. Die Zwangsschienen i werden durch Distanzrohre und Schrauben im richtigen Abstand von der Schiene gehalten. Die in Fig. 61 strichliert gezeichneten Schienenteile sind aus geraden Schienen hergestellt.

3. Versenkte Weichen.

In Fabrikshöfen, auf Lagerplätzen usw., wo die Gleise, um einen ungehinderten Verkehr mit Fuhrwerken zu gestatten, einbetoniert oder eingepflastert sind, kommen versenkte Weichen zur Anwendung. Dieselben werden entweder aus doppelten Vignolschienen oder aus Rillenschienen hergestellt, wobei entweder zwei feste oder eine feste und eine bewegliche Zunge vorhanden ist. Fig. 62 zeigt eine solche Weiche aus doppelten Vignolschienen mit einer festen und einer beweglichen Zunge.

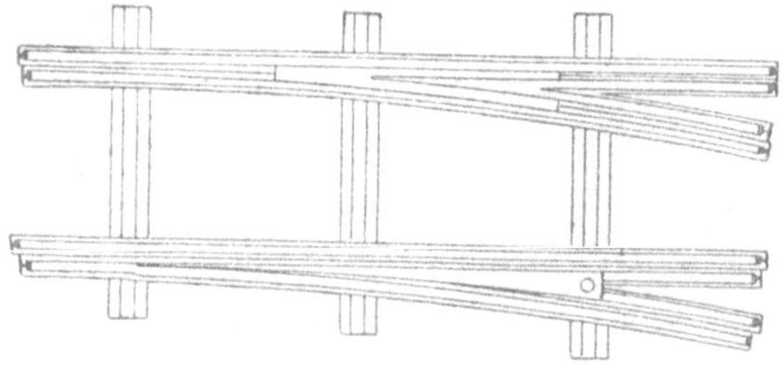

Fig. 62.

Im vorstehenden sind die Weichen, wie sie allgemein für Feldbahnen zur Verwendung kommen, besprochen worden. Es braucht wohl nicht erst erwähnt werden, daß außer den hier besprochenen Konstruktionen in der Praxis mitunter auch noch andere Ausführungen, speziell für Feldbahnen mit stärkeren Beanspruchungen, vorkommen. Mit den hier angeführten Weichen wird man jedoch in der Praxis stets das Auslangen finden, so daß von den komplizierteren Weichenkonstruktionen, die ja für Feldbahnbetrieb äußerst selten in Frage kommen, hier abgesehen werden kann.

e) Umstellvorrichtungen.

Für das Umlegen der Zungen wird bei den festverlegten Weichen eine direkte Umstellvorrichtung verwendet, die in 3 Ausführungen zur Anwendung kommt.

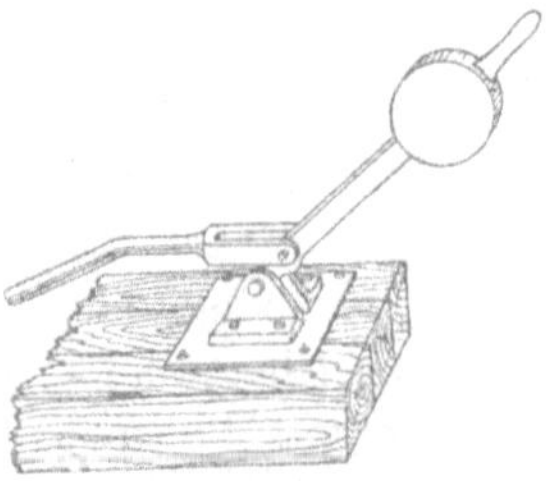

Fig. 63.

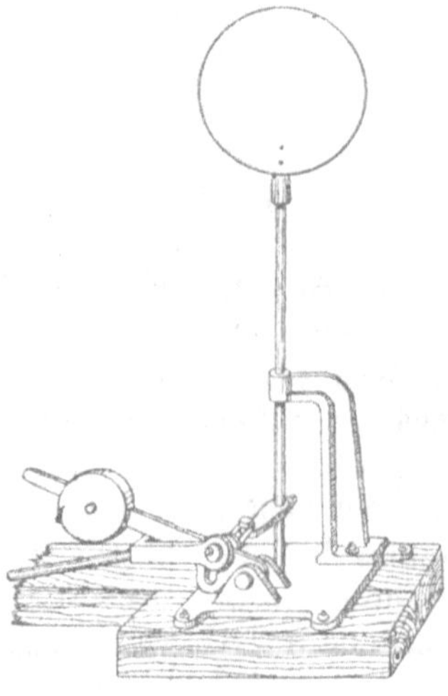

Fig. 64.

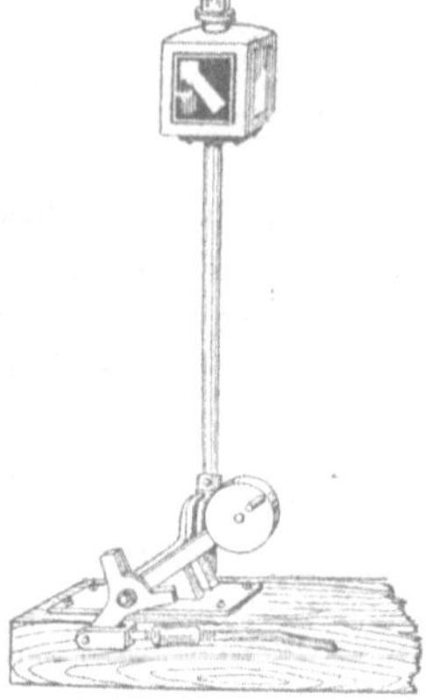

Fig. 65.

Für schwächere Betriebe und Weichen aus Schienen bis zu 14 kg pro Meter verwendet man den einfachen Weichenbock nach Fig. 63. Bei stärkeren Betrieben verwendet man für Weichen aus Schienen bis zum Gewichte von zirka 20 kg pro Meter den Weichenbock mit drehbarer Signalscheibe (Fig. 64) und für Weichen aus Schienen im Gewichte von mehr als 20 kg pro Meter den Weichenbock mit drehbarer Signallaterne (Fig. 65).

f) Paßstücke und Feldbahnkreuzungen.

1. Paßstücke.

Verkehren auf einer Feldbahn zwei oder mehrere Züge nach beiden Fahrtrichtungen, so müssen Ausweichen angeordnet werden. Hierzu ist eine Rechts- und eine Linksweiche nebst dem erforderlichen Zwischengleis notwendig. Die

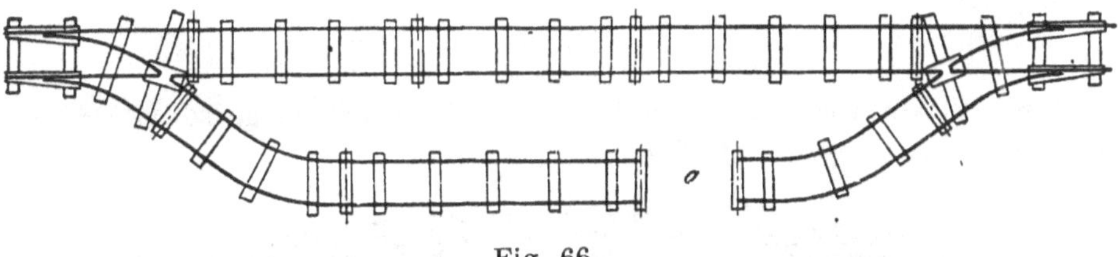

Fig. 66.

Länge des Zwischengleises richtet sich nach der größten Länge der in Frage kommenden Zugseinheiten. Das Zwischengleis besteht aus Gleisrahmen und Kurvenrahmen. Sind die Weichen und Kurvenrahmen fertig montiert, so werden nur in den seltensten Fällen die Gleisrahmen in den richtigen Längen vorhanden sein, um die beiden Kurvenrahmen miteinander verbinden zu können, so daß sich ein Zwischenraum a (Fig. 66) ergibt. In diesen Zwischenraum muß ein Paßstück eingelegt werden. Solche Paßstücke oder Gleisbrücken finden auch bei beweglichem Gleis Anwendung. Sie bestehen aus Rahmen, die an der betreffenden Stelle eingelegt werden oder aus einem kurzen Gleisrahmen, an dessen Schienenenden Kletterzungen befestigt sind, ähnlich wie dies bei der Kletterkreuzung Fig. 69 der Fall ist.

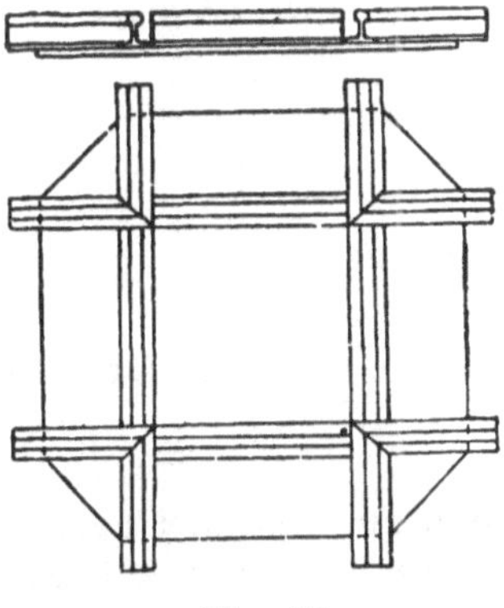

Fig. 67.

2. Feldbahnkreuzungen.

Kreuzen sich zwei Feldbahngleise, so werden in der Regel an der Kreuzungsstelle die Gleise auf Rahmen fertig montiert verlegt. Kreuzungen werden in der Regel in Winkeln von 30, 60 und 90° ausgeführt. Bei den rechtwinkligen Kreuzungen werden entsprechende Schienenstücke auf schmiedeiserne Grundplatten genietet (Fig. 67), bei den spitzwinkligen Kreuzungen meist auf Stahlschwellen befestigt (Fig. 68).

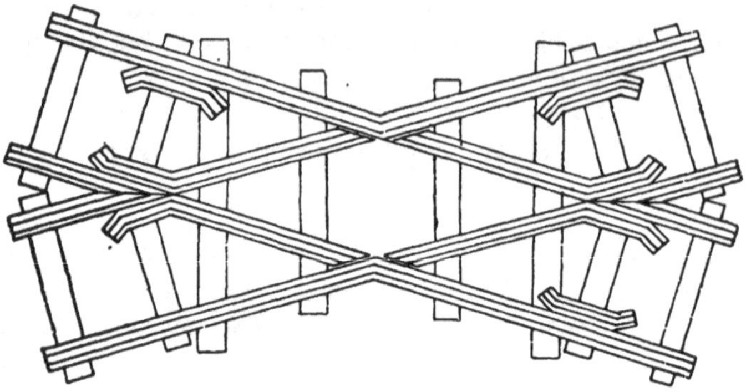

Fig. 68.

Wechselt ein Gleisstrang häufig seine örtliche Stellung, so verwendet man Kletterkreuzungen (Fig, 69).

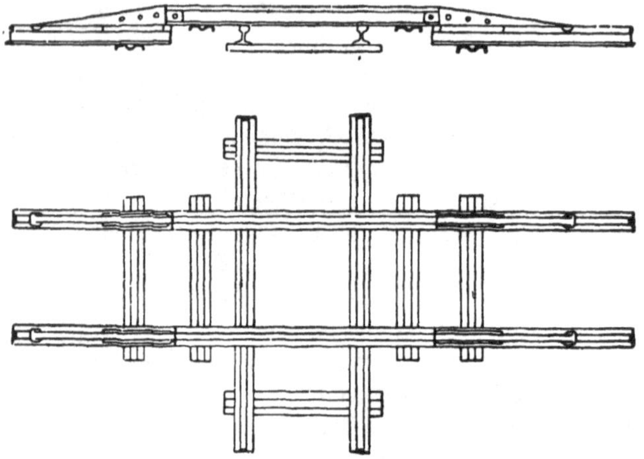

Fig. 69.

g) Drehscheiben und Schiebebühnen.

1. Drehscheiben.

Kreuzen sich zwei Feldbahngleise und soll das Fahrzeug den einen Gleisstrang verlassen und auf den anderen weitergeführt werden, so muß an der Kreuzungsstelle eine Drehscheibe eingebaut werden. Dies wird auch dann notwendig werden, wenn von einem Punkte des Gleisstranges mehrere Gleise abzweigen, wie dies häufig bei Erdarbeiten, Steinbrüchen, Schotter- und Sandgruben usw. der Fall ist. Das Fahrzeug fährt in diesem Falle auf die Drehscheibe, wird mit dieser in die gewünschte Fahrtrichtung gedreht und fährt dann wieder weiter. Je nach Art des zur Verwendung kommenden Gleises unterscheidet man transportable und festverlegte Drehscheiben. Die Abmessungen derselben richten sich nach der Spur des Gleises, dem Radstand und dem Gewicht des beladenen Fahrzeuges.

A. Transportable Drehscheiben.

Die transportablen Drehscheiben werden aus Schmiedeeisen oder Gußeisen hergestellt; sie werden als Rollen- oder Kugelscheiben ausgeführt.

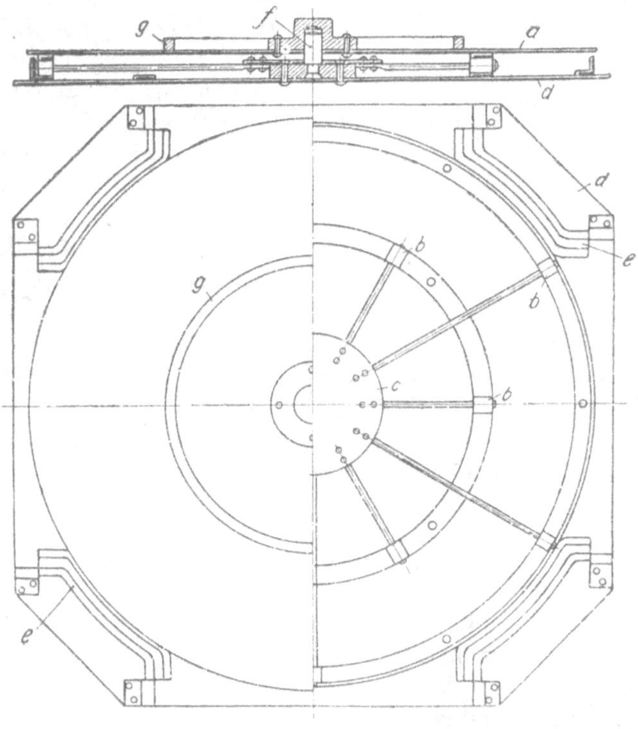

Fig. 70.

Fig. 70 zeigt eine schmiedeiserne Rollendrehscheibe mit runder Oberplatte a, welche sich auf den Rollen b dreht, die an einem Doppelstern c leicht drehbar befestigt sind. Auf der Unterplatte d sind 4 Hornschienen e für den Laschenanschluß genietet. Die Oberplatte a ist um den Zapfen f drehbar gelagert und trägt an ihrer oberen Seite den Spurring g. Die Rollendrehscheiben werden für Spurweiten von 600—900 mm, bei einem größten Radstand von 525—950 mm gebaut, wobei der Durchmesser der Oberplatte von 940—1550 mm schwankt. Die Drehscheiben von 600 mm Spurweite haben eine Tragfähigkeit von 750—2500 kg, die von 900 mm Spurweite eine solche von 2500—5000 kg und die dazwischen liegenden eine entsprechend kleinere Tragfähigkeit.

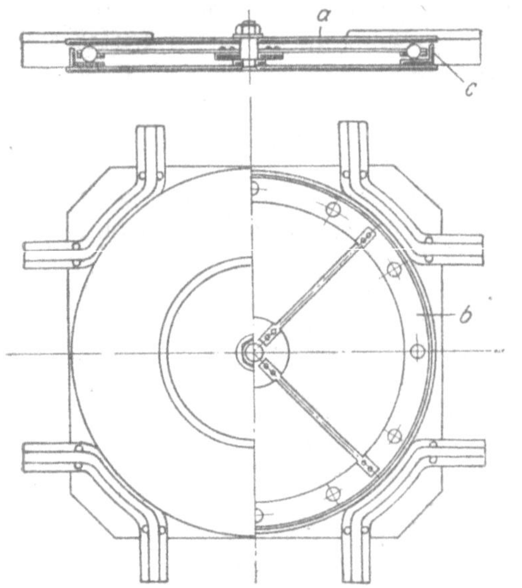

Fig. 71.

Fig. 71 zeigt eine schmiedeiserne Kugeldrehscheibe mit runder Oberplatte a, die auf Kugeln läuft, welche durch einen Flacheisenring b in gleichmäßigen Abständen gehalten werden. Um das Eindringen von Erde und Steinen in die Kugellagerung zu verhindern, ist der Flanschring c als Winkeleisenring ausgebildet. Die Kugeldrehscheiben nach Fig. 71 werden für Spurweiten von 600 bis 900 mm bei einem größten Radstand von 525—1000 mm gebaut, wobei der Durchmesser der Drehscheiben zwischen 940 bis 1500 mm schwankt. Die Tragfähigkeiten sind dieselben wie die der schmiedeisernen Rollendrehscheiben nach Fig. 70.

In Fig. 72 ist gleichfalls eine Kugeldrehscheibe dargestellt, die sich von der in Fig. 71 dargestellten Drehscheibe nur dadurch unterscheidet, daß die Oberplatte hier auf dicht nebeneinander gereihten Kugeln läuft, welche sich in einer Rille frei bewegen können. Ausgeführt werden diese Drehscheiben für Spurweiten von 500—900 mm, bei einem größten Radstand von 620 bis 1000 mm. Ihre Tragfähigkeit ist größer als die der vorstehend besprochenen Drehscheiben und schwankt bei 500—900 mm Spurweite zwischen 1500 und 5000 kg.

Eine schmiedeiserne Kugeldrehscheibe mit Fahrleisten a und Feststellvorrichtung b zeigt Fig. 73. An Stelle der Fahrleisten kann auch ein Kreuzgleis treten.

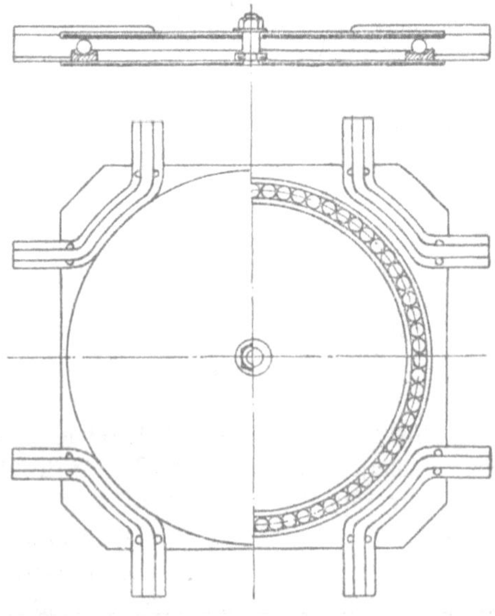

Fig. 72.

Die in Fig. 70—72 dargestellten Drehscheiben können leicht in Kletterdrehscheiben — diese werden dort notwendig, wo von einem bestehenden Gleis ohne Unterbrechung desselben nach einer anderen Richtung abgezweigt werden soll — umgewandelt werden. Man braucht nur 4 Paar Kletterzungen an die Hornschienen zu befestigen.

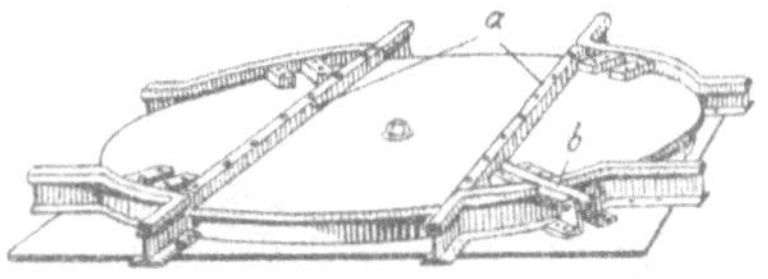

Fig. 73.

Gußeiserne Drehscheiben werden als Zapfendrehscheiben, Rollendrehscheiben und Kesseldrehscheiben ausgeführt.

Die in Fig. 74 dargestellte transportable gußeiserne Zapfendrehscheibe besteht aus einer Oberplatte a, die sich um einen Zapfen b dreht. Die Oberplatte ist mit angegossenen Fahrleisten und Feststellhebel versehen, der in

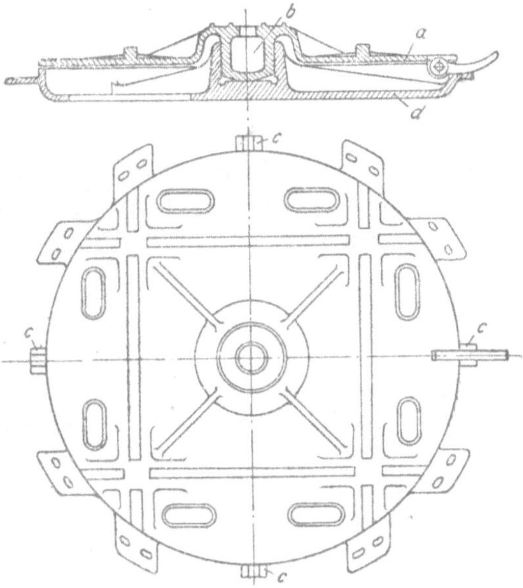

Fig. 74.

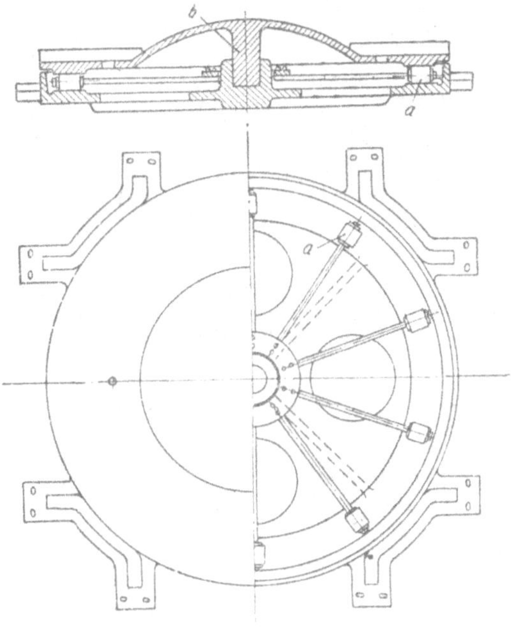

Fig. 75.

die 4 Feststellschlitze c der Unterplatte d eingreift. Letztere ist mit 8 Konsolen versehen, welche für Befestigung der Anschlußschienen dienen. Diese Drehscheiben werden für Spurweiten 500, 600 und 760 mm mit einer Tragfähigkeit von 2500 kg ausgeführt.

Bei der in Fig. 75 veranschaulichten Rollendrehscheibe dreht sich die Oberplatte auf Rollen a um den Zapfen b. Um ein genaues Auf- und Abfahren der Fahrzeuge zu ermöglichen ist die Oberplatte in der Mitte mit einer haubenförmigen Erhöhung versehen. Die Rollendrehscheibe wird für Spurweiten von 500 und 600 mm für eine Tragfähigkeit von 2500 bzw. 3000 kg gebaut.

Für Zugtierbetrieb eignen sich besonders die Kesseldrehscheiben (Fig. 76), bei welchen der Drehzapfen nach unten verlegt ist, so daß die Oberplatte

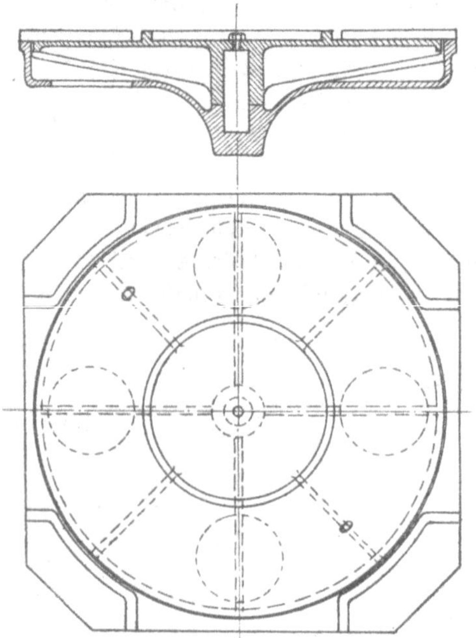

Fig. 76.

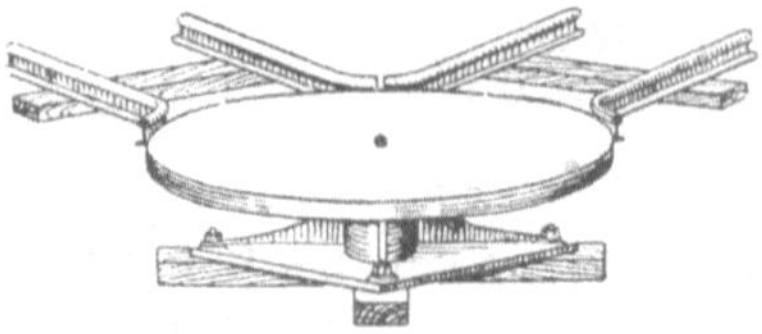

Fig. 77.

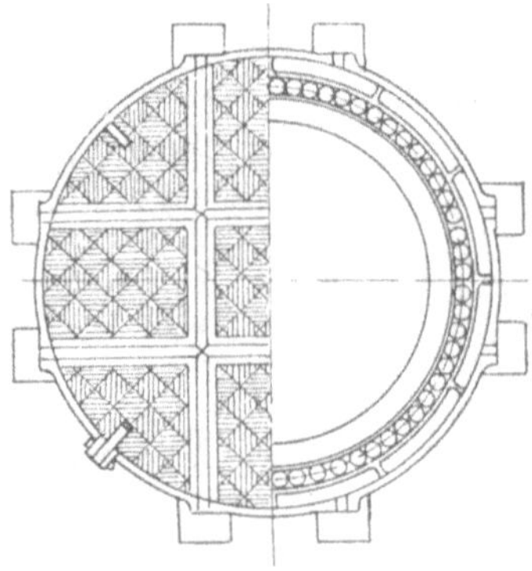

Fig. 79.

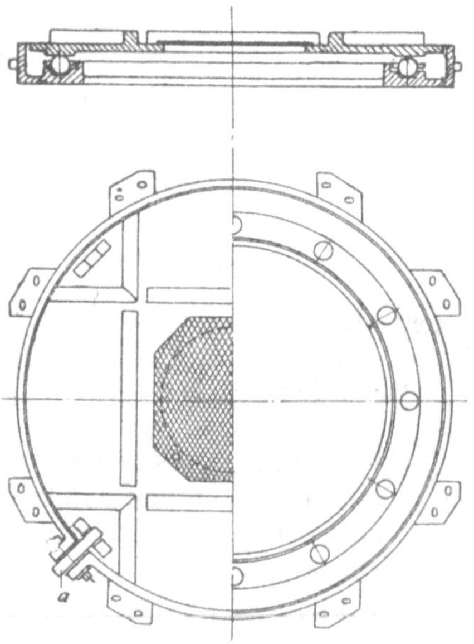

Fig. 78.

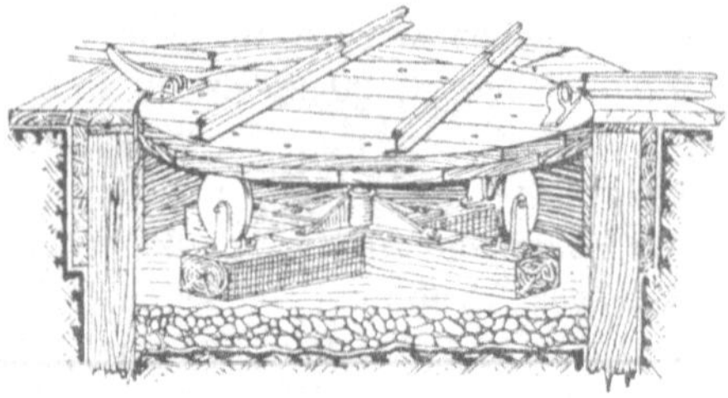

Fig. 80.

keine besonderen Erhöhungen außer dem Spurring und den Hornschienen aufweist. Die Drehscheibe wird für Spurweiten von 500 und 600 mm für eine Tragfähigkeit von 2500 kg aufgeführt.

Die Tellerdrehscheibe nach Fig. 77 eignet sich besonders für Gleisanschlüsse in beliebiger Richtung. Da sie keinerlei vorspringende Teile aufweisen, so werden sie vielfach für Zugtierbetrieb verwendet. Diese Drehscheiben werden für 500 und 600 mm Spurweite gebaut, wobei der Durchmesser der Oberplatte 940 mm beträgt. Ihre Tragfähigkeit hat 1500 kg.

B. Festverlegte Drehscheiben.

Festverlegte Drehscheiben werden ähnlich den schmiedeisernen Drehscheiben als Kugeldrehscheiben, entweder mit Kugeln in einem Flacheisenring oder mit dicht nebeneinander in einer Rille liegenden Kugeln, für Spurweiten von 500—900 mm und 3000—5000 kg Tragfähigkeit ausgeführt. Fig. 78 zeigt eine gußeiserne Kugeldrehscheibe mit angegossenem Kreuzgleis, Fig. 79 eine solche für versenktes Gleis. Beide Drehscheiben sind mit einer Feststellvorrichtung versehen.

Für schwere Belastungen kommen die Grubendrehscheiben in Frage, die in eine aus Holz oder Mauerwerk hergestellte Grube eingesetzt werden. Sie drehen sich um einen Zapfen auf Rollen und werden bis zu einer Tragfähigkeit von 15 000 kg hergestellt. Eine einfache kleine Grubendrehscheibe zeigt Fig. 80.

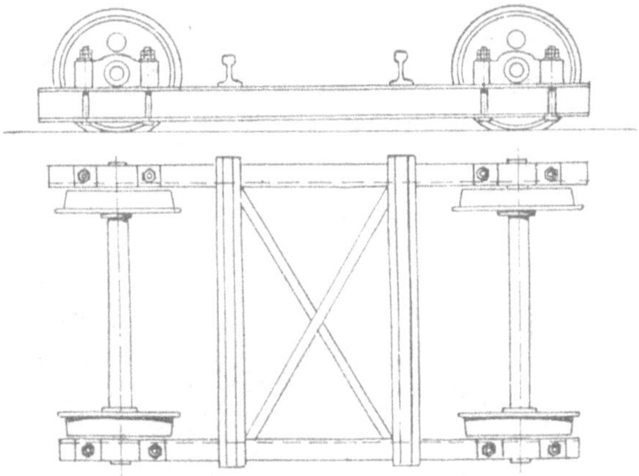

Fig. 81.

2. Schiebebühnen.

Zur Verbindung von zwei oder mehreren parallel laufenden Gleisen dienen die Schiebebühnen, die für Feldbahnbetrieb in leichter Ausführung ein- und zweigleisig gebaut werden. Man unterscheidet Schiebebühnen mit Außenlager (Fig. 81) oder solche mit Innenlager (Fig. 82). Zur leichteren Fortbewegung der Schiebebühnen werden dieselben mit Handgriffen, wie in Fig. 82 dar-

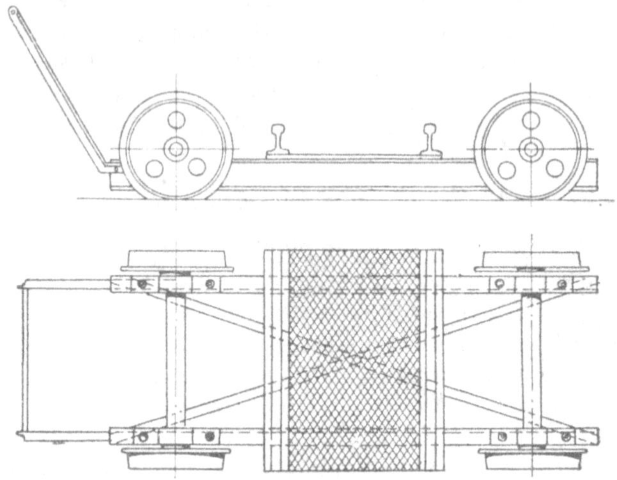

Fig. 82.

gestellt, versehen. Die in Fig. 81 gezeigte Schiebebühne wird für Belastungen bis 5000 kg gebaut.

IV. Betriebsmittel.

a) Details der Betriebsmittel.

1. Räder.

Die Räder werden aus Stahlguß als Scheiben- oder Speichenräder hergestellt. Man unterscheidet einflanschige und zweiflanschige Räder sowie Räder mit doppeltem Laufkranz.

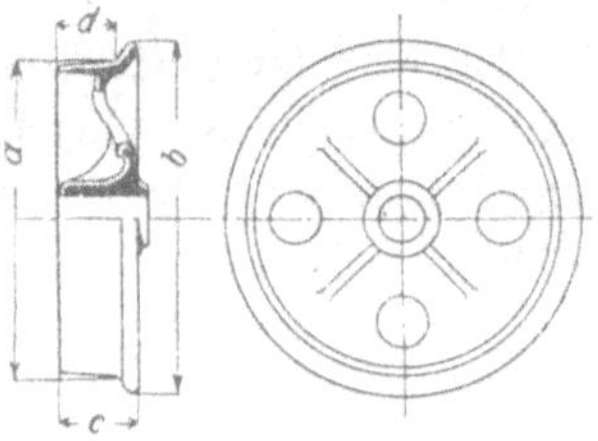

Fig. 83.

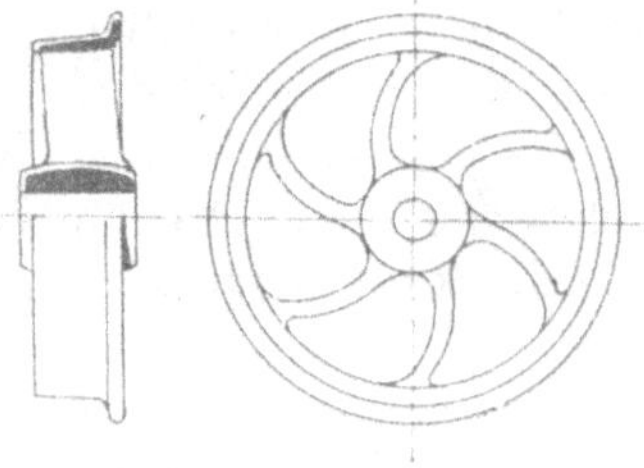

Fig. 84.

Die größte Verwendung finden die Scheibenräder (Fig. 83), die beispielsweise von der Firma Orenstein & Koppel in Abmessungen nach Tabelle VI

Tabelle VI.

Laufkranz-Durchmesser a mm	Spurkranz-Durchmesser b mm	Ganze Breite c mm	Laufkranz-Breite d mm	Tragfähigkeit ca. kg
250	286	70	55	375
270	304	63	50	375
300	340	75	55	500
300	340	100	80	625
350	390	75	55	625
350	390	85	60	700
350	390	95	70	750
390	430	85	65	750
400	450	100	78	1250
450	500	90	70	900
450	500	100	75	1500
500	550	110	85	1000
500	550	115	90	1750

(s. auch Fig. 83) hergestellt werden. Um das Gewicht der Räder zu verringern werden in den Scheiben 3 oder 4 kreisrunde Aussparungen vorgesehen. Der Laufkranz wälzt sich auf der Schiene ab, während der Spurkranz das Herabgleiten des Rades von der Schiene verhindert.

Das in Fig. 84 dargestellte Speichenrad und das in Fig. 85 dargestellte Scheibenrad mit 2 Spurkränzen wird selten verwendet.

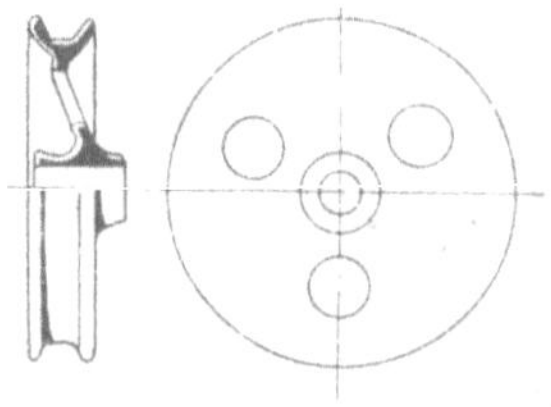

Fig. 85.

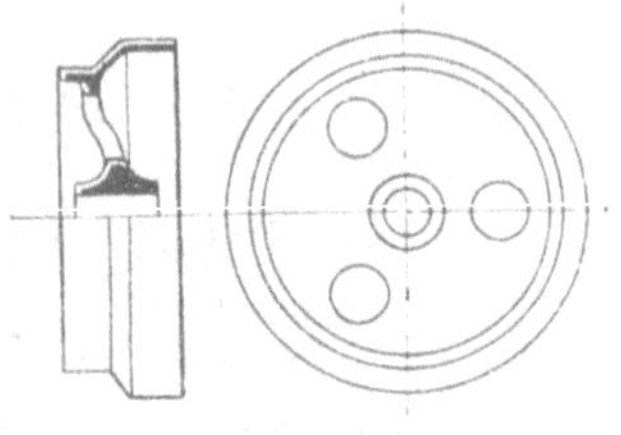

Fig. 86.

Fig. 86 zeigt ein Scheibenrad mit doppeltem Laufkranz; es wird da verwendet, wo das Fahrzeug auf Schienen und auf ebenem Boden verkehren soll.

Das Gewicht der Scheibenräder steht mit der Tragfähigkeit derselben in einem gewissen Zusammenhang. Vergleicht man die Gewichte ausgeführter Scheibenräder mit ihrer Tragfähigkeit, so findet man, daß das ungefähre Gewicht gleich der Tragfähigkeit dividiert durch 35 ist.

2. Radsätze.

Unter einem Radsatz versteht man 2 Räder, die durch eine Achse verbunden sind. Da die Gleisspur mit der Radsatzspur nie genau übereinstimmen kann, so wird in der Regel letztere um 10 mm kleiner gehalten als die Gleisspur.

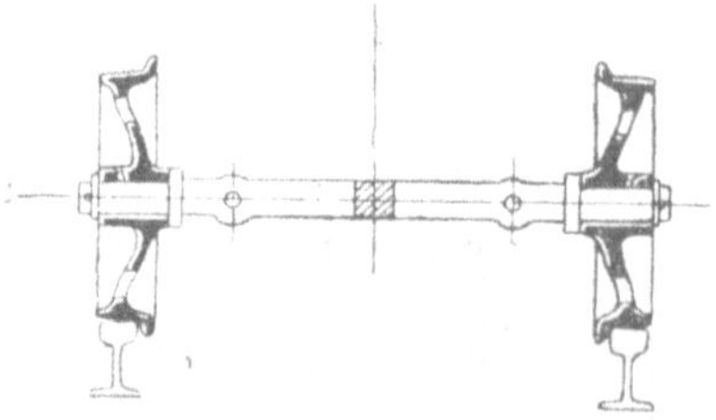

Fig. 87.

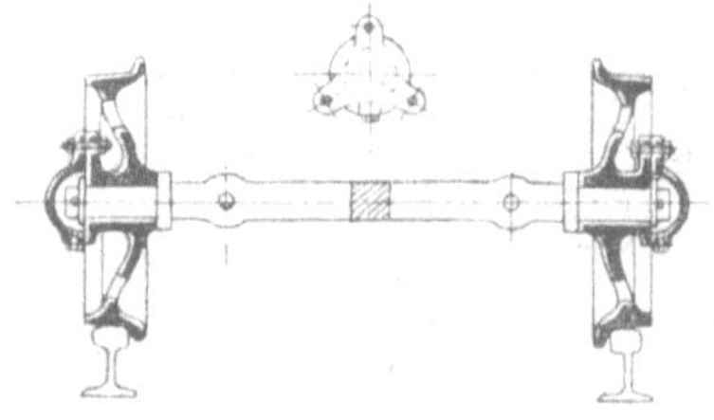

Fig. 88.

Die Achsen werden gewöhnlich aus Achsenstahl von rundem oder quadratischem Querschnitt hergestellt. Der gebräuchlichere Querschnitt ist der runde. Quadratische Achsen finden nur für geringe Belastung Anwendung. Je nach den verschiedenen Verwendungszwecken der Fahrzeuge haben sich verschiedene Radsatztypen herausgebildet.

Für untergeordnete Zwecke kommen die Schmierschraubenradsätze (Fig. 87) und Schmierkapselradsätze (Fig. 88) zur Anwendung. Sie haben quadratische Achsen und 2 lose laufende Räder, deren Schmierung durch die mit Verschlußschraube versehenen Löcher in der Nabe bzw. durch 2 auf die Naben aufgeschraubte Kapseln erfolgt.

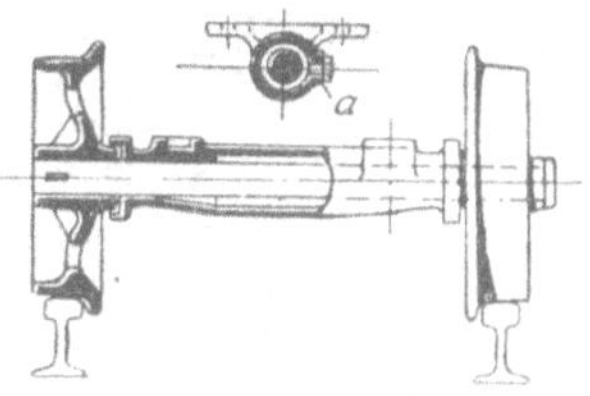

Fig. 89.

Die Schmierschraubenradsätze werden normal mit Rädern von 235 mm Laufkranzdurchmesser für Spurweiten von 500 und 600 mm, die Schmierkapselradsätze mit Rädern von 270 mm Laufkranzdurchmesser für die gleichen Spurweiten ausgeführt. Tragfähigkeit pro Radsatz zirka 1000 kg.

Die Berechnung der Achse auf Biegung erfolgt nach der Formel

$$h = \sqrt[3]{\frac{P \cdot l \cdot 6}{k_b}},$$

worin h die Seitenhöhe der quadratischen Achse, P die Belastung pro Rad, l die Entfernung von Mitte Befestigungsschraube bis Innenkante Schiene in cm und k_b die zulässige Biegungsbeanspruchung pro $cm^2 = 600$ kg ist.

Gleichfalls nur für Hand- und Zugtierbetrieb brauchbar sind die Fetthülsenradsätze (Fig. 89). Die runde Achse läuft in einer aus Stahlguß hergestellten Fetthülse, die 2 Fußplatten trägt. Von den beiden Rädern läuft das eine Rad lose auf der Achse, während das andere festgekeilt ist. Die Schmierung erfolgt durch das mit einer Schraube a geschlossene Schmierloch in der Mitte der Fetthülse. Normal werden diese Radsätze mit Rädern von 300 mm Laufkranzdurchmesser für 500 und 600 mm Spurweite ausgeführt. Tragfähigkeit pro Radsatz zirka 1500 kg.

Eine wesentliche Verbesserung des vorstehend angeführten Radsatzes bildet der Fettbüchsen-Rollenlagerradsatz, bei welchem die Lagerreibungswiderstände bedeutend vermindert sind.

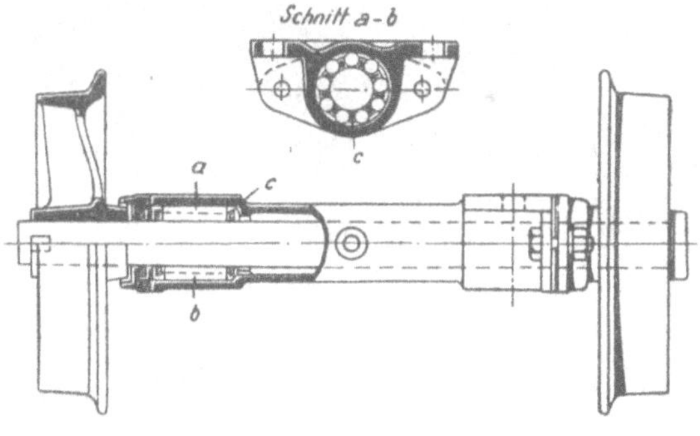

Fig. 90.

Die Konstruktion besteht aus 2 Rollenlagern, welche in Verbindung mit einer Fetthülse den gemeinsamen Lagerstuhl bilden. Ein Rad ist festgekeilt, das andere läuft lose auf der Achse.

Die gewöhnlichen Rollenlager haben den Nachteil gezeigt, daß sie leicht zum Schränken neigen, da zwischen den Rollen ein geringes Spiel verbleiben muß, so daß beim Laufen des Wagens die Rollen oben enger aneinanderliegen werden wie unten. Um dies zu vermeiden ordnet man Rollenkäfige oder Distanzkorbringe an.

Fig. 90 zeigt eine solche Konstruktion. Der Distanzkorbring c verhindert ein Ecken der Rollen.

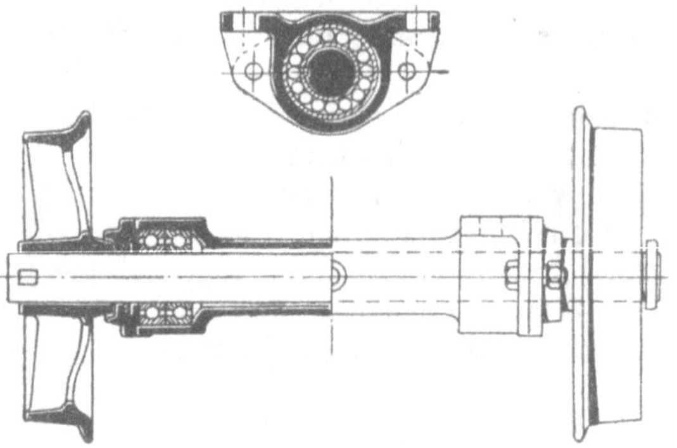

Fig. 91.

In analoger Weise wie die Rollenlagerradsätze wurden auch Kugellagerradsätze (Fig. 91) ausgebildet, die aber nur wenig Verbreitung gefunden haben.

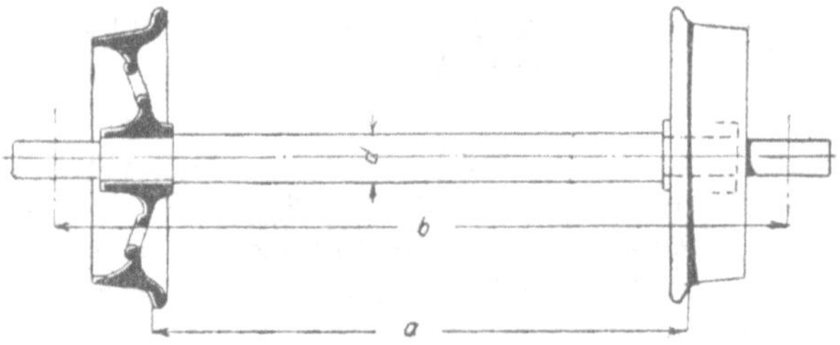

Fig. 92.

Die vorstehend besprochenen Radsätze haben den Vorteil, daß sie direkt an das Fahrzeuguntergestell angeschraubt werden können, also keine be-

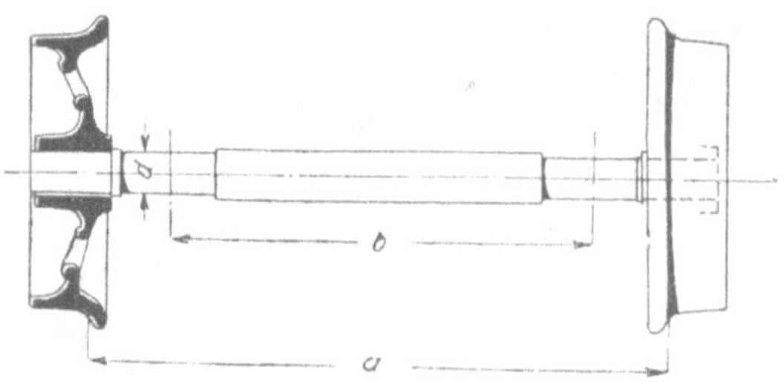

Fig. 93.

sonderen Lager notwendig machen, haben aber den Nachteil, daß sie sich nur für geringere Belastungen und leichten Betrieb eignen.

Für stark beanspruchte Betriebe und größere Förderlasten eignen sich nur Radsätze, deren Lagerung in separaten Lagern erfolgt. Die Räder sind in diesem Falle entweder auf die Achse warm aufgezogen oder hydraulisch aufgepreßt. Diese Radsätze werden als Radsätze für Außenlager (Fig. 92) oder als Radsätze für Innenlager (Fig. 93) ausgeführt.

Für die Berechnung des Achsendurchmessers d (nach Fig. 92) in der Nabe dient die Formel

$$d = \sqrt[3]{\frac{P \cdot (b-a)}{0{,}4 \cdot k_b}},$$

worin P die auf einen Radsatz kommende Last, b das Maß von Mitte bis Mitte Achsenschenkel, a die Radsatzspur und k_b die zulässige Biegungsbeanspruchung pro $cm^2 = 600$ kg bedeutet.

Die Berechnung des Achsenschenkels — derjenige Teil der Achse, welcher im Lager läuft — erfolgt nach der Formel

$$d_1 = \sqrt[3]{\frac{P \cdot l}{0{,}4 \cdot k_{b1}}},$$

worin P die auf einen Achsenschenkel kommende Last und l die Länge des Achsenschenkels bedeutet.

In der Regel ist der Durchmesser der Achse in der Radnabe um 10 mm größer als der Achsenschenkeldurchmesser. In der Mitte ist die Achse um 2—3 mm im Durchmesser größer als in der Nabe.

Bei der Berechnung des Achsenschenkeldurchmessers bei Innenlager gilt die Formel

$$d_1 = \sqrt[3]{\frac{P \cdot (a-b)}{0{,}4 \cdot k_b}},$$

3. Lager.

Der Hauptsache nach unterscheidet man feste und federnde Lager; erstere werden als geschlossene und offene, letztere nur als geschlossene Lager gebaut.

A. Feste geschlossene Lager.

Dieselben weisen eine Kastenform auf und bestehen aus dem Oberlager und dem Unterlager, welche durch Schrauben mit Kontermuttern miteinander verbunden sind. Im Oberlager ist eine Lagerschale aus Weißmetall angeordnet. Die Schmierung erfolgt derart, daß den Achsenschenkeln das Oel durch einen Oelkanal, der durch einen Deckel verschließbar ist, zugeführt wird.

Fig. 94 zeigt das sogenannte Schwammaußenlager, welches nur für Rollwagen mit Handbetrieb und für kurze Strecken Verwendung findet. Im Unterteil des Lagers befindet sich ein Schwamm, der sich mit Oel vollsaugt und so von unten den Achsenschenkel schmiert. Fig. 95 zeigt dieselbe Konstruktion, jedoch für Innenlager. Die kleinen Modelle kommen für Achsen von 40—50 mm Durchmesser, die größeren für Achsen von 50—60 mm zur Anwendung.

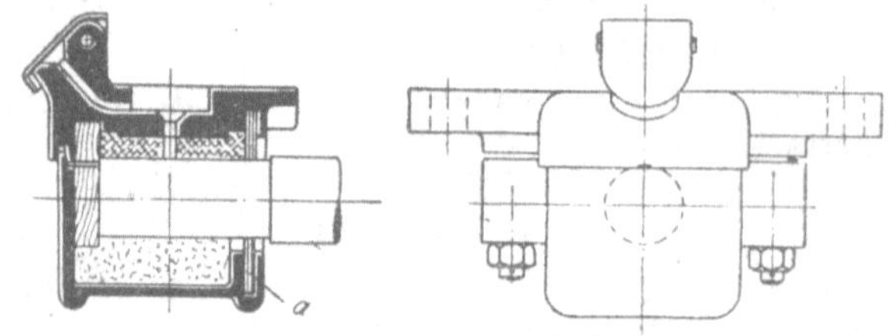

Fig. 94.

Für größere Achsendurchmesser (60—70 und 75—85 mm) werden die festen Lager nach Fig. 96 ausgeführt. Hier befindet sich im Unterteil des Lagers ein federndes Schmierkissen.

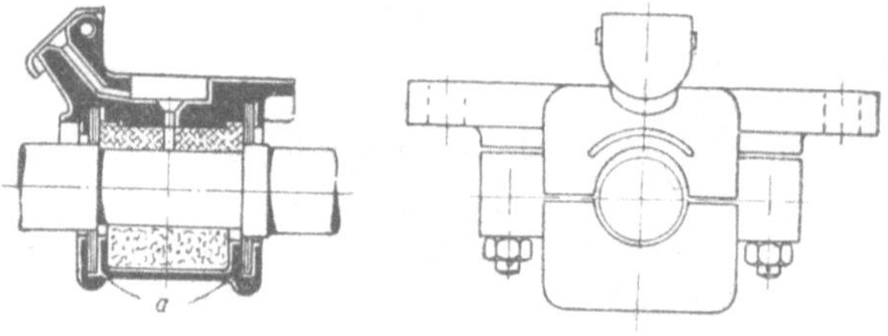

Fig. 95.

Für besonders große Achsendurchmesser (85—100 und 100—125 mm) finden die Lager nach Fig. 97 Anwendung. Die Lager nach Fig. 96 und 97 werden auch als Innenlager ausgeführt. Um das Eindringen von Staub in

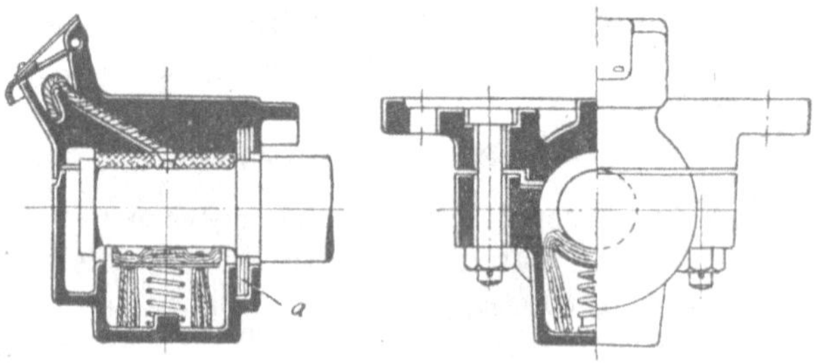

Fig. 96.

die Lager zu verhindern werden Filzringe a (Fig. 94, 95 und 96) angeordnet. Der Lagerkörper dieser Lager ist aus Grauguß angefertigt.

Ein festes Rollenaußenlager ist in Fig. 98 dargestellt. Der Deckel a wird durch den Bügel b am Lagerkörper festgehalten.

Es wurde wiederholt in der Praxis bestätigt gefunden, daß der große Vorzug, den die Rollenlager in bezug auf die Ersparnis an Zugkraft aufweisen sollen, nicht immer zutrifft. Die Zugkraftersparnis bei Verwendung von

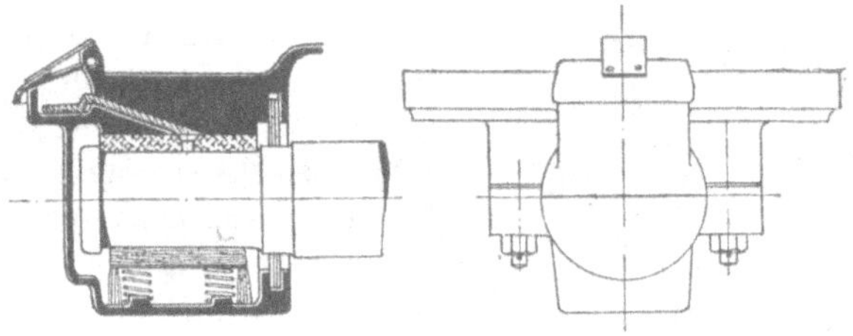

Fig. 97.

Rollenlagern soll oft bis 50 v. H. betragen. Dies wird in manchen Fällen zutreffen, jedoch nur bei neuen Lagern, solange tatsächlich nur rollende Reibung auftritt.

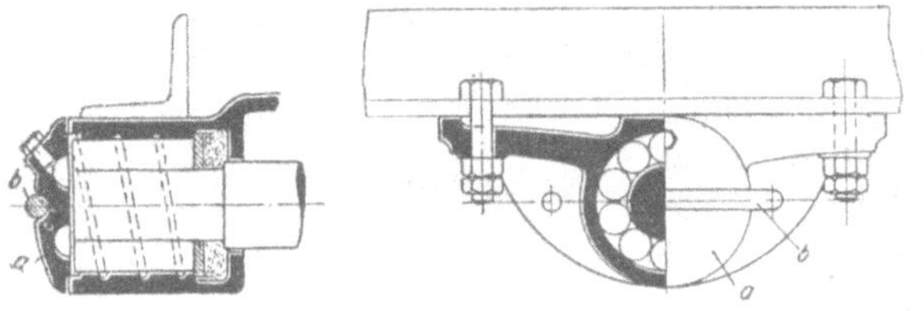

Fig. 98.

Für die Berechnung der unbedingt notwendigen Anzahl Rollen gilt folgende Formel

$$n = \frac{3 \cdot P}{c \cdot l \cdot d_1},$$

worin P die Belastung des Lagers, l die Länge und d_1 der Durchmesser der Rollen und $c = 40\ \mathrm{kg/cm^2}$ ist. Der genaue Durchmesser der Rollen bei gegebenem Achsenschenkel und angenommener Anzahl der Rollen ergibt sich aus der Formel

$$d_1 = \frac{d \cdot \sin \frac{360}{2\,n}}{1 - \sin \frac{360}{2\,n}},$$

worin d_1 der Durchmesser der Rollen, d der Durchmesser des Achsenschenkels und n die Anzahl der Rollen ist.

Bezüglich der festen offenen Lager, die nur für geringe Belastungen verwendet werden und in solchen Betrieben Verwendung finden, in denen auf die Behandlung der Achsenlager keine große Sorgfalt verwendet werden kann, soll nur erwähnt werden, daß sie gegen Eindringen von Staub und Schmutz nicht geschützt sind, daher auch nur selten verwendet werden.

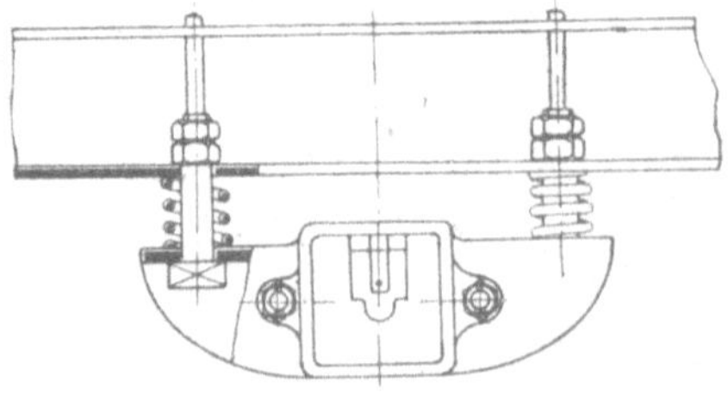

Fig. 99.

B. Federnde Lager.

Damit der schädliche Einfluß der während der Fahrt auftretenden Stöße möglichst gering wird, werden zwischen das Untergestell des Wagens und Lager Federn eingeschaltet. Bei geringer Belastung der Lager genügt es, wenn diese durch entsprechend starke Bolzen geführt werden. Bei größerer Belastung der Lager muß eine Führungsgabel aus Schmiedeeisen oder Stahlguß zur Anwendung kommen. Der eigentliche Lagerkörper ist wie der der festen Lager ausgebildet. Die federnden Lager können als Außen- oder Innenlager konstruiert sein.

Fig. 99 zeigt ein einfaches federndes Lager mit Führungsbolzen und 2 Spiralfedern; es eignet sich für Wagen bis zu 2500 kg Tragfähigkeit.

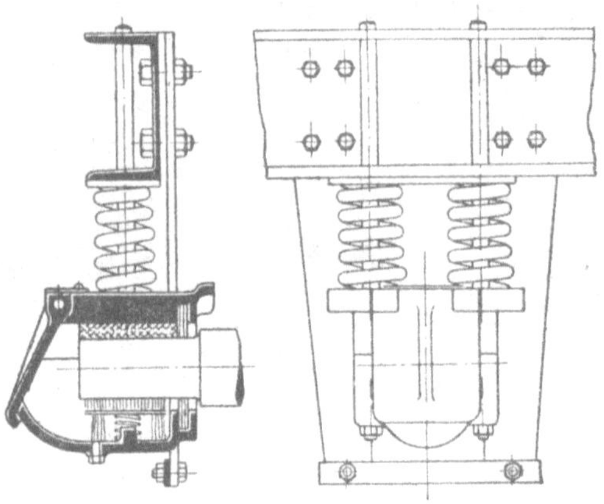

Fig. 100.

Ein federndes Lager mit schmiedeeiserner Führungsgabel und 2 Spiralfedern, wie es für Wagen bis zirka 8000 kg Tragfähigkeit zur Verwendung kommt, ist in Fig. 100 dargestellt. Ein ähnliches Lager mit Stahlgußgabel und 1 Evolutfeder, für Wagen bis zirka 4000 kg Tragfähigkeit geeignet, zeigt Fig. 101. Die Konstruktion dieser Lager geht aus den Figuren zur Genüge hervor, so daß sich eine nähere Beschreibung erübrigt.

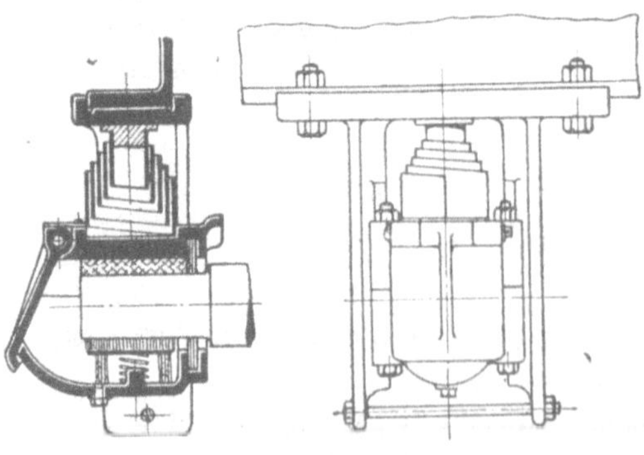

Fig. 101.

Der Durchmesser der Schraubenfedern mit kreisförmigem Querschnitt läßt sich aus folgender Formel ermitteln

$$d = \sqrt[3]{\frac{P \cdot r}{0{,}1963 \cdot k_d}},$$

worin d der Durchmesser der Feder, P die auf eine Feder kommende Last, r der mittlere Halbmesser der Feder und k_d die zulässige Beanspruchung gleich 4000—4800 kg/cm².

Die Durchbiegung der Feder ermittelt sich am besten aus der Formel

$$f = \frac{72\, n\, r^3\, P}{d^4\, G},$$

worin f die Durchbiegung, n die Anzahl der Windungen, r der mittlere Radius, P die ruhende Last, d der Durchmesser der Federn und G der Gleitmodul gleich 750 000—850 000/cm² ist.

Schraubenfedern mit rechteckigem Querschnitt berechnet man nach der Formel

$$b^2 h = \frac{9 \,.\, P \,.\, r}{2 \,.\, k_d},$$

worin b die Stärke der Feder, h deren Höhe ist und die übrigen Buchstaben analog vorstehender Formel sind.

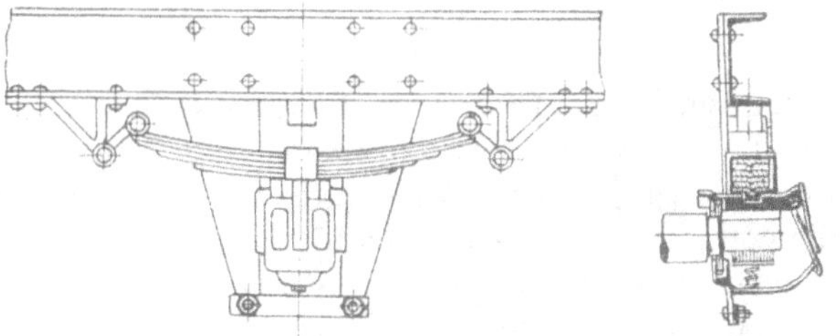

Fig. 102.

Die Durchbiegung f wird für diese Feder

$$f = 7{,}2\, \pi \,.\, n \,.\, r^3 \frac{b^2 + h^2}{b^3\, h^3} \cdot \frac{P}{G}.$$

Für große Wagen und schwere Lasten kommen Blattfedern für die Lager zur Anwendung. Die Anordnung dieser Federn geht aus Fig. 102 hervor. Die Berechnung der Blattfedern erfolgt nach der Formel (hierzu Fig. 103)

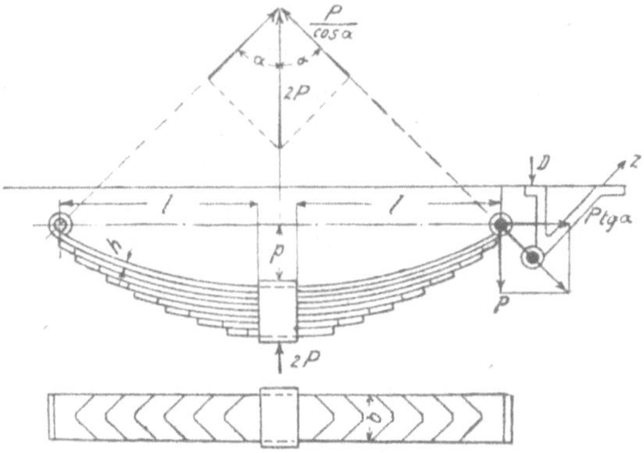

Fig. 103.

$$2\ P = 2n \frac{b\, h^2}{6} \,.\, \frac{k_b}{1 + p \,.\, tg\, \alpha},$$

worin 2 P der Raddruck, b die Breite und h die Höhe der Feder, k_b die zulässige Biegungsbeanspruchung = 4000—5000 kg/cm², l und p Abmessungen der Feder nach Fig. 103 in cm und n die Anzahl der Blätter sind. Die in den Gehängen a wirkende Zugkraft P : cos α zerlegt sich in die lotrechte Kraft P und die wagrechte Kraft P tg α, die zusammen das Biegungsmoment M = P (l + p tg α) hervorrufen.

Die Durchbiegung ergibt sich aus der Formel

$$f = \frac{l^2 \cdot k_b}{h \cdot E},$$

worin E der Elastizitätsmodul = 2 200 000 pro cm² und die übrigen Buchstaben dieselbe Bedeutung wie in vorstehender Formel haben.

4. Zug- und Stoßvorrichtungen.

Man unterscheidet feste und federnde Zug- und Stoßvorrichtungen. Beide Arten können kombiniert zur Anwendung kommen. Bei den festen Zug- und Stoßvorrichtungen werden die auftretenden Stöße direkt vom Untergestell des Fahrzeuges aufgenommen, so daß diese starken Beanspruchungen ausgesetzt sind. Bei den federnden Zug- und Stoßvorrichtungen werden durch Zwischenschaltung von Federn zwischen Untergestell und Zug- oder Stoßvorrichtung die auf das Untergestell übertragenen Stöße wesentlich herabgemindert.

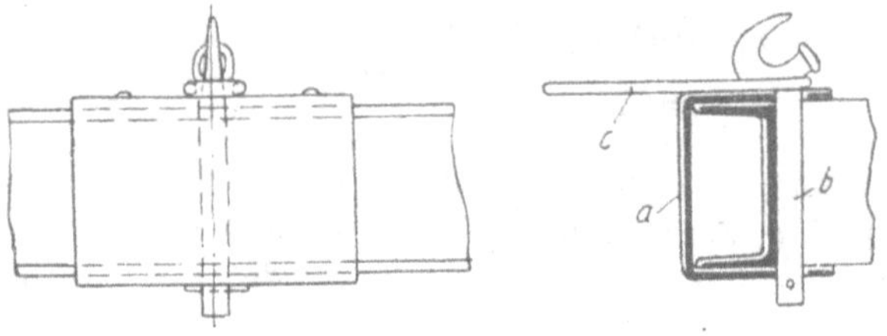

Fig. 104.

Eine feste Zug- und Stoßvorrichtung zeigt Fig. 104, die sowohl für Hand- und Zugtier- als auch Lokomotivbetrieb bis 30 PS in Anwendung kommt.

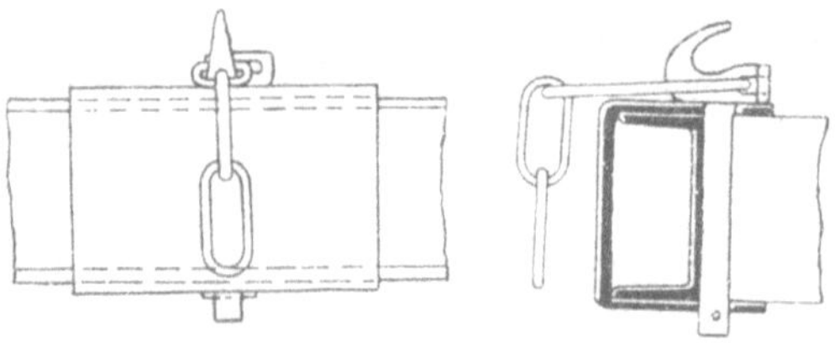

Fig. 105.

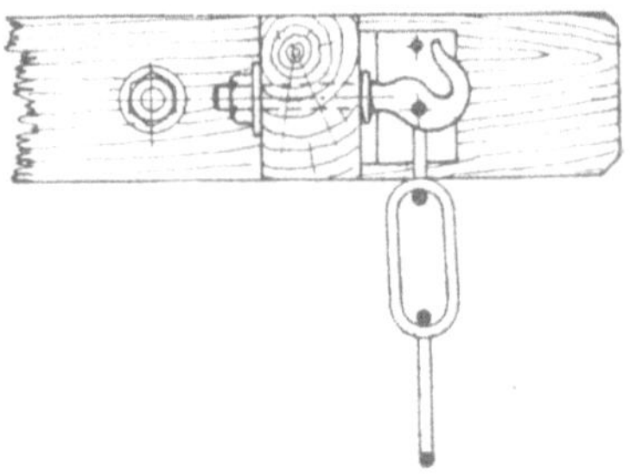

Fig. 106.

Am Rahmen des Untergestells ist die schmiedeiserne Pufferkappe a angenietet, durch welche der Sicherheitszughaken b, der ein Entkuppeln möglichst vermeiden soll, gesteckt ist. Als Kupplungsglied dient der Schaken c.

Eine ähnliche Ausführung zeigt Fig. 105 bei der an Stelle des Schakens eine dreigliedrige Kette, die im Kopf des Hakens eingeschweißt ist, verwendet wird.

In Fig. 106 ist eine einfache, für Langholzwagen gebräuchliche Zugvorrichtung, in Fig. 107 eine solche für Kippwagen dargestellt, während Fig. 108

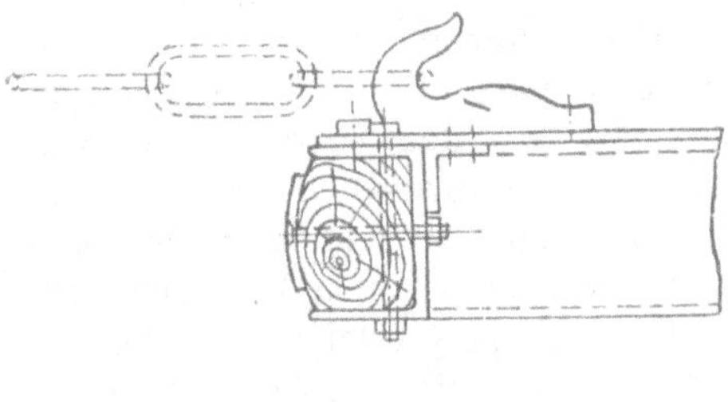

Fig. 107.

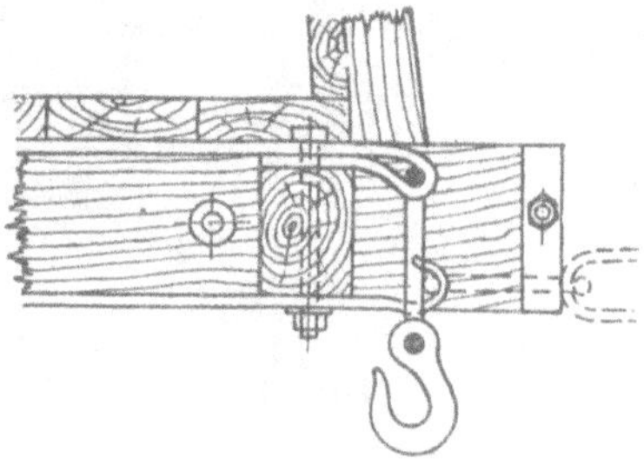

Fig. 108.

eine doppelte Zugvorrichtung, wie sie für starke Steigungen Anwendung findet, zeigt.

Für Lokomotivbetrieb und größere Geschwindigkeit der Züge sollen federnde Zug- und Stoßvorrichtungen Anwendung finden. Für Feldbahnbetriebe kommt fast nur der federnde Zentralpuffer zur Verwendung, der den Wagen in den Kurven eine besondere Beweglichkeit verleiht.

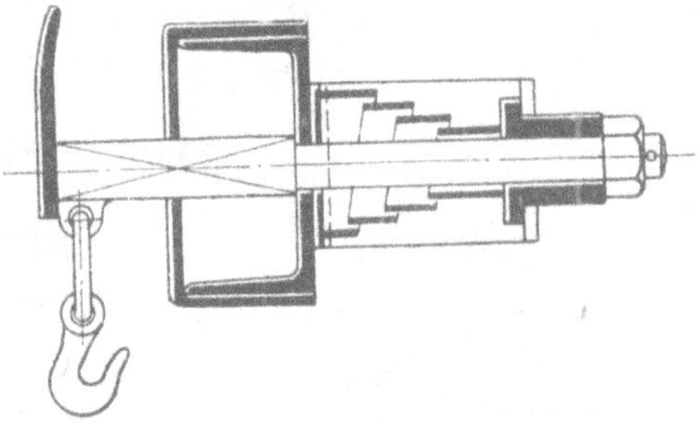

Fig. 109.

Fig. 109 zeigt einen federnden Zentralpuffer für Lokomotivbetrieb bis 30 PS, bei welchem die Feder und der Pufferbügel hinter dem Rahmen des Wagengestelles liegen. Eine ähnliche Konstruktion für Lokomotivbetrieb bis 50 PS zeigt Fig. 110. Bei

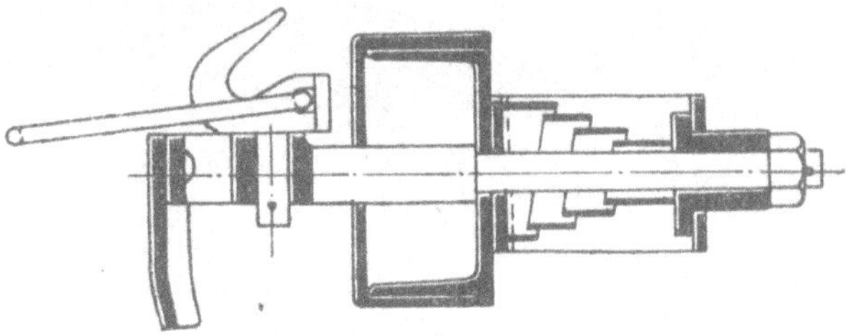

Fig. 110.

der Ausführung nach Fig. 111 liegt die Feder mit dem Pufferbügel vor dem Wagenrahmen.

Für Lokomotivbetrieb bis 150 PS werden Puffer nach Fig. 112 ausgeführt. Die Führung des Puffers erfolgt hier in der Mitte durch eine Führungsscheibe a und seitlich durch 2 Führungsbolzen b, über die zum Zwecke der Begrenzung der Federung Gasrohre geschoben sind.

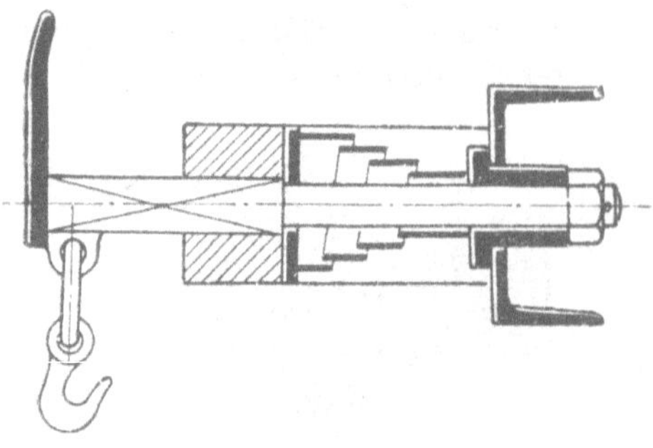

Fig. 111.

Für schweren Lokomotivbetrieb kommen noch die Balancierkupplungen (Fig. 113) zur Anwendung, die den Vorteil aufweisen, daß die Fahrzeuge eng aneinandergekuppelt werden können. Der Zugbügel a ist bei b drehbar gelagert. Die Kupplung erfolgt auf der einen Seite durch eine dreigliedrige Kette, auf der andern Seite durch die Schraubenkupplung c.

Für die Berechnung der Pufferfedern kommen die nachstehend angeführten Formeln in Anwendung. Für die Tragkraft P:

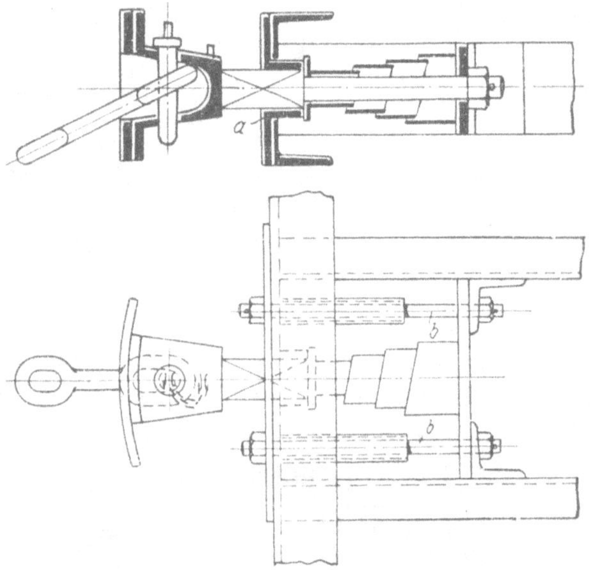

Fig. 112.

$$P = \frac{2}{9} \cdot \frac{k_d}{r_1} \cdot h \cdot b^2,$$

P die Tragkraft, k_d die zulässige Spannung für Drehung, für gehärtete Eisenbahnfedern zirka 6000 kg/cm², r_1 der Radius in cm nach Fig. 114, h die Höhe und b die Breite in der Feder ist.

Die Federung f berechnet sich nach der Formel

$$f = 0{,}4 \frac{k_d \cdot l}{G} \cdot \frac{b^2 + h^2}{b\,h^2} \cdot \frac{r_1^2 + r_2^2}{r_1},$$

worin G der Gleitmodul = 750 000 und l die gestreckte Länge der Feder $\cong (r_1 + r_2) \cdot \pi \cdot n$ (n Anzahl der Windungen) ist, die übrigen Buchstaben dieselbe Bedeutung wie in der vorhergehenden Formel haben.

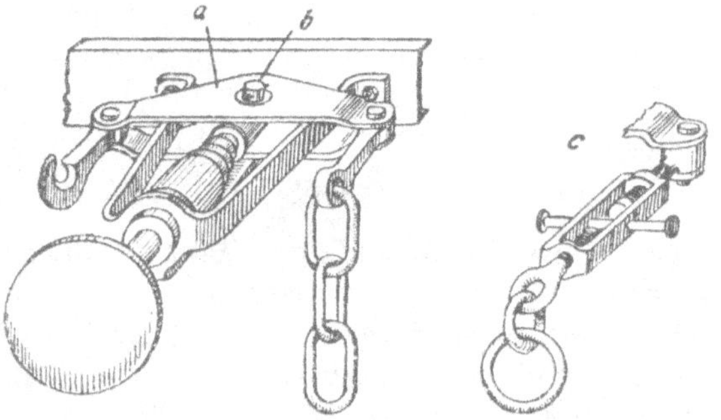

Fig. 113.

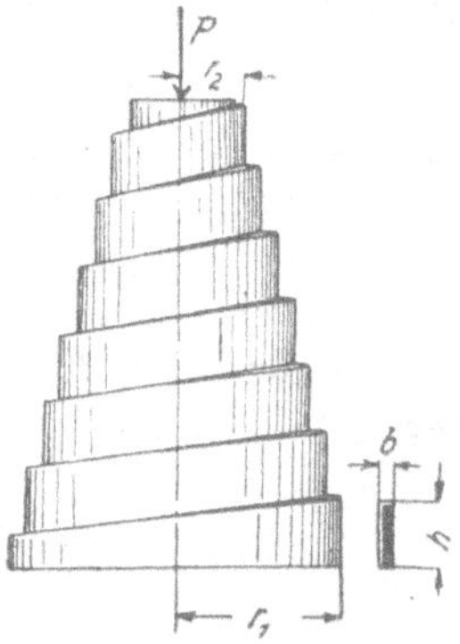

Fig. 114.

Die von der Feder aufzunehmende Arbeit berechnet sich aus der Beziehung

$$A = \frac{P \cdot f}{2} \text{ mkg} = \frac{2}{45} \cdot \frac{k_d{}^2}{G} \cdot \frac{b^2 + h^2}{h^2} \cdot b\,h\,l.$$

5. Bremsen.

Um einen Feldbahnbetrieb mit Sicherheit aufrecht erhalten zu können, müssen wir in der Lage sein, das einem fahrenden Zug innewohnende Arbeitsvermögen sicher zu beherrschen. Rollende Züge oder Fahrzeuge müssen in einem bestimmten Zeitraum zum Stillstand gebracht werden können, ebenso bedürfen wir eines Mittels, um stehende Züge oder Fahrzeuge am Fortrollen zu verhindern. Die mechanischen Vorrichtungen, die zu diesem Zwecke dienen, nennt man „Bremsen".

Bekanntlich beträgt das Arbeitsvermögen einer in Bewegung befindlichen Masse

$$L = \frac{M \cdot v^2}{2},$$

worin M die Masse gleich Gewicht: 9,81 ist.

Es besteht ferner die Beziehung

$$P \cdot s = \frac{M \cdot v^2}{2},$$

Die linke Seite dieser Gleichung, das Produkt aus der Kraft P und dem von ihrem Angriffspunkte zurückgelegten Weg s, stellt diejenige mechanische

Arbeit dar, welche die Kraft P leistet, indem sie einen Körper von der Masse M durch die Strecke s fortbewegt, wobei sie ihm die Geschwindigkeit v erteilt, eine Arbeit, welche der Körper vermöge seiner Trägheit jederzeit wieder verrichtet, sobald er durch Widerstände irgendwelcher Art in den Zustand der Ruhe zurückgeführt wird.

Hätte beispielsweise ein Feldbahnzug ein Gesamtgewicht von zirka 25 000 kg und würde er sich in einem bestimmten Augenblick mit einer Geschwindigkeit von 3,5 m fortbewegen, so wäre seine Masse

$$M = \frac{G}{g} = \frac{25\,000}{9{,}81} \sim 2550$$

und sein Arbeitsvermögen

$$L = \frac{M \cdot v^2}{2} = \frac{2550}{2} \cdot 3{,}5^2 = 15\,618 \text{ mkg},$$

d. h. der Zug könnte beispielsweise einen Widerstand von 500 kg lediglich infolge der Trägheit auf einer Strecke von 31,2 m überwinden.

Aus vorstehendem Beispiel kann man ersehen, daß oft sehr große Widerstände vernichtet werden müssen, um einen fahrenden Zug zum Stillstand zu bringen. Diese Widerstände zu vernichten ist nun Aufgabe der Bremsen.

Für Feldbahnen kommen 2 Arten von Bremsen in Frage: Die einfache Hebelbremse und die Spindelbremse. Die Hebelbremse wird vom Bremser mit dem Fuß betätigt, indem er auf das Ende des Angriffshebels tritt. Da die Hebelbremsen sehr oft Ursache zu Unglücksfällen sind und nur für ganz kleine Wagen verwendet werden, so soll hier von einer näheren Beschreibung abgesehen werden.

Allgemeine Anwendung finden die Spindelbremsen, bei welchen jede Gefahr ausgeschlossen ist und die sich durch eine große Leistungsfähigkeit auszeichnen.

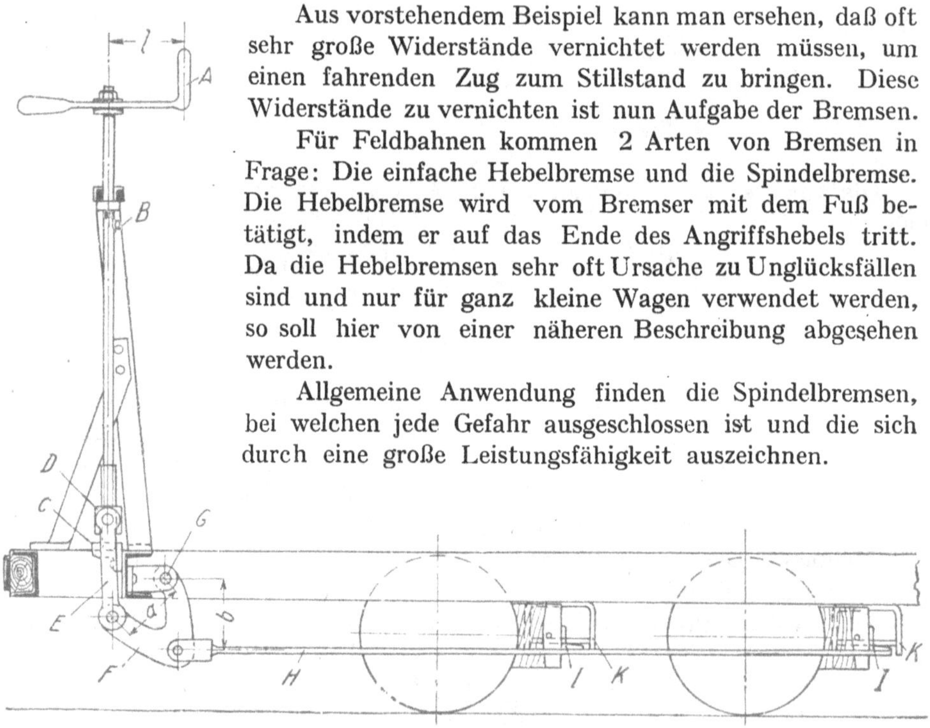

Fig. 115.

Fig. 115 zeigt die Konstruktion einer Spindelbremse, wie sie häufig bei Feldbahnfahrzeugen Anwendung findet. Zum Antrieb der Bremsspindel dient die Kurbel A. Die Spindel wird im Bock B und im Fußlager C geführt. Wird die Spindel gedreht, so bewegt sich die Mutter D je nach der Drehung der

Spindel nach auf- oder abwärts. Die beiden Laschen E übertragen diese Bewegung auf den Kniehebel F, der sich um den Bolzen G dreht. Vom Kniehebel F wird die Bewegung durch die Schienen H und Bremstraversen I auf die Bremsklötze übertragen. Die Bremstraversen I werden in Flacheisenböcken K geführt. Die Bremsklotzschuhe sind an den Traversen I befestigt. Für die Bremsklötze eignet sich am besten Weidenholz.

Da die starre Führung der Bremstraversen keine sichere Gewähr für ein tadelloses Funktionieren der Bremsen bietet, so führt man die Spindelbremsen häufig nach Fig. 116 aus. Bei dieser Konstruktion sind die Bremstraversen pendelnd aufgehängt.

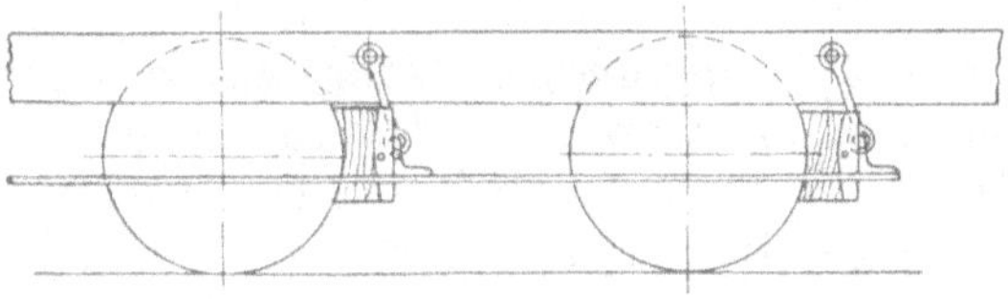

Fig. 116.

Um den effektiven Bremsdruck (derjenige Druck, welcher von den 4 Backenbremsen auf die Räder ausgeübt wird) zu berechnen, kann man für die beiden Spindelbremsen (Fig. 115 und 116) nachstehende Formel benützen;

$$P = \frac{Q \cdot l}{r} \cdot \frac{(2 r \pi - \mu \cdot h)}{(h + 2 \mu r h)} \cdot \frac{a}{b},$$

In der Formel bedeutet P den Gesamtdruck der 4 Bremsklötze, Q die an der Kurbel angreifende Kraft, für einen Bremser zirka 25 kg, l den Kurbelhalbmesser in mm, r den mittleren Gewindehalbmesser der Bremsspindel in mm, h die Ganghöhe des Bremsspindelgewindes in mm und μ den Reibungskoeffizienten $\cong$ 0,15; a und b sind die Längen der Hebelarme nach Fig. 115 in mm.

Die auf Biegung beanspruchten Bremstsaversen berechnet man nach der Formel

$$W = \frac{P \cdot s}{8 \cdot k_b},$$

worin P der Gesamtdruck der 4 Bremsbacken, s die Spur in cm und k_b die zulässige Biegungsbeanspruchung = 800 kg/cm² bedeutet.

b) Wagen.

1. Wagenuntergestelle.

Die große Verschiedenheit der auf Feldbahnen zu transportierenden Massen in bezug auf Gewicht und Form derselben bedingt eine große Anzahl verschiedener Wagenkonstruktionen, bei denen jedoch das Untergestell in den meisten Fällen gleiche Ausführungsform haben kann. Man war daher bemüht, dem Untergestell eine Grundform zu geben, welche möglichst viele Verwendungsarten zuläßt. Diese Untergestelle, sogenannte Trucks, sind dann durch Aufsetzen geeigneter Oberteile für die verschiedenen in Frage kommenden

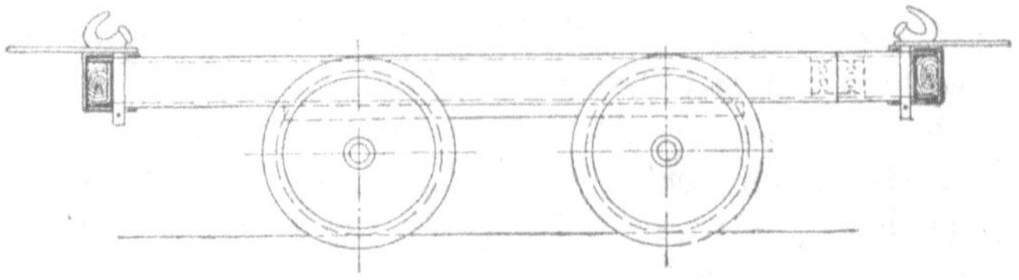

Fig. 117.

Zwecke geeignet. Diese Wagenuntergestelle können einzeln für Muldenkippwagen, Plateauwagen und Kastenwagen oder zu zweien kombiniert und mit Drehvorrichtung versehen als Untergestell für Waldbahnwagen, lange Plateauwagen usw. verwendet werden. Durch Kombination zweier Trucks werden Wagen von verhältnismäßig großer Tragfähigkeit hergestellt, die sich den Unebenheiten der Gleisstrecke leicht anpassen und Kurven von kleinem Halbmesser passieren können. Da sich die Last auf 4 Achsen verteilt, so können auch leichtere Gleise befahren werden.

Fig. 117 zeigt ein einfaches Wagenuntergestell, dessen Rahmen aus U-Eisen hergestellt und mit 2 Radsätzen nebst Lagern und Kupplungen versehen sind.

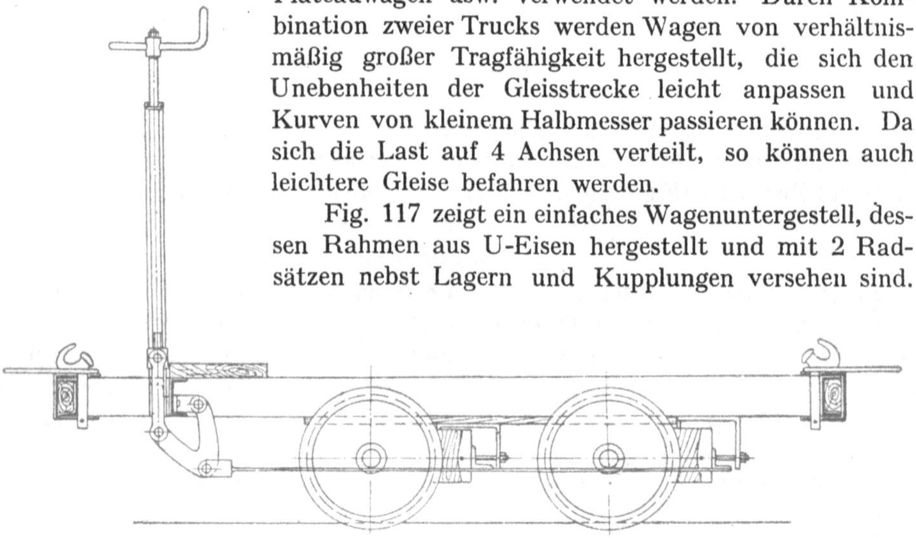

Fig. 118.

Dasselbe Wagenuntergestell, jedoch mit einer Spindelbremse ausgerüstet, zeigt Fig. 118.

Fig. 119 zeigt ein Wagenuntergestell mit Querträgern und Drehgestell, Fig. 120 ein solches mit Spindelbremse, wie sie für Doppelturckwagen verwendet werden. Letztere finden besonders bei Waldbahnen zum Transport von Langholz, Scheitholz usw., in der Landwirtschaft und als lange Plateauwagen Anwendung.

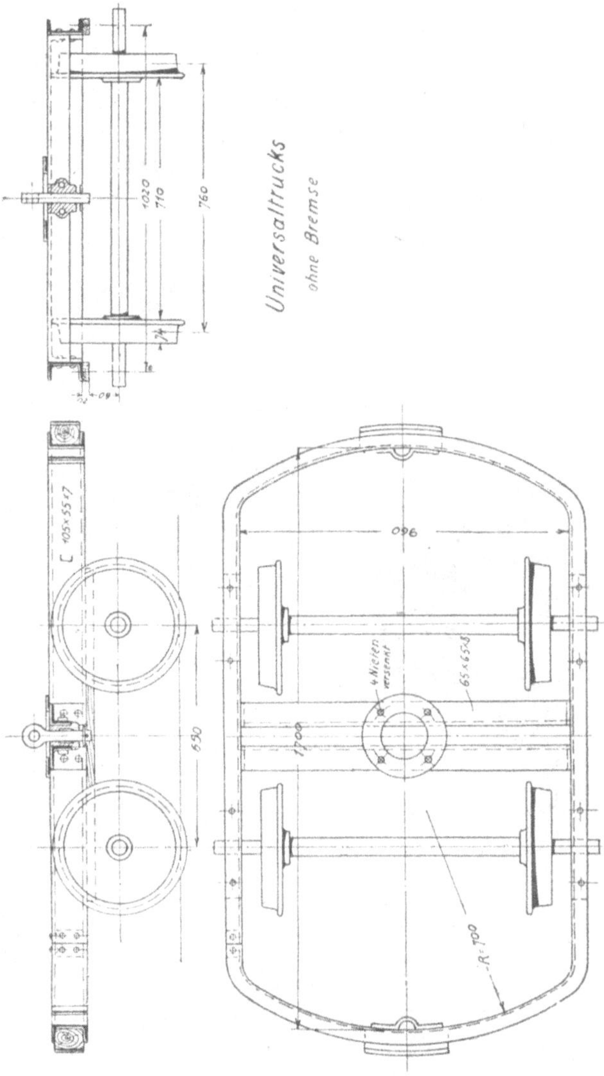
Universaltrucks
ohne Bremse
1020
710
760
105×55×7
650
960
4 Nieten versenkt
65×65×8
1700
R=700

Fig. 119.

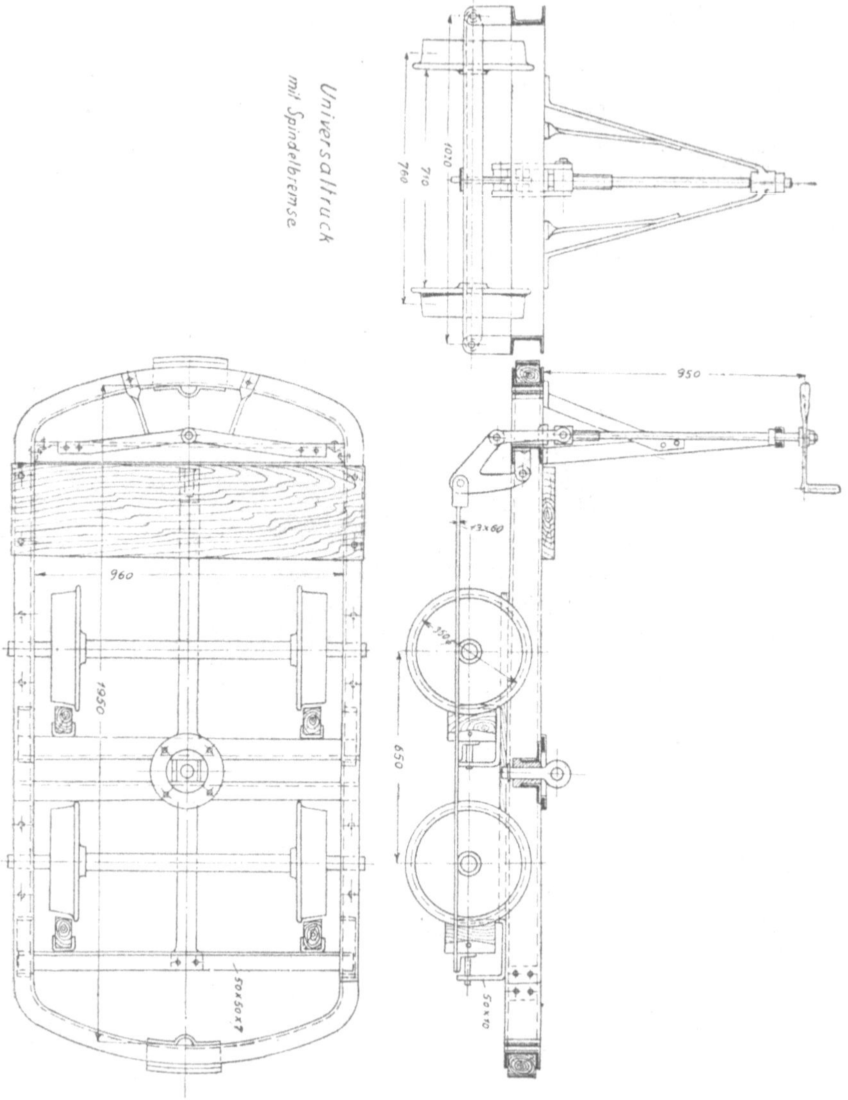

Universaltruck
mit Spindelbremse
1020
710
760
950
960
1950
650
50x50x7
50x10

Fig. 120.

2. Kippwagen.

A. Muldenkippwagen.

Die Muldenkippwagen dienen hauptsächlich für den Transport von Erde, Sand, Schotter, Feldprodukte usw. und werden für Mulden von $\frac{1}{3}$—1 $\frac{1}{2}$ cbm (und darüber) Inhalt ausgeführt. Sie bestehen aus dem Untergestell, den Abrollböcken und der Mulde. Je nach Kippvorrichtung unterscheidet man Wiegen- oder Zapfenkipper. Letztere kommen nur selten zur Verwendung.

Einen Wiegenmuldenkipper zeigt Fig. 121. Die Abrollböcke a sind aus U-Eisen oder Winkeleisen hergestellt und am Rahmen des Untergestelles

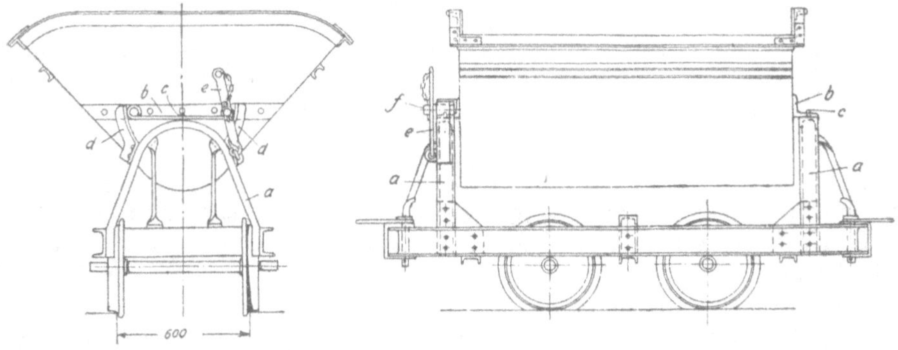

Fig. 121.

befestigt. Die Mulde ist aus einem Mantelblech und zwei Stirnblechen durch Winkeleisen zusammengesetzt und am oberen Rand durch Winkel- oder Handleisteneisen eingefaßt. An den beiden Stirnwänden sind die Abrollwinkel b befestigt, die an ihren beiden Enden mit eingerollten Augen versehen sind und auf den Abrollböcken aufliegen. Um ein besseres Festliegen der Mulde auf den Abrollböcken zu erzielen, ist an der oberen Seite des Abrollbockes ein Zapfen c befestigt, der in ein am Abrollwinkel befindliches Loch eingreift. Beim Kippen der Mulde legt sich ein Auge des Abrollwinkels b in ein am Abrollbock befestigtes Ohr d. Um ein selbsttätiges Kippen der Mulde zu verhindern, ist eine Feststellvorrichtung vorgesehen. Dieselbe besteht aus dem Feststellhebel e, der über einen am Abrollwinkel befestigten Bolzen f geschoben und durch einen Vorstecker gegen selbsttätiges Lösen gesichert wird. Die Handhabung dieser Feststellvorrichtung ist etwas umständlich und findet sich meist nur mehr bei älteren Ausführungen. In neuerer Zeit kommen die automatischen Feststellvorrichtungen zur Anwendung.

Die bekanntesten automatischen Feststellvorrichtungen sind die der Orenstein & Koppel - Arthur Koppel A.-G., die patentamtlich geschützt sind. Fig. 122 zeigt diese Feststellvorrichtung bei normaler Lage, Fig. 123 in schräger Lage zur Beschickung der Mulde und in Fig. 124 in gekippter Stellung der

Mulde. Wird die Mulde zurückgekippt (Fig. 124), so schlägt der Abrollwinkel gegen das Gegengewicht a des Ueberwurfhakens b, wodurch derselbe in die

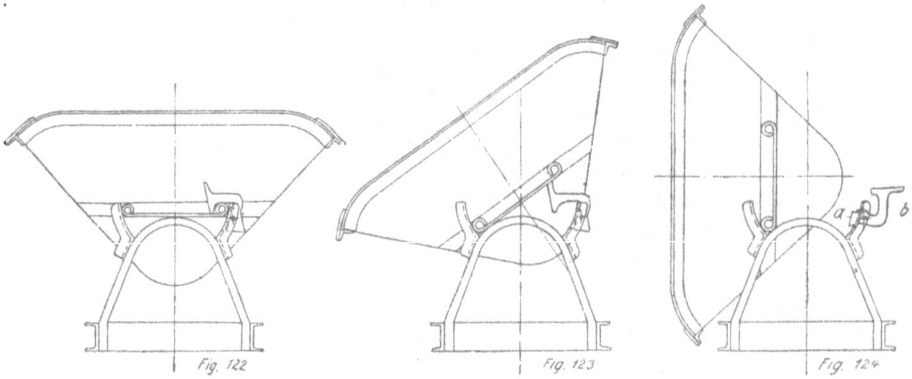

Fig. 122—124.

Feststellungslage (Fig. 122) gelangt. Bedingung für ein sicheres Einklinken des Feststellhakens ist, daß die Mulde stets mit der nötigen Kraft zurückgekippt wird.

Dieser Nachteil soll durch die in Fig. 125 dargestellte Feststellvorrichtung derselben Firma beseitigt werden. Soll die Mulde gekippt werden, so wird

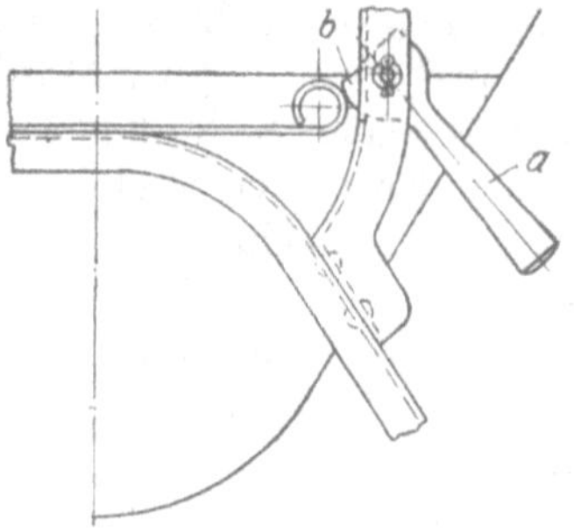

Fig. 125.

der Hebel a nach aufwärts gedrückt, so daß der Abrollwinkel freigegeben wird und die Mulde gekippt werden kann. Beim Zurückkippen der Mulde drückt das Auge des Abrollwinkels den Nocken b so weit zurück, bis sich der Hebel a nach abwärts senkt und sich so selbsttätig feststellt.

Für das Entladen nach vorne finden die Vorderkipper Verwendung, welche als Muldenvorderkipper (Fig. 126) oder Schnabelvorderkipper (Fig. 127)

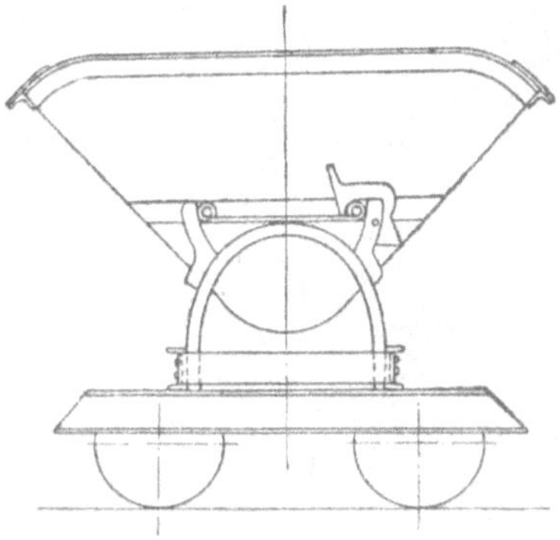

Fig. 126.

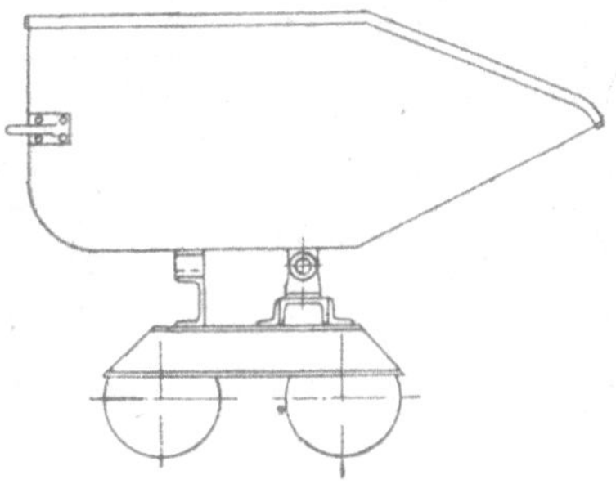

Fig. 127.

ausgeführt werden. Die Vorderkipper werden auch mit Drehgestellen ausgerüstet, so daß die Mulde nach jeder beliebigen Richtung entleert werden kann.

B. Kastenkippwagen.

Kippwagen mit Mulden über 1 ½ cbm Fassungsraum führt man nur selten aus, da sie dann schon schwer kippbar sind. Derartige Kippwagen sollen über 1 ½ cbm hinaus als Kastenkippwagen ausgeführt werden. Dieselben werden als einseitig oder zweiseitig kippend, sowohl mit hölzernem oder eisernem Untergestell ausgeführt.

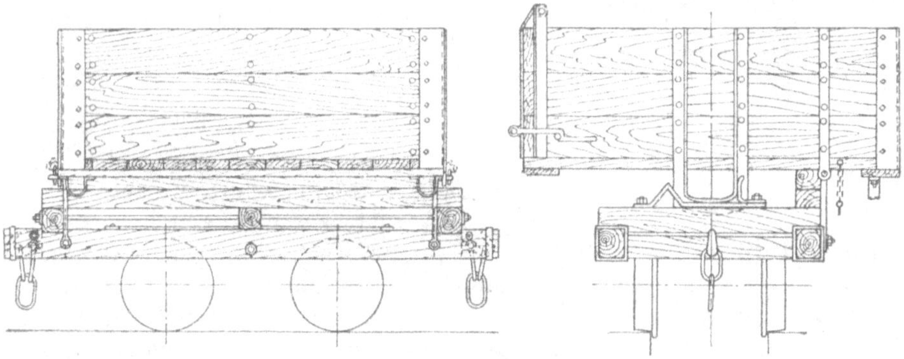

Fig. 128.

Fig. 128 zeigt einen einseitig kippenden, Fig.129 einen zweiseitig kippenden Kastenkippwagen. Der Kippbalken (Fig. 128) ruht auf 3 Sattelhölzern, die am Rahmen befestigt sind. Beim zweiseitig kippenden Kastenkipper (Fig. 129) wird der Kasten entweder über die Welle a oder b gekippt. Das

Feststellen des Kastens erfolgt durch eine Feststellvorrichtung, bei welcher durch Verschieben eines Riegels mittels des Handgriffes c die eine oder die

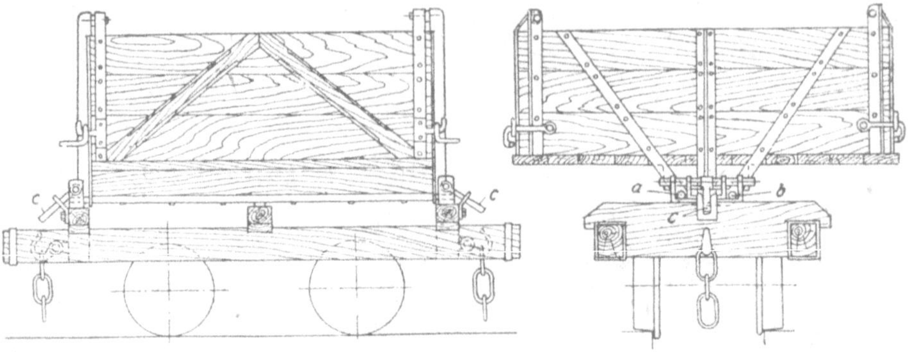

Fig. 129.

andere Welle (a, b) freigegeben wird, während in der Mittellage des Handgriffes beide Wellen festgelegt sind, so daß ein Umkippen des Kastens nicht eintreten kann.

In Fig. 130 ist ein Kastenkippwagen dargestellt, bei welchem die beiden Seitenklappen selbsttätig gelöst werden. Dies wird dadurch erreicht, daß beim Kippen des Kastens die beiden an den Seitenklappen befestigten Hebel a mit ihrem Ende gegen einen Anschlag b stoßen, wodurch die Hebel aus den Bolzen c ausgeklinkt werden und die Seitenklappe sich öffnen kann.

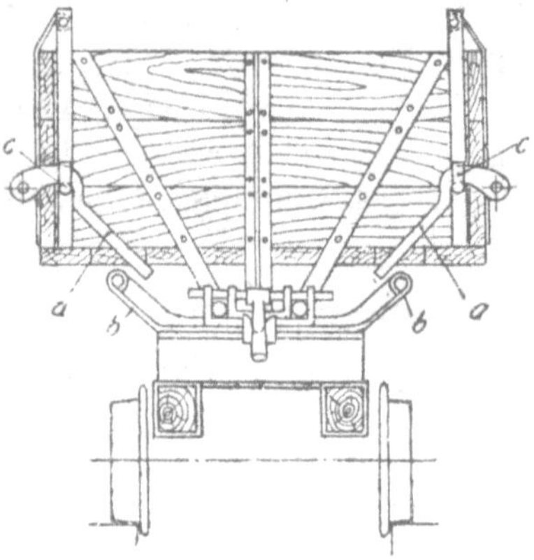

Fig. 130.

3. Plateauwagen.

Dieselben werden größtenteils für Hand- und Zugtierbetrieb gebaut. Eine große Anzahl verschiedener Plateauwagen für Handbetrieb bestehen einfach aus 2 hölzernen Längsträgern, die durch Querhölzer verbunden sind, und aus 1 Paar Schmierschrauben-Radsätzen oder auch Schmierkapsel- Radsätzen. Derartige Wagen werden für 500 und 600 mm Spurweiten für eine Tragfähigkeit bis 1200 kg gebaut. Häufig werden dieselben auch mit Stirnbügel oder Stirnwänden versehen.

Für schwerere Lasten kommt der Plateauwagen nach Fig. 131 zur Anwendung. Das Untergestell ist hier aus U-Eisen zusammengesetzt. Die Radsätze haben feste Schallenlager oder Rollenlager.

Fig. 132 zeigt einen Plateauwagen mit halbrunden Rahmen und Zug- und Stoßvorrichtung. Die Abdeckung der Wagen erfolgt entweder aus Holz oder Riffelblech. Sie werden für 500 und 600 mm Spurweite und für eine Tragkraft bis 2000 kg hergestellt.

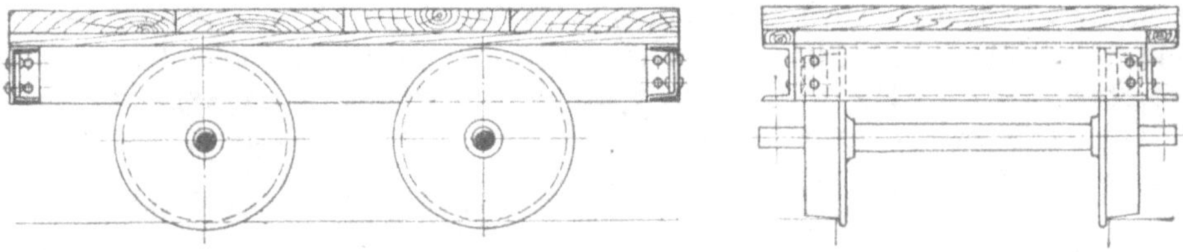

Fig. 131.

Ein Plateaukippwagen ist in Fig. 133 dargestellt. Das Plateau ist hier auf einem Längsbalken befestigt, an dessen unterer Seite die Kippachse a

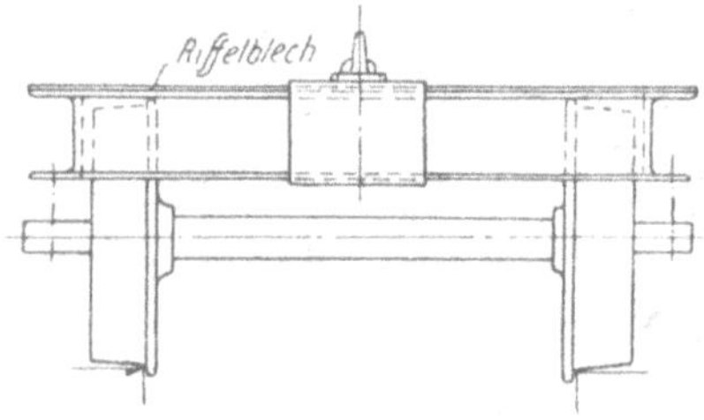

Fig. 132.

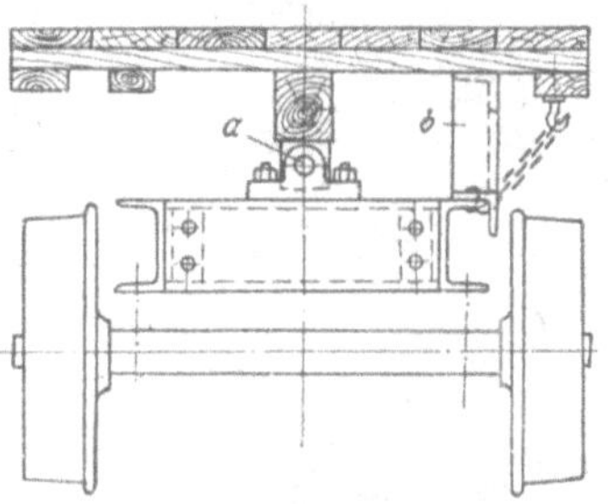

Fig. 133.

angebracht ist, welche in zwei an den Stirnseiten des Rahmens angeordneten Lagern ruht. Das einseitig kippbare Plateau findet an der einen Seite auf einem Winkeleisenbügel b eine Auflage.

Hieher gehört auch der in Fig. 134 dargestellte Bahnmeisterwagen, der für den Transport von Schienen, Ersatzteilen usw. auf der Bahnstrecke ver-

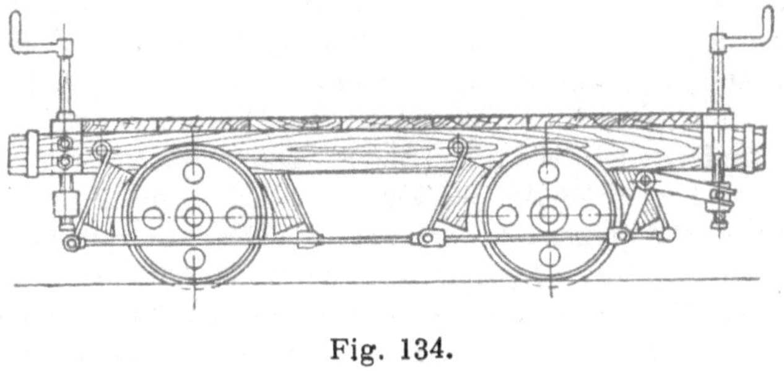

Fig. 134.

wendet wird. Er ist besonders leicht gebaut, so daß er beim Nahen eines Zuges leicht aus dem Gleis gehoben werden kann.

4. Kastenwagen.

Derselbe findet meistens für den Transport geschichteter Materialien (Koks, Steine, Sand usw.) Anwendung. Das Untergestell und der Kasten kann aus Holz oder Eisen, die Seitenwände als abnehmbar oder klappbar hergestellt werden. Die eingangs erwähnten Untergestelle (Trucks) und die vorstehend besprochenen Plateauwagen können leicht in Kastenwagen umgeändert werden.

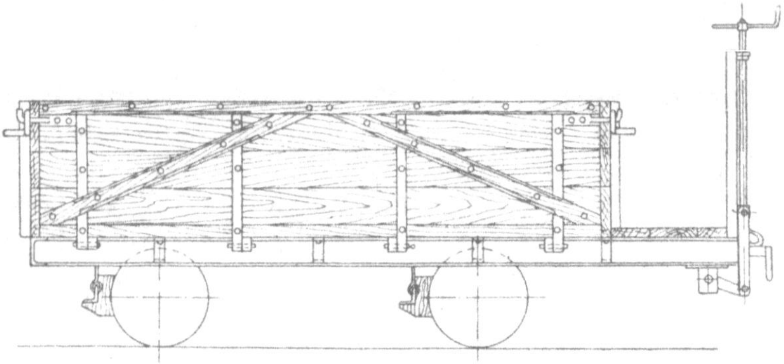

Fig. 135.

Fig. 135 zeigt einen Kastenwagen für eine Tragfähigkeit von zirka 4000 kg. Die Seitenwände sind nach unten klappbar. Der Wagen ist mit einer Spindelbremse versehen.

5. Wagen für die Land- und Forstwirtschaft.

Die Eigenart der Verhältnisse in der Landwirtschaft sind Ursache, daß sich hier einige ganz bestimmte Typen von Fahrzeugen entwickelt hatten. Da in der Landwirtschaft allgemein leichtes, bewegliches Gleis und Kurven von sehr kleinem Krümmungsradius verwendet werden, andererseits die für den Transport von landwirtschaftlichen Erzeugnissen in Betracht kommenden Materialien (Stroh, Heu, Rüben, Kartoffel, Dünger usw.) ein kleines spezifisches Gewicht haben, so werden Kastenwagen mit großem Fassungsraum und Drehgestellen verwendet. Durch letztere wird es möglich, daß man mit den langen Wagen die kleinsten Kurven noch mit Leichtigkeit durchfahren kann. Die Wagen können durch Abnahme des Kastens als Plateauwagen speziell für Erntezwecke benützt werden. Da in der Landwirtschaft häufig das in Fig. 16 dargestellte Spezialgleis, das aus nur 2 m langen Gleisrahmen besteht, verwendet wird, so kommen für dieses Gleis nur zweiflanschige Räder in Frage, da sonst die Gefahr des Ausbiegens der Gleise besteht. Die Wagen werden mit hölzernen oder eisernen Drehgestellen ausgerüstet und für einen Fassungsraum von 2—4 cbm gebaut.

Von den vielen Konstruktionen soll hier nur eine angeführt werden. Der in Fig. 136 dargestellte Wagen mit eisernen Drehgestellen ist als Plateauwagen mit aufgesetztem Kasten ausgebildet. Die Seitenwände sind nach unten klappbar.

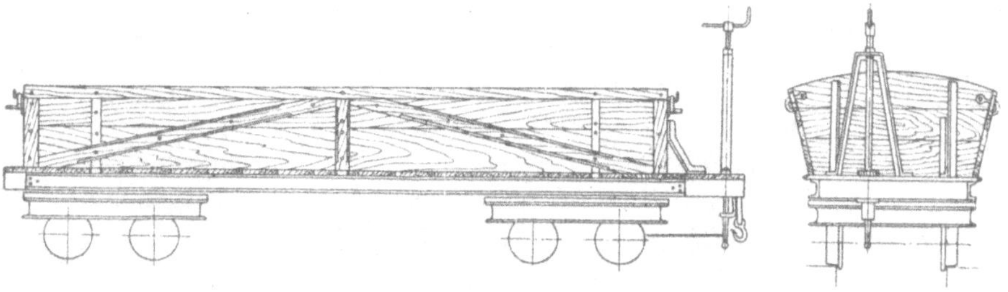

Fig. 136.

In der Forstwirtschaft kommt hauptsächlich der Transport von Stammholz, Scheitholz und Bretter in Frage. Für den Transport von Stammholz oder Bretter werden 2 Trucks zu einem Wagen vereinigt, wobei die Trucks mit Drehschemeln versehen werden. Die Waldbahntrucks haben eiserne oder hölzerne Untergestelle, die mit Rücksicht auf das bergige Terrain, in welchem sie zur Verwendung kommen, mit Spindelbremsen versehen sind.

Einen Drehschemel, der für verschiedene Trucks brauchbar ist, zeigt Fig. 137. Er besteht aus 2 U-Eisenträgern, zwischen welche Spitzen genietet sind, die ein Rutschen der Baumstämme verhindern sollen. An den Enden des Drehschemels sind sogenannte Rungen angebracht, die oben mit Ketten und Einschlaghaken versehen sind. Bei einfachen Drehschemeln sind die Rungen um den Zapfen a drehbar gelagert und werden durch Vorstecker b in ihrer vertikalen Lage gehalten. Da das Lösen des Vorsteckers für den Arbeiter mit einiger Gefahr verbunden ist, so hat man Sicherheits-Rungenauslösungen konstruiert, die bezwecken sollen, daß der Arbeiter die Rungen indirekt auslöst, wobei er von den beim Lösen herabrollenden Baumstämmen nicht getroffen werden kann. Derartige Sicherheits-Rungenauslösungen sind mehrere bekannt geworden. Hier soll nur die nach Patent Feldbacher hergestellte Sicherheits-Rungenauslösung (Fig. 138) näher beschrieben werden.

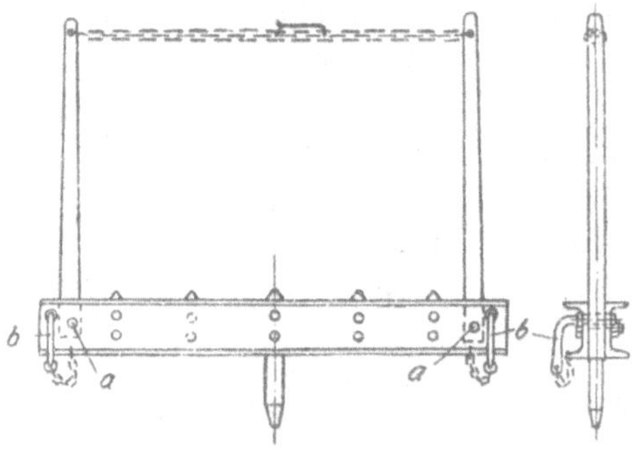

Fig. 137.

An der unteren Seite des Drehschemels a ist ein Bügel b befestigt, durch welchen zum Zwecke des Aushebens und Umlegens der Runge c eine lange Stange gesteckt wird, an deren Ende, seitlich außerhalb des Bereiches der Langhölzer, der Arbeiter angreift. Infolge der Hebelwirkung kann nun die Runge leicht gehoben werden, und zwar so hoch, bis Ansätze d über die

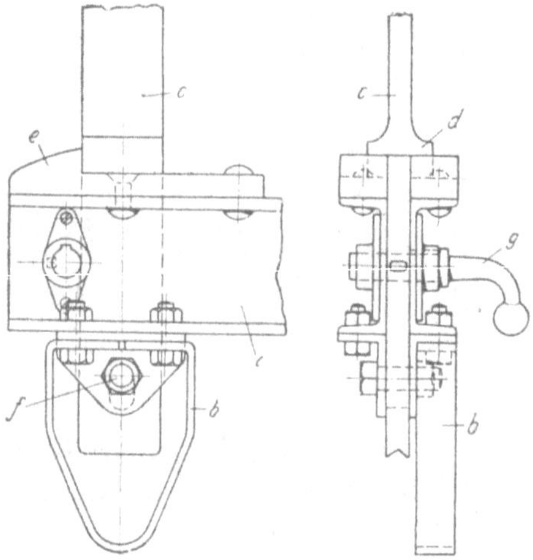

Fig. 138.

auf den Drehschemeln befestigten Nasen e gleiten können. Die Runge, die um den Bolzen f sich dreht, kann sich nun nach außen drehen. Um ein selbsttätiges Aufheben der Runge unmöglich zu machen, wird sie durch einen Vor-

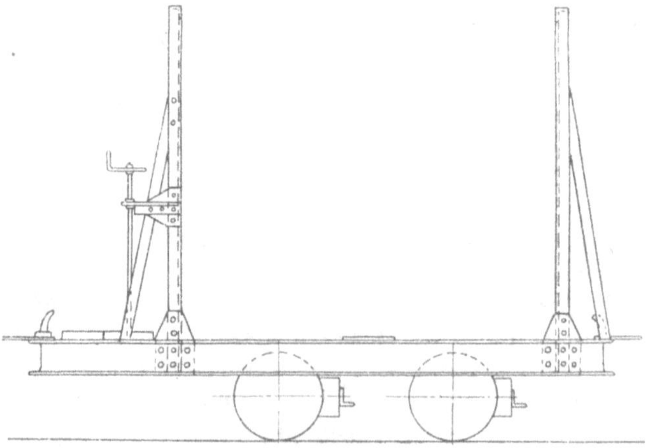

Fig. 139.

stecker g gesichert, der erst dann herausgezogen werden kann, wenn er um 90 ° gedreht wird.

Für den Scheitholztransport in kleinen Mengen, bis etwa 3 cbm, werden die Wagen nach Fig. 139 verwendet. Für größere Mengen dienen Drehgestelle,

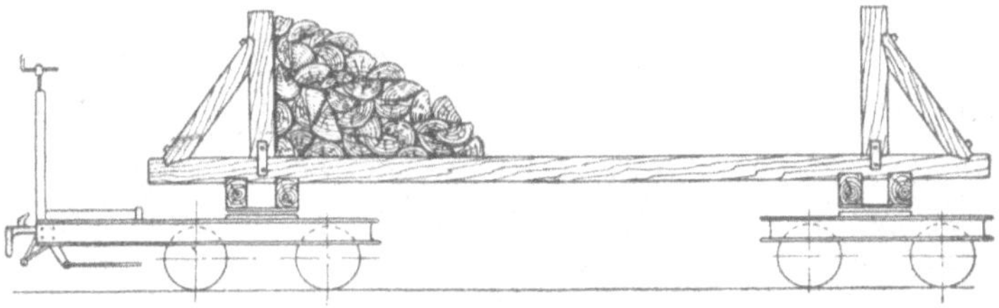

Fig. 140.

auf die ein Oberteil gesetzt wird. Eine der vielen Ausführungsarten zeigt Fig. 140.

6. Wagen für Gruben und Bergwerke.

Außer den bereits beschriebenen Muldenwagen, die in Gruben- und Bergwerksbetrieben über Tage zur Verwendung kommen, gelangen noch unter Tage Förderwagen (sogenannte Grubenhunte) zur Verwendung, die möglichst wenig Raum einnehmen dürfen. Aus diesem Grunde kommen für die Hunte nur Radsätze mit Schmierkapseln, Fetthülsen oder Innenlager zur Verwendung.

In Fig. 141 ist ein Förderwagen, wie er häufig in Bergwerken zur Verwendung kommt, dargestellt. Das Untergestell kann aus Holz (Fig. 141) oder Eisen hergestellt sein. Die Seitenwände und der Boden sind aus einer Blechtafel hergestellt und mit den Stirnwänden durch Winkeleisen verbunden.

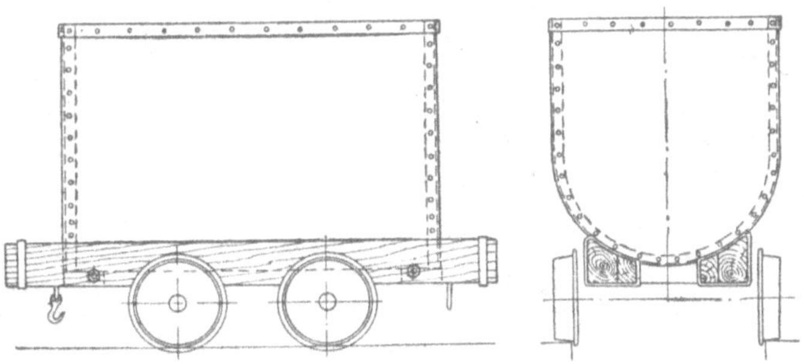

Fig. 141.

Fig. 142 veranschaulicht einen Förderwagen, der vollständig aus Eisen hergestellt ist. Der Boden ist mit den Stirn- und Seitenwänden durch einen Winkeleisenrahmen verbunden. Der Wagen kann auch mit einer Stirnklappe versehen sein.

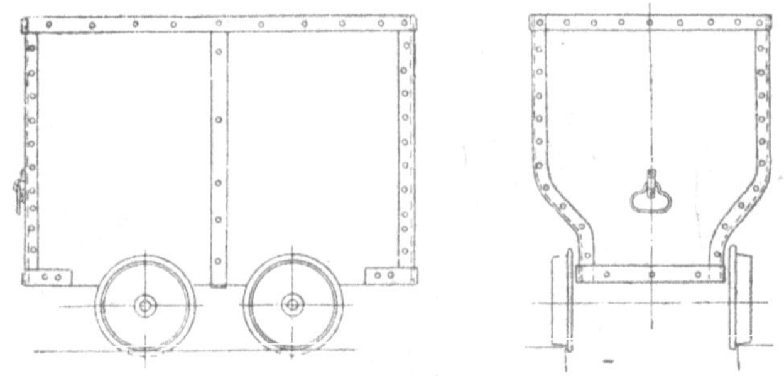

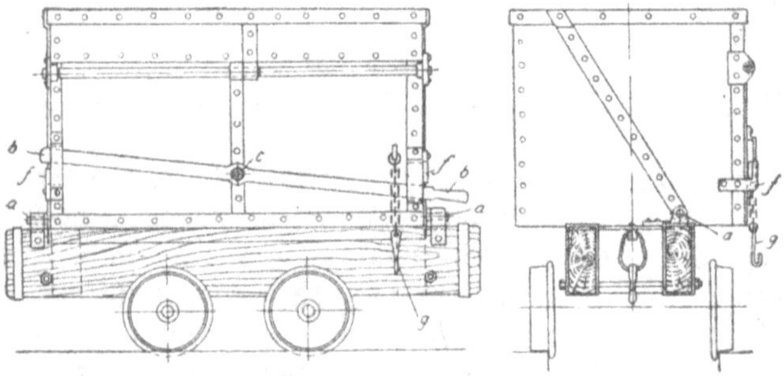
b
f
c
a
g

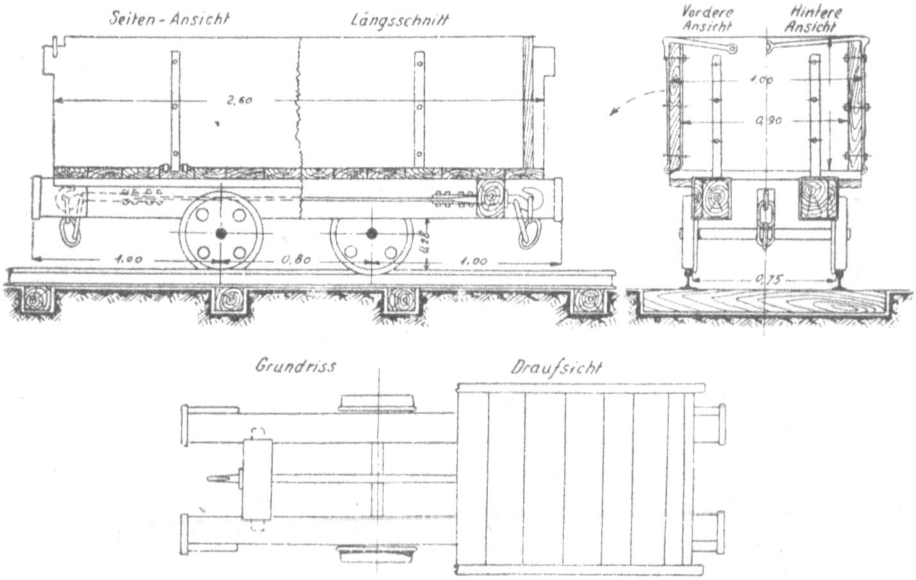
Seiten-Ansicht
Längsschnitt
2,60
1,00
0,80
1,00
Vordere Ansicht
Hintere Ansicht
1,00
0,90
0,75
Grundriss
Draufsicht

Fig. 143 zeigt einen Förderwagen mit hölzernem Untergestell und einseitig um den Zapfen a kippbaren eisernen Kasten. Die eine Stirnwand ist nach unten aufklappbar und wird gegen selbsttätiges Oeffnen durch einen Riegel b, der um einen Bolzen c drehbar gelagert ist und in die Haken f eingreift, gesichert. Der Keil g soll eine Drehung des Riegels b verhindern.

Die Förderwagen werden bis 1 cbm Inhalt für 450—750 mm Spurweite hergestellt. Es werden auch Förderwagen mit hölzernem Untergestell und Kasten gebaut; sie werden speziell für Sohlstollenausbruch bei Tunnelbauten verwendet, während sie in Bergwerksbetrieben von den eisernen Hunten mehr und mehr verdrängt werden. Ein hölzerner Förderwagen, wie er bei Tunnelbauten zur Anwendung kommt, ist in Fig. 144 dargestellt. Die Seitenwände sind nach unten klappbar und werden durch Haken festgehalten.

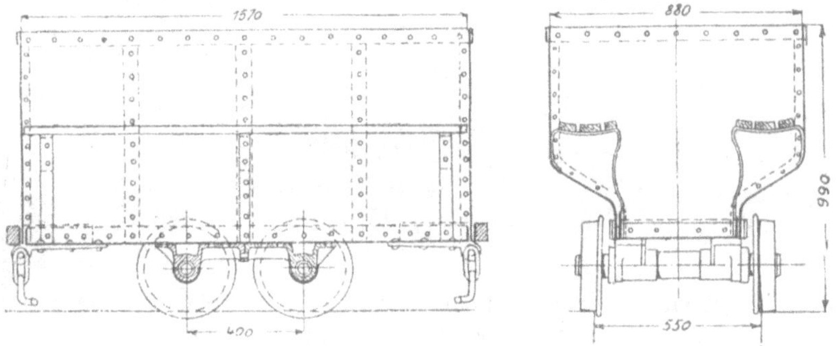

Fig. 145.

Der in Fig. 145 dargestellte Förderwagen ist für Personenbeförderung eingerichtet. Der Wagen hat Fetthülsen-Rollenlagerradsätze und hat ansonsten dieselbe Bauart wie der in Fig. 142 dargestellte Förderwagen.

Die Förderwagen im Bergwerksbetriebe sind eichungspflichtig, soweit sie zur Ermittlung des Arbeitslohnes dienen (Bestimmung der deutschen Maß- und Gewichtsordnung vom 30. Mai 1908, die am 1. April 1912 in Kraft getreten. Näheres: Köbrich, Die Eichung der Fördergefäße in Bergwerksbetriebe, Essener Glückauf 1912, S. 667).

Für die rasche Entleerung der Förderwagen dienen die sogenannten Wipper, die als V o r d e r -, K o p f - oder K r e i s e l w i p p e r ausgeführt werden.

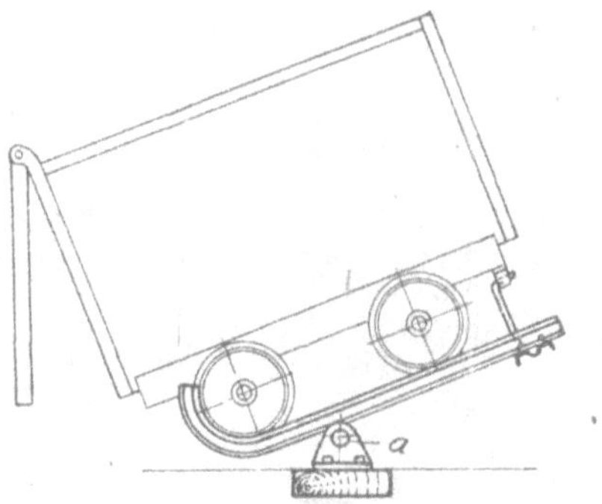

Fig. 146.

Fig. 146 zeigt einen Vorderwipper, der aus einem kurzen, um das Lager a wippenden Gleisrahmen besteht. Diese Art Wipper werden für Wagen mit Stirnwandklappen verwendet.

Fig. 147 veranschaulicht einen Kopfwipper, bei dem gleichfalls ein kurzer Gleisrahmen, ähnlich wie der in Fig. 146, zur Anwendung kommt, nur daß hier der Gleisrahmen an einem Bügel a, der um b drehbar gelagert ist, befestigt ist und dessen Enden oben rechtwinkelig umgebogen sind, damit der Wagen an der Kippvorrichtung beim Kippen festgehalten wird.

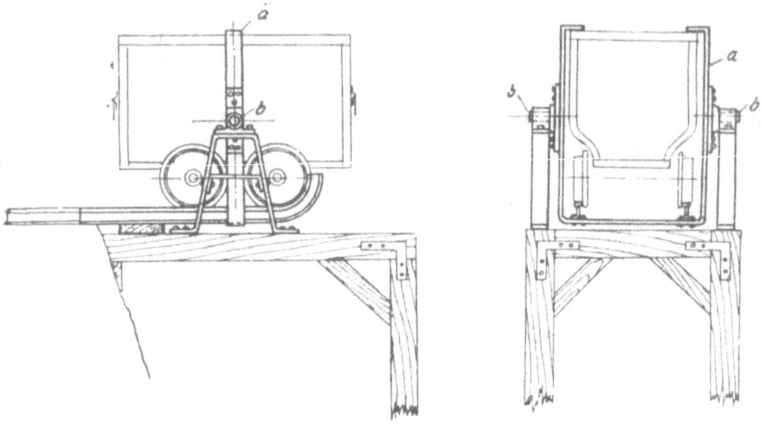

Fig. 147.

Fig. 148 zeigt einen Kreiselwipper, der in der Hauptsache aus 2 Flacheisenringen besteht, die durch Fahr- und Führungsschienen aus Winkeleisen und 2 Rundeisenstäbe miteinander verbunden sind. Die Flacheisenringe gleiten in 4 Gleitrollen. Der Wagen wird beim Kippen durch die Fahr- und Führungsschienen vollkommen festgehalten.

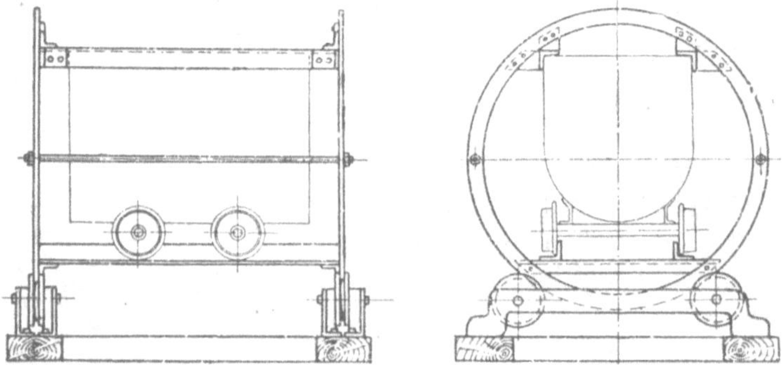

Fig. 148.

Vorstehend beschriebene Wipper können nur dort Verwendung finden, wo die Entleerung der Wagen an bestimmten Stellen stattfindet. Soll die Entleerung jedoch an verschiedenen Stellen erfolgen, so verwendet man die fahrbaren Kreiselwipper, die genau wie die stabilen gebaut sind, jedoch auf einem Fahrgestell aufmontiert werden. Zu erwähnen wären noch die Doppelwipper und die fahrbaren Mehrwagen-Kreiselwipper. Letztere haben den Zweck, mehrere Grubenwagen an einer beliebigen Stelle eines Lagerplatzes gleichzeitig zu entleeren.

7. Spezialwagen.

Wie man aus vorstehendem ersehen kann, besteht die Möglichkeit, durch Aufsetzen von zweckentsprechenden Oberteilen auf Trucks für viele Betriebe geeignete Transportwagen zu schaffen. Nun gibt es eine große Anzahl von Industrien, wo dies nicht mehr möglich ist und für welche eigene Spezialwagen hergestellt werden müssen. Solche Spezialwagen werden besonders zum Transport von Rohstoffen und Produkten in chemischen Fabriken, Spinnereien, Bleichereien, Brauereien, Papierfabriken, Ziegeleien, Gießereien usw., ferner für den Transport von Roheisen, zum Beschicken von Martinöfen verwendet. Es kann natürlich hier nicht auf alle diese Spezialwagen näher eingegangen werden und sollen daher nachstehend nur einige wichtigere Wagen angeführt werden.

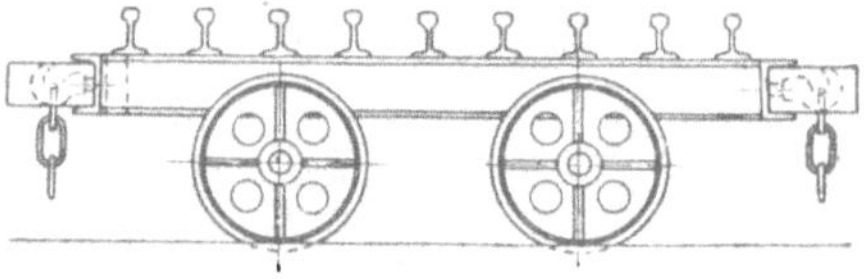

Fig. 149.

Fig. 150.

Fig. 149 zeigt einen Plateauwagen, wie er zum Transport von schweren Eisenblöcken in Gießereien und Walzwerken zur Verwendung kommt. Auf

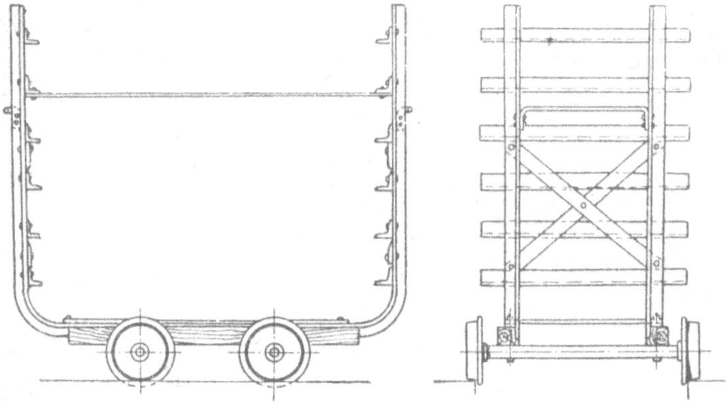

Fig. 151.

den U-Eisenrahmen sind hier als Querträger Schienen aufgenietet. Derartige Wagen werden bis 10 000 kg Tragfähigkeit gebaut. In Gießereien kommen auch noch die Chargierwagen und Gießpfannen-Kippwagen (Fig. 150) zum Transport von flüssigem Gußeisen zur Verwendung. Daneben kommen noch Transportwagen für flüssige Schlacke, Kohle und Holzkohle zur Verwendung.

In Ziegeleien werden Wagen mit Etagen versehen (Fig. 151), die so ein geeignetes Transportmittel für Mauerziegel bilden. Für den Transport von ungebrannten Dachziegeln haben sich die Etagewagen System Helfert sehr gut geeignet. Die einzelnen Hürden sind aufklappbar (Fig. 152).

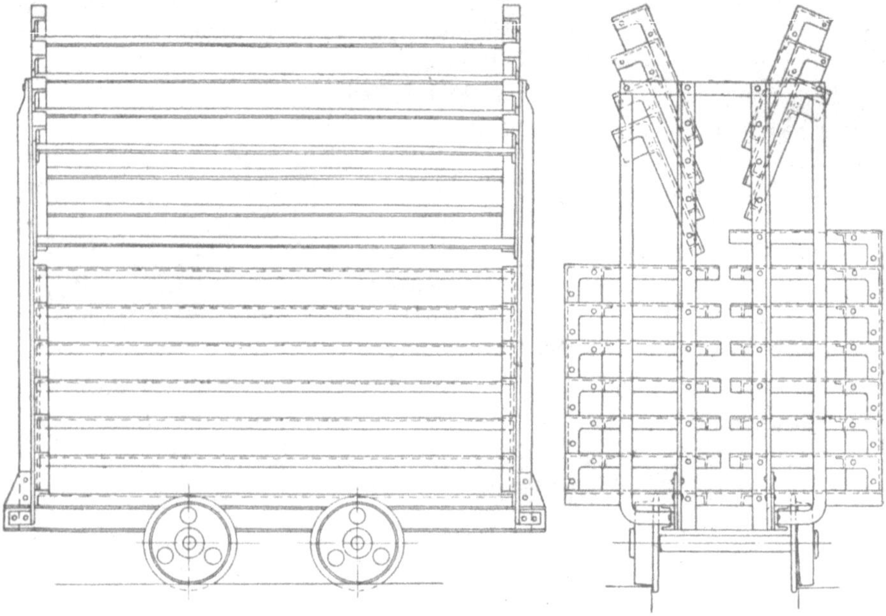

Fig. 152.

Für den Transport von Flüssigkeiten werden die Wagen mit einer Pfanne oder Zisterne ausgerüstet.

V. Fahrwiderstand und Zugkraft.

Als Zugkraft für Feldbahnen kommt Menschen-, Tier- und Maschinenkraft in Anwendung. Auf kurzen Strecken und bei einzelnen Wagen kommt Handbetrieb in Frage, während bei Strecken über 100 m und bei geringen Fördermassen Zugtierbetrieb vorteilhafter sein wird. Für lange Strecken und große Fördermassen kann jedoch nur die Maschinenkraft in Frage kommen. Als solche kommt hauptsächlich die Dampflokomotive in Verwendung, neben der auch die Motorlokomotive eine große Verbreitung gefunden hat. Seltener finden die Druckluftlokomotiven, die feuerlosen und elektrischen Lokomotiven Anwendung. Ueber die verschiedenen Lokomotivarten soll in einem späteren Kapitel alles Wissenswerte mitgeteilt werden.

Im nachstehenden soll auf die rechnerische Bestimmung der für einen Wagen notwendigen Zugkraft näher eingegangen werden.

Die gesamte erforderliche Zugkraft Z setzt sich zusammen aus: 1. der zur Ueberwindung der relativen Schwere notwendigen Zugkraft Z_1, 2. der zur Ueberwindung der gleitenden Reibung an den Achsenlagern notwendigen Zugkraft Z_2 und 3. aus der zur Ueberwindung der rollenden Reibung notwendigen Zugkraft Z_3. Unter Vernachlässigung des Luftwiderstandes ist somit die gesamte Zugkraft

$$Z = Z_1 + Z_2 + Z_3.$$

Für den weiteren Rechnungsgang kommen noch folgende Größen in Betracht:

G_1 = das Gewicht des leeren Wagens in kg,
G_2 = das Gewicht der Ladung in kg,
α = Reibungskoeffizient für gleitende Reibung,
f = „ „ rollende „
$\pm \alpha^0$ = Neigungswinkel der Bahn,
d = Achsendurchmesser in den Lagern und
D = Laufkranzdurchmesser.

Wie aus Fig. 153 (S. 80) ersichtlich ist, wird die Zugkraft, die dem Hangabtrieb das Gleichgewicht hält,

$$Z_1 = (G_1 + G_2) \cdot \sin \alpha.$$

Der Normaldruck, der für die gleitende und rollende Reibung in Rechnung zu setzen ist, wird $(G_1 + G_2) \cdot \cos \alpha$. Für die gleitende Reibung soll eigentlich dieser Wert nicht voll in Rechnung gestellt werden, da ja für die gleitende Reibung nur der auf die Reibungsfläche in Betracht kommende Druck in Frage kommt, mithin also, je nach der Bauart des Wagens, entweder das Gewicht der Räder oder das der Radsätze in Abzug gebracht werden müßte. Man kann jedoch mit Rücksicht darauf, daß der Wert Z_2 relativ sehr klein ist, den vollen Wert für G_1 in Rechnung stellen.

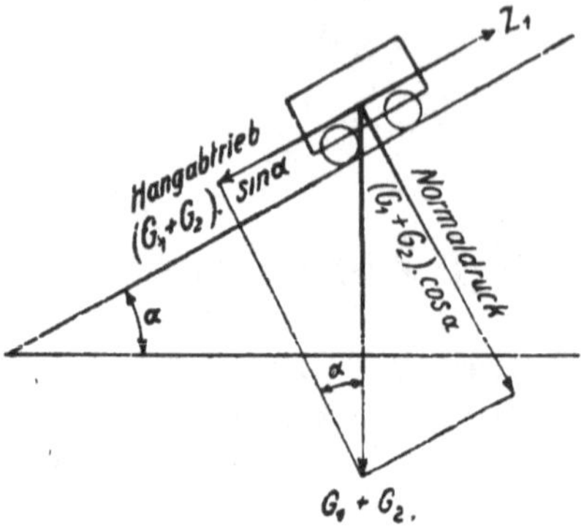

Fig. 153.

Die Arbeit, die während des einmaligen Abrollens des Radumfanges geleistet wird, ist $Z_2 . \pi . D$, wobei jeder Punkt der Achse im Lager einen Weg $= \pi . d$ beschreiben wird. Die Arbeit, die nun am Umfange der Achse im Lager während einer Umdrehung geleistet wird, ist gleich dem Produkt aus Widerstand und Weg, also

$$\mu . (G_1 + G_2) . \cos \alpha . \pi . d.$$

Die beiden Werte sind nun einander gleich, folglich

$$Z_2 . \pi . D = \mu . (G_1 + G_2) . \cos \alpha . \pi . d,$$

$$Z_2 = \frac{\mu . (G_1 + G_2) . \cos \alpha . \pi . d}{\pi . D} = \mu . (G_1 + G_2) . \cos \alpha . \frac{d}{D}.$$

Für die rollende Reibung gilt die Beziehung

$$Z_3 = f \frac{(G_1 + G_2)}{r} . \cos \alpha.$$

Somit wird

$$Z = (G_1 + G_2) . \sin \alpha + (G_1 + G_2) . \cos \alpha . \mu . \frac{d}{D} + (G_1 + G_2) . \cos \alpha . \frac{f}{\frac{D}{2}}$$

$$Z = (G_1 + G_2) . \left(\sin \alpha + \cos \alpha . \frac{\mu . d + 2 f}{D}\right).$$

Der Wert $\frac{\mu . d + 2 f}{D}$ ist konstant und soll mit k bezeichnet werden.

Vergleicht man den Cosinus der Winkel von 1—15° ($\cos 1^0 = 0{,}99985$, $\cos 5^0 = 0{,}99619$, $\cos 10^0 = 0{,}98481$ und $\cos 15^0 = 0{,}96593$), so findet man, daß sich der Cosinus der Winkel von 1—15° sehr nahe von 1 bewegt, so daß wir schreiben können $\cos \alpha = 1$.

Die Formel für die Zugkraft eines vollen Wagens wird dann lauten

$$Z = (G_1 + G_2) . (\sin \alpha + k).$$

Beispiel: Für einen Wagen sei $G_1 = 400$ kg, $G_2 = 1000$ kg, $D = 40$ cm und $d = 5$ cm. Wie groß ist Z für den vollen und leeren Wagen auf gerader ebener Strecke?

Für μ kann je nach Güte des Lagers 0,05—0,1 gesetzt werden, für f je nach Güte des Gleises 0,05—0,09.

$$k = \frac{\mu \, . \, d + 2 f}{D} = \frac{0{,}08 \, . \, 5 + 2 \, . \, 0{,}07}{40} = 0{,}0135,$$

$$Z = (G_1 + G_2) \, . \, (\sin \alpha + 0{,}0135), \ \sin \alpha = 0^0,$$

Z für den vollen Wagen = 1400 . 0,0135 = 18,9 kg,

Z „ „ leeren „ = 400 . 0,0135 = 5,4 kg.

Beispiel: Wie groß müßte der Neigungswinkel des Gleises sein, damit der volle Wagen des vorstehenden Beispieles sich frei nach abwärts bewegt?

Für die Abwärtsbewegung wird α negativ. Die Zugkraft Z soll 0 sein. Somit ist

$$(G_1 + G_2) \, . \, (0{,}0135 - \sin \alpha) = 0,$$

$$0{,}0135 - \sin \alpha = \frac{0}{(G_1 + G_2)}$$

$$\sin \alpha = 0{,}0135,$$

$$\alpha = \sim 46'.$$

Das Gleis müßte demnach ein Gefälle von 1,35% erhalten, damit sich der volle Wagen frei nach abwärts bewegt.

Bei Grubenbahnen wendet man häufig eine Neigung für gleichen Widerstand an, d. h. die Zugkraft des vollen Huntes nach abwärts und die Zugkraft des leeren Wagens nach aufwärts soll gleich sein. Soll der Neigungswinkel in diesem Falle berechnet werden, so muß die Zugkraft des vollen Wagens nach abwärts und die Zugkraft des leeren Wagens nach aufwärts gleichgesetzt werden:

$$(G_1 + G_2) \, . \, (k - \sin \alpha) = (G_1 + G_2) \, . \, (\sin \alpha + k).$$

Bei einer Neigung für gleichen Widerstand arbeitet der Fördermann bei der Förderung des vollen Wagens nach abwärts und des leeren Wagens nach aufwärts mit gleicher Kraftanstrengung.

Der Fahrwiderstand eines Wagens läßt sich auch experimentell bestimmen. Die einfachste Art, den Fahrwiderstand bzw. die notwendige Zugkraft eines Wagens zu bestimmen, erfolgt mittelst einer Federwage. Die damit gemessenen Werte sind ziemlich genau und für die Praxis ausreichend.

Eine andere Methode besteht darin, daß man, wie in Fig. 154 angedeutet, 2 schiefe Ebenen errichtet, deren Neigungswinkel ganz beliebig sein kann.

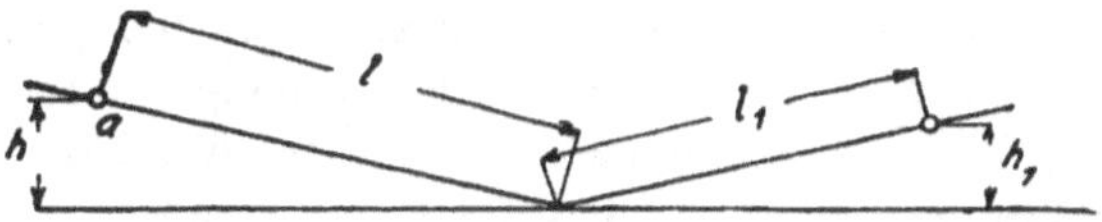

Fig. 154.

Den zu untersuchenden Wagen läßt man von a aus ablaufen und stellt genau fest, wie weit er auf der anderen Ebene bergan rollt. Der Gesamtreibungskoeffizient läßt sich dann nach Demanet aus der Formel

$$\rho = \frac{h - h_1}{l - l_1}$$

bestimmen.

Man kann auch so verfahren, daß nur die Ablaufebene geneigt ist, während die Auslaufebene eine horizontale Lage hat (Fig. 155). Der Gesamtreibungskoeffizient wird dann

$$\rho = \frac{h}{l + l_1}.$$

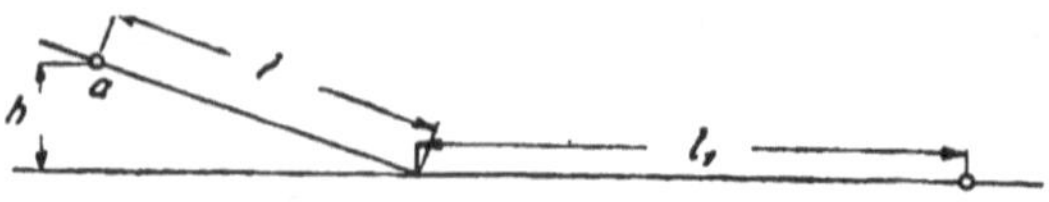

Fig. 155.

Für die Größe der Leistung einer Lokomotive ist die erforderliche Zugkraft bestimmend. Es ist dies jene Kraft, die zur Ueberwindung des Fahrwiderstandes oder Gesamtbewegungswiderstandes notwendig ist. Letzterer setzt sich zusammen aus dem Bewegungswiderstand — derjenige Widerstand, der zu überwinden ist, um das Fahrzeug auf ebener, gerader Strecke zu bewegen — und dem Steigungs- und Krümmungswiderstand. Der Steigungswiderstand beträgt einfach s kg/t, wenn s mm Steigung auf 1 m Länge vorhanden sind. Beträgt beispielsweise die Steigung $5^0/_{00}$ oder 1 : 50, so ist der Steigungswiderstand w_s mit 5 kg/t einzusetzen. Der Krümmungswiderstand ist von dem Halbmesser des betreffenden Gleisbogens abhängig. Um nun den Gesamtbewegungswiderstand eines Zuges zu ermitteln, verfährt man nach dem Taschenbuch „Hütte" folgendermaßen:

Ist

- μ die Reibungszahl zwischen Triebrad und Schiene (im Mittel μ = 0,14—0,16; bei feuchter Luft, Schnee-, Laubfall u. dgl. erheblich niedriger, ausnahmsweise beim Anfahren bis 0,20, bei guten Sandstreuern bis 0,25),
- L das Gewicht der Lokomotive (betriebsfähig) in t,
- L_1 das Reibungsgewicht der Lokomotive in t (Adhäsionsgewicht),
- Q das Gewicht des Zuges ohne Lokomotive in t,
- G = L + Q das Gesamtgewicht des Zuges in t,
- V die Fahrgeschwindigkeit in km/st = 3,6 v m/sk,
- R den kleinsten vorkommenden Krümmungshalbmesser in m,
- s die größte vorkommende Steigung in mm auf 1000 mm Länge,
- w die Laufwiderstandszahl auf ebener, gerader Strecke für Wagen (einschließlich Luftwiderstand) in kg für 1 t Zuggewicht,
- w_1 desgleichen für Lokomotive,
- w_r den Bewegungswiderstand für L und Q in bezug auf R in kg für 1 t,
- $w_s = \pm s$ den Widerstand auf einer Neigung in kg für 1 t Zuggewicht und

W den Gesamtbewegungswiderstand des ganzen Zuges in kg, so ist der Gesamtwiderstand für den Zug = $w + w_r + w_s$ und der Gesamtwiderstand für die Lokomotive = $w_1 + w_r + w_s$.

Der gesamte Zugwiderstand wird dann

$$W = (w + w_r + w_s) \,.\, Q + (w_1 + w_r + w_s) \,.\, L.$$

Mittlere Werte für w, w_1 und w_r ergibt nachstehende Tabelle. Leider fehlt es bei Schmalspurbahnen an genauen Versuchen.

Mittlere Werte der Widerstandskoeffizienten bei Schmalspurbahnen.

Spur mm	w in kg/t	w_1 in kg/t	w_r in kg/t
1000	$2{,}6 + 0{,}0003\, V^2$	$2{,}7 \sqrt{a} + 0{,}0015\, V^2$	$400 : (R - 20)$
750	$2{,}8 + 0{,}0002\, V^2$	$2{,}8 \sqrt{a} + 0{,}001\, V^2$	$350 : (R - 10)$
600	$2{,}8 + 0{,}0002\, V^2$	$2{,}9 \sqrt{a} + 0{,}008\, V^2$	$200 : (R - 5)$

Hierin ist V die Geschwindigkeit des Zuges in km/st, a die Anzahl der Triebachsen und R der Halbmesser des Gleisbogens. Bei den für w_r angegebenen Werten ist vorausgesetzt, daß die Schienen in den betreffenden Gleisbögen mit entsprechender Spurerweiterung verlegt sind. Fehlende oder ungenügende Spurerweiterung bedingt erheblich größere Widerstände. Bezüglich Krümmungswiderstände siehe auch Schaubild Fig. 15 S. 19.

Beispiel: Auf einer Feldbahn mit 600 mm Spurweite sollen Züge transportiert werden, die aus je 18 Wagen à 380 kg Eigengewicht bestehen. Die Förderlast sei 30 000 kg, die größte vorkommende Steigung 8 $^0/_{00}$ und der kleinste Krümmungsradius 25 m. In Frage kommt eine Dampflokomotive. Wieviel muß nun die Lokomotive am Zughaken leisten, damit sie den Zügen eine Geschwindigkeit von 10 km/st erteilt? (L sei schätzungsweise 7 t).

$$w = 2{,}8 + 0{,}0002\, V^2 = 2{,}8 + 0{,}0002 \,.\, 10^2 = 2{,}82,$$

$$w_1 = 2{,}9 \sqrt{a} + 0{,}0008\, V^2 = 2{,}9 \,.\, \sqrt{2} + 0{,}0008 \,.\, 10^2 = 4{,}169,$$

$$w_r = 200 : (R - 5) = 200 : (25 - 5) = 10,$$

$$w_s = 8,$$

$$w + w_r + w_s = 2{,}82 + 10 + 8 = 20{,}82$$

$$w_1 + w_r + w_s = 4{,}169 + 10 + 8 = 22{,}169,$$

$$W = 20{,}82 \,.\, Q + 22{,}169 \,.\, Z = 20{,}82 \,.\, 36{,}84 + 22{,}169 \,.\, 7 = \mathbf{922{,}19} \text{ kg.}$$

Die Zugkraft $Z \geqq W \geqq 922{,}19$ kg.

Es wird demnach eine Lokomotive notwendig werden, welche am Zughaken 923 kg leisten müßte, um dem Zug unter den obenstehenden Voraussetzungen eine Geschwindigkeit von 10 km/st zu verleihen. Hat man sich nun für ein Lokomotivsystem entschieden, so wäre noch das schätzungsweise angenommene Gewicht mit dem tatsächlichen zu vergleichen und eventuell unter der Annahme des tatsächlichen Gewichtes noch nachzuprüfen, ob die Zugkraft ausreichend erscheint.

Zu dem vorstehenden Beispiel sei bemerkt, daß man in der Praxis mit erheblich größeren Fahrwiderständen rechnet, die man bei sachgemäßer Ausführung des Oberbaues sowie bei Verwendung gut unterhaltener Fahrzeuge mit 5 kg pro t Zuglast und 7—8 kg pro t Lokomotivgewicht für horizontale gerade Strecken annimmt. Bei mangelhaftem Oberbau, schlecht unterhaltenen

Fahrzeugen sowie bei Sturm, Regen und Schneefall kann der Bewegungswiderstand oft erheblich höher und sogar 10 kg pro t und mehr betragen.

Unter Zugrundelegung von w = 5 kg pro t Zuggewicht und 7 kg pro t Lokomotivgewicht wird sich die notwendige Zugkraft der Lokomotive des vorstehenden Beispiels wie folgt bestimmen:

$w = 5$ kg/t Zuggewicht,

$w_1 = 7$ kg/t Lokomotivgewicht,

$w_s = 8$ kg/t,

$$w_r = \frac{200}{25 - 5} = 10 \text{ kg/t.}$$

Gesamtwiderstand für den Zug = 5 + 8 + 10 = 23 kg/t,

Gesamtwiderstand für die Lokomotive = 7 + 8 + 10 = 25 kg/t.

Demnach wird die Zugkraft

$$Z = 36{,}84 \,.\, 23 + 7 \,.\, 25 > \mathbf{1022} \text{ kg.}$$

VI. Lokomotiven.

Die Anforderungen, die an eine Feldbahnlokomotive mitunter gestellt werden, sind oft sehr groß und ist daher auch bei der Wahl solcher Lokomotiven ein besonderes Augenmerk auf die richtige Bemessung der Leistung zu lenken, da eine zu schwache Maschine eine ständige Quelle von Betriebsstörungen bildet, andererseits aber bei zu stark gewählter Maschine ein unwirtschaftlicher Betrieb eintritt. Die Feldbahnlokomotiven arbeiten unter weit ungünstigeren Verhältnissen als die Vollbahnlokomotiven. In den weitaus meisten Fällen wird das Feldbahngleis nur mit geringer Sorgfalt verlegt, da es nur für einen vorübergehenden Betrieb bestimmt ist, wobei es unmittelbar dem Gelände angepaßt wird, um kostspielige Erdarbeiten zu umgehen. Wegen Platzmangel kann auch meist ein einigermaßen ausreichender Krümmungshalbmesser nicht vorgesehen werden, so daß Kurven durchfahren werden müssen, die sonst kaum vorkommen. Da nur selten eine Reservemaschine vorhanden sein wird, so stehen die Lokomotiven oft Tag und Nacht im Dienst, wobei für eine gründliche Reinigung und Reparatur nur wenig oder gar keine Zeit übrig bleibt. Aus diesen Gründen wird man bei der Herstellung von Feldbahnlokomotiven möglichst einfache Konstruktion unter Verwendung von bestem Material anstreben müssen, um den hohen Anforderungen gerecht zu werden. Es ist auch mit erheblich höheren Widerständen zu rechnen als sonst üblich.

Mit der fortschreitenden Entwicklung der Elektromotoren, Verbrennungskraftmaschinen, Drucklufttechnik usw. entwickelte sich eine Reihe von Lokomotivsystemen, die in den verschiedenen Betrieben, je nach ihrer besonderen Eignung, mehr oder weniger Eingang gefunden haben. Im wesentlichen unterscheidet man außer den Dampflokomotiven noch Motorlokomotiven, elektrische Lokomotiven, Druckluftlokomotiven und feuerlose Lokomotiven. Diese Lokomotiven kann man in 2 Gruppen einteilen, und zwar: Lokomotiven für Förderbetrieb über Tag und solche für unter Tag (Grubenbetrieb). In der ersten Gruppe nehmen heute die Dampflokomotiven noch immer die dominierende Stellung ein; diesen folgen die in den letzten Jahren in ihrer Verwendung bedeutend zugenommenen Motorlokomotiven, dann die elektrischen Lokomotiven, die feuerlosen und Druckluftlokomotiven. Für den Betrieb in Gruben unter Tags kommen hauptsächlich elektrische Lokomotiven und Druckluftlokomotiven in Verwendung. Starke Verbreitung haben auch für solche Betriebe in den letzten Jahren die Motorlokomotiven gefunden, obgleich noch in vielen bergmännischen Kreisen Bedenken gegen die Verwendung der Motorlokomotiven unter Tags bestehen, insbesondere wegen der Gefahr der Entzündung schlagender Wetter und Verschlechterung der Luft durch die Auspuffgase. Es sind zwar Fälle vorgekommen, daß durch schlecht abgedichtete Benzinbehälter Brände entstanden sind [1]) oder daß durch Verschlechterung der Wetter in unbelüfteten Gängen Betäubungen von Menschen oder sogar einige Todesfälle durch Ersticken vorgekommen sind [2]), doch sind bis heute noch keine Fälle bekannt, daß durch Motorlokomotiven schlagende Wetter entzündet worden sind. Gegen die Verwendung der Motorlokomotiven unter Tags sollten mit Recht keine Bedenken mehr bestehen, um so mehr als die Zahl der Unglücksfälle bei Verwendung von elektrischen Lokomotiven eine weit größere ist. Bergpolizeilich steht daher der Verwendung von Motorlokomotiven, auch in Schlagwettergruben, nichts entgegen, da die getroffenen Einrichtungen vollkommen ausreichend befunden wurden.

Welche Lokomotive die wirtschaftlichste ist hängt vielfach von den örtlichen Verhältnissen ab, wo die Maschine verwendet werden soll. Ist eine elektrische Zentrale vorhanden, so werden elektrische Lokomotiven oder bei vorhandenem Dampfkessel feuerlose Lokomotiven usw. in Frage kommen; sind flüssige Brennstoffe an Ort und Stelle billig und leichter zu beschaffen als Kohle, so wird man sich für eine Motorlokomotive entschließen usw. Kommen daher mehrere Lokomotivsysteme in Frage, so muß für jedes System eine genaue Rentabilitätsrechnung aufgestellt werden und nur die Lokomotive wird im Betrieb die wirtschaftlichste sein, die unter genauer Zugrundelegung aller für die Rentabilitätsrechnung notwendigen Werte die billigsten Förderkosten pro Nutz-t/km zeigt, wobei es natürlich ganz gleich ist, ob die Anlagekosten des einen oder anderen Systems größer oder kleiner sind.

Allgemeine Vorschriften, welche Lokomotive für einen bestimmten Betrieb die wirtschaftlich günstigere sein wird, lassen sich nicht machen, da die Marktpreise der verschiedenen Brennstoffe an den verschiedenen Orten oft wesentlich variieren werden; dies gilt auch von den Löhnen des Bedienungspersonals. Für Dampflokomotiven kommt nur ein qualifizierter Führer in Frage, während man bei den übrigen Systemen meist mit einem Hilfsarbeiter das Auslangen finden wird. Als Amortisationsquote kann man allgemein ansetzen: Für Dampflokomotiven 12—15%, für Druckluft- und feuerlose Lokomotiven 8—10%, für elektrische Lokomotiven 12—15% und für Motorlokomotiven 15—20%. Für Reservemaschinen rechnet man die Hälfte der vorstehenden Prozentsätze, für Gleis 7½% und für Wagen 10%.

Bei der Rentabilitätsberechnung werden gewöhnlich die Förderkosten für den Nutz-t/km berechnet. Es sind demnach folgende Punkte zu berücksichtigen:

a) Anschaffungspreis der Lokomotive inkl. Reserveteile, Schuppen und Brennstoffaufbewahrungsraum,

1) Treptow, Grundzüge der Bergbaukunde, I. Band.
2) Schwarz, Neuere Motorlokomotiven, Z. d. V. I. Ing. 1919, S. 409.

b) Reservelokomotive,
c) Wagen,
d) Gleisanlage.

Förderkosten:

Verzinsung 6% von a) + b) + c) + d),
Amortisation von a),
Amortisation von b) + c),
Amortisation von d),
Wartung und Instandhaltung der ganzen Anlage,
Brennstoffverbrauch,
Führer,
Bremser.

a) Dampf-Lokomotiven.

Unter allen Lokomotivsystemen ist die Dampflokomotive die älteste Maschine, die lange Zeit die allein herrschende Maschine im Feld- und Industriebahnbetrieb gewesen ist. Da ihre hauptsächlichste Verwendung bei Erdbewegungen für Tiefbauten, Kanalbauten, Abraumarbeiten, Eisenbahn- und Straßenbauten erfolgt, so wird sie vielfach als Baulokomotive bezeichnet.

Es ist allgemein üblich, die Feldbahn- oder Baulokomotiven nach der Anzahl der entwickelten Pferdestärken zu bezeichnen, so daß man beispielsweise von einer 25, 40 usw. PS-Lokomotive spricht. Bei einer ortsfesten Dampfmaschine, wo es sich um eine nahezu konstante Arbeitsleistung handelt, ist diese Bezeichnungsweise vollauf berechtigt. Anders liegen die Verhältnisse bei der Lokomotive, deren Umlaufzahlen und Füllungen ständig innerhalb weiter Grenzen schwanken, da fortwährend die Steigungs- und Krümmungsverhältnisse sich ändern. Die Leistung der Lokomotive hängt auch von den Witterungsverhältnissen ab, ferner von der Beschaffenheit des Gleises und des rollenden Materials, von der Geschwindigkeit, mit der die Last jeweils befördert wird, und vom Dampfdruck, der nicht immer konstant gehalten werden kann. Auch darf der Kessel und das Fahrgestell bei der Beurteilung der Leistung nicht außer acht gelassen werden. Ist beispielsweise der Kessel zu klein, so würde die Dampfspannung rasch sinken. Sind die Zylinder im Verhältnis zum Kessel zu klein, so müßte mit hohen Füllungsgraden gearbeitet werden, um die Kesselleistung auszunutzen, so daß die Maschine unwirtschaftlich arbeiten würde. Wie aus vorstehendem ersichtlich, fehlen alle Faktoren, die für die genaue Bestimmung der effektiven Pferdestärke dienen. Es kann sich also bei der Bezeichnung der Lokomotiven nach PS nur um eine Typenbezeichnung handeln.

Da jede Fabrik die Normalleistung oder die Höchstleistung oder aber einen dazwischen liegenden Wert angeben kann, so muß davor gewarnt werden, sich beim Ankauf einer Lokomotive von der Anzahl der Pferdestärken leiten zu lassen. Für die Leistungsfähigkeit einer Lokomotive bleiben in erster Linie ihre Hauptabmessungen, insbesondere die Größe der Rost- und Heizfläche sowie das Fertiggewicht der Maschine maßgebend. Der tatsächliche Wert der Maschine wird aber auch noch durch andere Faktoren bestimmt. So ist vor allem für die Güte und Lebensdauer der Lokomotive ihre sachgemäße Konstruktion, Durchführung der werkmännischen Arbeit und Güte des verwendeten Materials ausschlaggebend.

Größtenteils kommen zweiachsige Tenderlokomotiven zur Verwendung, die sich in ihrer Ausführung als die einfachsten und zweckentsprechendsten gezeigt haben. Kommen jedoch sehr leistungsfähige Lokomotiven in Frage, die auf einem vorhandenen, verhältnismäßig schwachen Gleis in Dienst gestellt werden sollen, so verwendet man Lokomotiven mit 3 oder mehr Achsen. Das gesamte Lokomotivgewicht wird dann auf mehr Achsen verteilt, so daß der Raddruck geringer wird. Die Leistungsfähigkeit der Lokomotive kann mithin erhöht werden, ohne daß man eine Verstärkung der Schienen vorzunehmen braucht. Die Anzahl der Achsen wird durch den höchstzulässigen Raddruck bestimmt, der wiederum von der Größe des zu befahrenden kleinsten Krümmungshalbmessers abhängt. Die praktische Erfahrung hat gelehrt, daß bei dreiachsigen Feldbahnlokomotiven die Einfachheit der Konstruktion noch gewahrt werden kann, während dies bei mehr als 3 Achsen nicht mehr der Fall ist.

Für die Zugkraft der Lokomotive sind die Größen der Kolben bestimmend, wobei die Zugkraft bei bestimmten Geschwindigkeiten geleistet werden muß. Für diese Leistung der Lokomotive ist allein die Leistungsfähigkeit des Kessels ausschlaggebend. Die Lokomotive muß aber noch einer dritten Anforderung entsprechen, und zwar muß die Reibung zwischen Lokomotivrädern und Schienen stets groß genug sein, um eine Fortbewegung des ganzen Zuges zu sichern, da anderenfalls die Treibräder ins Gleiten kommen und der Zug nicht mehr fortbewegt werden kann.

Die Zugkraft der Lokomotive berechnet sich demgemäß nach 3 verschiedenen Grundsätzen, und zwar

1. Zugkraft aus den Kolbendrücken Z_i,
2. Zugkraft aus der Kesselleistung Z_k,
3. Zugkraft aus dem Reibungsgewicht Z_r.

Die vom Dampf ausgeübte Zylinderzugkraft (indizierte Zugkraft) berechnet sich aus der Gleichung

$$Z_i = \alpha \cdot p \cdot \frac{d^2 h}{D}.$$

In der Formel bedeutet α einen Wert, der von dem Füllungsgrad der Dampfzylinder abhängt; dieser Füllungsgrad wird durch die vom Führer der Lokomotive bediente Steuerung beeinflußt. Bei normaler Füllung beträgt der Wert α = 30–35% rund 0,5, bei voll ausgelegter Steuerung (Anfahren) 0,8—0,85. Ferner bedeutet p die Kesselspannung in Atm. Ueberdruck (kg/qcm), d die Zylinderbohrung in cm, h den Kolbenhub in cm und D den Treibraddurchmesser in cm. Sind die Abmessungen der Lokomotiven mit der nach obiger Formel ermittelten Dauerleistung in richtige Uebereinstimmung gebracht, so besitzt die Lokomotive jederzeit einen entsprechenden Kraftüberschuß, der für das Anfahren und Befahren von kurzen Steigungen verwendet werden kann, ohne daß dabei die Lokomotive überanstrengt wird.

Für Feldbahnlokomotiven sind heute Kesselspannungen von 12 und 13 Atm. üblich. Höhere Spannungen werden seltener verwendet, da sie eine sorgfältige Unterhaltung des Kessels bedingen.

Die Zugkraft aus der Kesselleistung Z_k ist jene Kraft, welche von der erzeugten Dampfmenge, ohne den Kessel zu erschöpfen, dauernd aufgebracht werden kann. Sie berechnet sich aus der Gleichung

$$N = \beta \,.\, H_w = \frac{Z_k \,.\, V}{270}$$

oder

$$Z_k = \beta \,.\, H_w \,.\, \frac{270}{V},$$

worin β die Anstrengungsziffer der Heizfläche, d. h. die Anzahl der pro qm wasserberührter Heizfläche entwickelten Pferdestärken bedeutet. Der Wert β richtet sich nach den jeweiligen Drehzahlen (60—240 pro Minute) der Lokomotive und bewegen sich für die verschiedenen Typen zwischen 2,4—3,6 PS pro qm wasserberührter Heizfläche. Ferner ist H_w die wasserberührte Heizfläche in qm, V die Anzahl der in der Stunde zurückgelegten km und N die Anzahl der geleisteten Pferdestärken. Der Wert Z_k muß zum mindesten ebenso groß sein wie der berechnete gesamte Zugwiderstand, falls die Leistung für eine längere Zeitdauer gefordert wird. Vorübergehend können, wie schon erwähnt, erheblich höhere Leistungen von der Lokomotive verrichtet werden.

Bezüglich der Bestimmung der Zugkraft aus dem Reibungsgewicht gilt der Grundsatz, daß der gesamte Fahrwiderstand niemals größer sein darf als der Reibungswiderstand der Lokomotive. Bei der Berechnung des Reibungswiderstandes, der in kg ausgedrückt wird, kommt lediglich nur das auf den Treibrädern der Lokomotive ruhende Gewicht in Frage; sogenannte Laufräder, dies sind ungekuppelte Räder, welche jedoch bei Feldbahnlokomotiven nur selten verwendet werden, kommen bei der Fortbewegung des Zuges nicht zur Geltung. Man kann daher sagen, daß der Reibungswiderstand einer Lokomotive als das Produkt aus dem Lokomotivgewicht und der Reibungsziffer berechnet werden kann. Die Reibungsziffer wird allgemein in Bruchform angegeben und beträgt bei normalem Betriebe $^1/_5$; sie kann jedoch durch Streuen von Sand auf die Schienen bis $^1/_3$ anwachsen, durch Regen, Schnee, Glatteis usw. bis auf $^1/_{10}$ und mehr verringert werden.

Bei den Tenderlokomotiven nehmen die Vorräte während des Betriebes ständig ab, so daß auch das Reibungsgewicht ständig sinkt. Bei der Berechnung der Feldbahnlokomotiven nimmt man daher grundsätzlich an, daß die Dauerzugkraft aus den Kolbendrücken Z_i bei $\alpha = 0{,}6$ nicht größer sein darf als die Zugkraft aus dem Reibungsgewicht Z_r bei Annahme einer Reibungsziffer von $^1/_5$ und bei halben Vorräten der Lokomotive. Also $0{,}6\ p\ \frac{d^2\ h}{D}$ nicht größer als $\frac{Q_d}{5}$ (Q_d = Dienstgewicht) bei halben Vorräten ist.

Ist auf Grund der Leistungsberechnung eine bestimmte Lokomotive gewählt worden, so kann nach den auf S. 26 angegebenen Richtlinien das erforderliche Schienenprofil bestimmt oder schon vorhandenes Gleis in bezug auf seine Tragfähigkeit untersucht werden.

Einen besonderen Einfluß auf die Leistungsfähigkeit und Lebensdauer der Kessel hat die Bauart und Durchbildung derselben. Häufig wird eine möglichst große Heizfläche durch möglichst enges Zusammenrücken der Siederohre erreicht, was jedoch durchaus zu verwerfen ist, da dies auf Kosten der Haltbarkeit der Rohrwände geschieht, deren Stege in bedenklicher Weise geschwächt werden. Dieses Verfahren hat aber auch noch den Nachteil, daß sich die engen Zwischenräume der einzelnen Rohre leicht mit Kesselstein verlegen, wodurch die Dampferzeugung stark unterbunden wird. Fig. 156 zeigt die richtige Anordnung und Siederohrteilung des in Fig. 159 dargestellten Kessels der Firma A. Borsig, Berlin-Tegel. Im Gegensatze zu Fig. 156 ist in Fig. 157 die fehlerhafte Siederohrteilung des Lokomotivkessels Fig. 158 mit wesentlich engeren Zwischenräumen dargestellt.

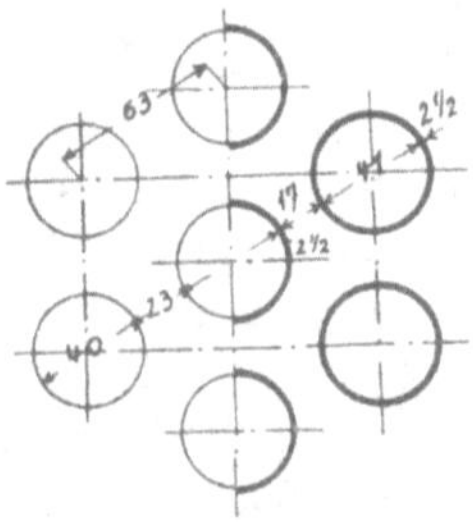

Fig. 156.

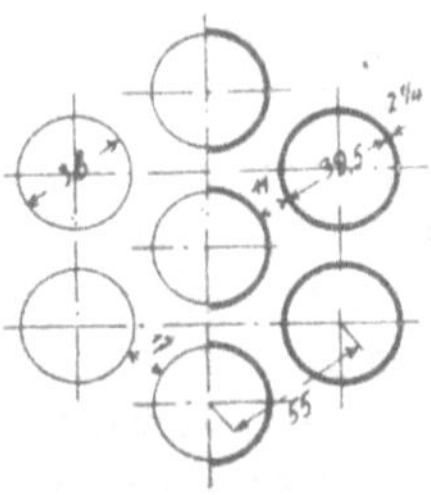

Fig. 157.

Aehnliche Verhältnisse ergeben sich bei der Rostfläche, deren Größe die Größe der Feuerbüchse bestimmt. Da die Feuerbüchsen in den weitaus meisten Fällen aus Kupfer hergestellt sind und dieses ein ziemlich kostspieliges Material ist, so besteht bei manchen Erbauern das Bestreben, durch Verkleinerung der Flächen der Feuerbüchsenwände auf Kosten der direkten Heizfläche möglichst an Kupfer zu sparen. Die Ausführung einer derartigen fehlerhaften Feuerbüchse zeigt Fig. 158, bei der die direkte Heizfläche um rund 17,5% kleiner ist als bei dem in Fig. 159 dargestellten Lokomotivkessel einer 125 PS-Baulokomotive von Borsig, wobei die Rostflächen beider Kessel gleich große Rostfläche haben. Es ist klar, daß der Einfluß der Rostfläche bei der in Fig. 158 dargestellten Feuerbüchse wesentlich herabgemindert wird gegenüber der Bauart des Kessels Fig. 159, bei dem die Hauptvorzüge: einfache gerade Formen, eine geradwandige Feuerbüchse ohne Einschnürungen, reichlich und zweckmäßig angebrachte Waschöffnungen und kräftige Versteifungen sind.

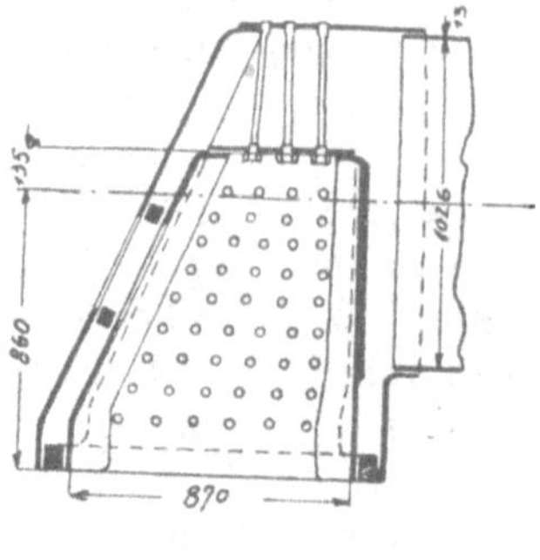

Fig. 158.

Den führenden Firmen erscheint mit Rücksicht auf die starke Beanspruchung und wenig sorgfältige Wartung der Feldbahnlokomotivkessel die durch das bloße Einwalzen der Siederöhren in den Rohrwänden erzielte Versteifung der letzteren, wie es bei Vollbahnlokomotiven der Fall ist, als nicht ausreichend. Aus diesem Grunde wird bei den hier in Frage kommenden Lokomotivkesseln noch eine Anzahl besonderer Ankerröhren angeordnet. So werden beispielsweise bei den Borsigschen Feldbahnlokomotiven als Ankerröhren dickwandige Siederöhren, welche an beiden Enden mit Gewinde versehen sind in beide Rohrwände eingeschraubt und darauf eingewalzt. Um das Einschrauben

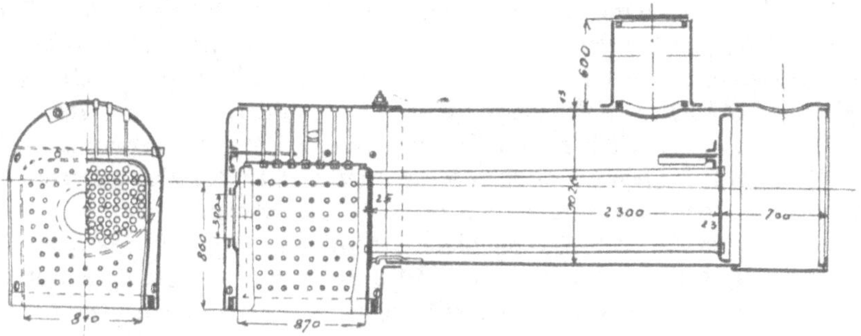

Fig. 159.

dieser Ankerröhren zu ermöglichen, muß das Gewinde an beiden Enden in einem Zuge durchschnitten werden, um dieselbe Ganghöhe zu erhalten. Die Versteifung durch Ankerröhren ist auf alle Fälle derjenigen durch Längsanker aus Rundeisen vorzuziehen, da die Längsausdehnungen bei der Erwärmung sowohl bei den Ankerröhren als auch Siederöhren die gleiche ist, mithin also Zerrungen der Rohrwände und damit das lästige Undichtwerden derselben vermieden ist. Ein weiterer Vorteil bei der Verwendung von Ankerröhren ergibt sich noch dadurch, daß letztere zur Dampferzeugung beitragen, was bei den Längsankern nicht der Fall ist, diese im Gegenteil die Heizfläche noch verkleinern.

Die Firma A. Borsig weist in einer ihrer Broschüren noch auf einen weiteren Umstand hin, der dazu beitragen kann, daß zwei Lokomotiven mit derselben Anzahl von qm Heizfläche und derselben Rostfläche sich in ihrer Fähigkeit, leicht den zur Ausnützung des Lokomotivgewichtes erforderlichen Dampf zu erzeugen, sehr voneinander unterscheiden kann. Ein interessantes Beispiel hiefür bietet die in Fig. 160 dargestellte Schnittzeichnung einer Feldbahnlokomotive [1]).

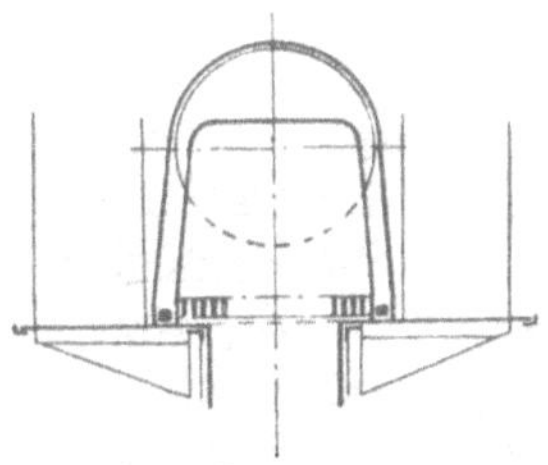

Fig. 160.

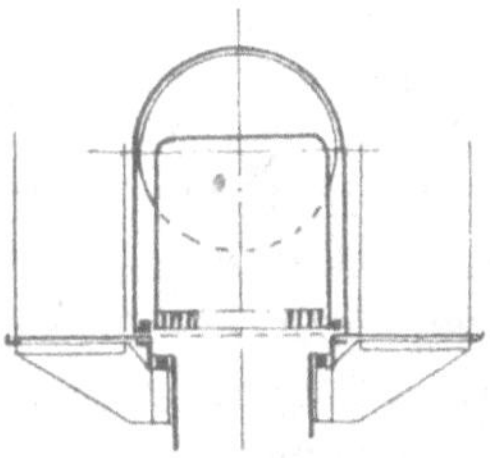

Fig. 161.

1) Z. d. V. d. Ing. Jahrg. 1903, Nr. 3.

Bei kleinen Spurweiten ist es nicht möglich, die Feuerbüchse zwischen die Räder zu verlegen und wird daher allgemein die über den Rädern liegende Anordnung vorgezogen, weil sie die Möglichkeit bietet, die Maschine möglichst kurz zu bauen und die vorn und hinten überhängenden Massen möglichst zu verhindern, ohne daß dabei die Stabilität der Lokomotive durch zu große Hochlage des Kessels ungünstig beeinflußt wird. Besonders bei den Spurweiten von 600 mm ragt nun die Feuerbüchse über die Rahmen nach beiden Seiten hinaus und es bedarf, um die Rostfläche zur vollen Geltung zu bringen, in diesem Falle besonderer Ausgestaltung des hinteren Rahmenendes. Diese letztere Forderung ist bei der Bauart nach Fig. 160 unberücksichtigt geblieben und der Kessel ohne weiteres auf den Rahmen gestellt worden. Dieser ist aber bedeutend schmäler als die lichte Weite der Feuerkiste und die Folge davon ist, daß ein recht erheblicher Teil der Rostfläche für die Verbrennung des Brennstoffes nicht ausgenützt werden kann, weil der Luftzutritt unterbunden ist; im vorliegenden Falle sind dies rund 33% der Rostfläche!

Wesentlich sorgfältiger durchgebildet ist dieser Teil beispielsweise bei der 40 PS-Borsig-Lokomotive Fig. 164. Wie die Schnittzeichnung durch die Feuerbüchse dieser Lokomotive (Fig. 161) zeigt, ist der Rahmen gleich hinter den hinteren Rädern nach der Seite zu ausgebaucht, so daß der Rost in seiner ganzen Breite freigelegt ist und die ganze Rostfläche ungehindert in Tätigkeit tritt.

1. Feldbahnlokomotiven der Firma A. Borsig, Berlin-Tegel.

Die Firma A. Borsig, die ihre erste Lokomotive bereits im Jahre 1841 zur Ablieferung brachte, hat sich seit vielen Jahren der Herstellung von leichten Lokomotiven zugewandt und erzeugt heute Feldbahnlokomotiven in jeder Größe und für jeden Verwendungszweck. Die Firma geht dabei von dem Prinzipe aus, im Interesse einer möglichst billigen Herstellung der Feldbahnlokomotiven die Anfertigung derselben serienweise durchzuführen, wobei eine bis in das kleinste Detail reichende Normalisierung aller Einzelteile vorgenommen ist.

Außer den bereits vorstehend beschriebenen Kesselkonstruktionen der Borsigschen Feldbahnlokomotiven wäre noch zu erwähnen, daß die Dampfzylinder und das Triebwerk leicht zugänglich außerhalb der Rahmen angeordnet sind. Die Zylinder sind leicht geneigt, damit die am tiefsten liegenden Teile, die Zylinderablaßhähne, möglichst hoch über Schienenoberkante zu liegen kommen. Die Steuerung ist durchwegs nach der Bauart Heusinger ausgeführt, welche an Stelle der stets starken Abnutzung unterworfenen Exzenterscheiben nur von einem einzigen zylindrischen, an einer Gegenkurbel sitzenden Exzenterzapfen betätigt wird, konstante Voreinströmung bei allen Zylinderfüllungen gestattet und so eine vorzügliche Dampfverteilung bei den kleinsten wie bei den größten Füllungen ergibt. Der Kreuzkopf ist auf nur einer Schlittenbahn geführt, um zu vermeiden, daß die bei der sonst aus geführten zweibahnigen Bauart infolge der verhältnismäßig kleinen Räder notwendigerweise sehr tief liegende untere Gleitbahn ständig von Schmutz bedeckt ist und so Veranlassung zu übermäßigen Abnützungen gibt. Die einzelnen der Abnutzung unterliegenden Teile des Steuerungsgestänges sowohl als die Achslagerstellen und die Treibzapfen der Räder erhalten sehr große Abmessungen. Die Steuerung wird vom Führerstande aus durch ein bequem zu bedienendes Händel betätigt. Der Rahmen der Lokomotive ist in seinem vorderen und mittleren Teile als Vorratsbehälter für das Speisewasser ausgebildet und erhält dadurch zugleich eine sehr kräftige Versteifung. Vorn

Fig. 162.

und hinten erhält er eine breite Schutzwand, welche die Dampfzylinder vollkommen deckt und so gegen Beschädigungen bei Zusammenstößen u. dgl. schützt. Auf jedes Rad wirken kräftige Klotzbremsen und werden von einem Exterschen Wurfhebel, der bekanntlich dem Prinzipe des Kniehebels entspricht und mit kleinen Kräften verhältnismäßig größe Drücke auszuüben gestattet, betätigt.

Von den vielen Typen von Feldbahnlokomotiven, die die Firma A. Borsig baut, seien hier nur einige in Abbildung wiedergegeben. Eine Abbildung der kleinsten Borsigschen Feldbahnlokomotive zeigt die in Fig. 162 dargestellte 10—12 PS-Lokomotive für 450 mm Spurweite; sie kommt hauptsächlich für Werkbahnen in Frage. Fig. 163 zeigt eine 20 PS-Lokomotiv von 600 mm

Fig. 163.

Fig. 164.

Fig. 165.

Fig. 166.

Spurweite, wie sie vielfach für Bauunternehmungen verwendet wird. Eine ähnliche Maschine von 50 PS ist in Fig. 164 und eine solche von 80 PS für 750 mm Spurweite in Fig. 165 wiedergegeben.

Die in Fig. 166 abgebildete 50 PS-Tenderlokomotive für 750 mm Spurweite ist für Holzfeuerung eingerichtet; sie ist mit 3 gekuppelten Achsen und ganz geschlossenem Führerhause ausgerüstet. Eine ähnliche Ausführung zeigt die vielfach in den ehemaligen deutschen Kolonien zur Verwendung gekommenen 3/3 gekuppelte 40 PS-Tenderlokomotive mit zweiachsigem Tender (Fig. 167). Die Hauptdaten dieser Maschine sind:

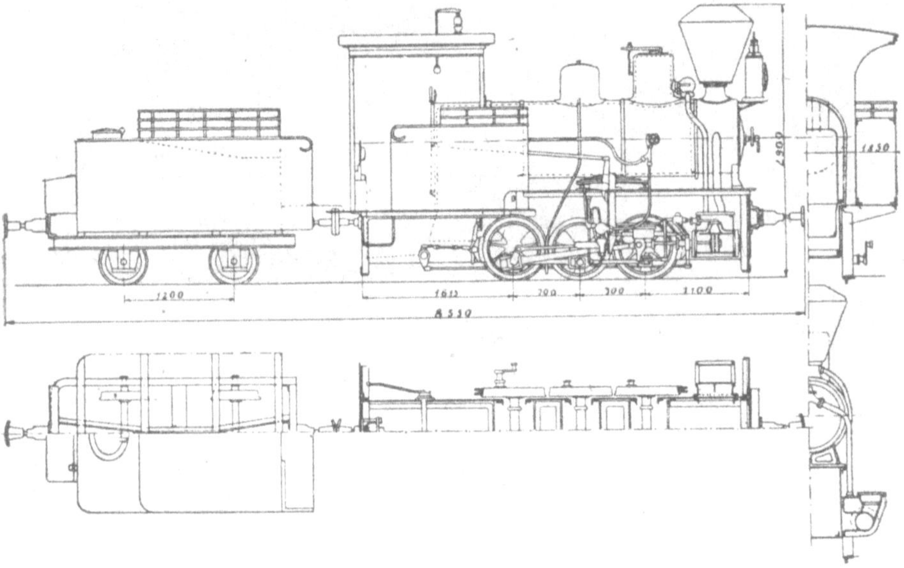

Fig. 167.

Tender: Raum für Wasser 3 cbm, Raum für Holz 1 cbm, Leergewicht rund 1800 kg, Dienstgewicht 5400 kg.

Lokomotive: Zylinderbohrung 185 mm, Kolbenhub 300 mm, Raddurchmesser 650 mm, Dampfdruck 12 Atm., Heizfläche 18 qm, Rostfläche 0,4 qm, Leergewicht rund 7800 kg, Dienstgewicht rund 9400 kg.

Bezüglich der Leistung und Hauptabmessungen der Feldbahnlokomotiven von Borsig geben die Tabellen von VII—X näheren Aufschluß.

Tabelle VII.

Hauptabmessungen der zweiachsigen Tenderlokomotiven von A. Borsig.

	Spurweite 600 mm				Spurweite 750 mm			Spurweite 900 mm			
Leistung	20	30	40	50	50	60	80	80	125	160	PS
Zylinderdurchmesser	140	165	185	210	210	240	260	260	300	320	mm
Kolbenhub	260	260	300	300	300	300	360	400	400	400	mm
Radstand	900	1000	1100	1200	1200	1200	1400	1600	1800	1800	mm
Raddurchmesser	600	600	650	600	650	650	720	800	800	800	mm
Dampfdruck	15	14	12	12	12	12	12	12	12	12	at
Heizfläche	7,9	12,0	15,4	18,0	18,0	22,8	28,4	28,4	42,0	50,4	qm
Rostfläche	0,25	0,30	0,35	0,40	0,40	0,45	0,50	0,55	0,70	0,86	qm
Raum für Wasser	380	470	500	700	750	800	1000	1200	1600	1700	Liter
Raum für Kohle	200	300	350	450	450	500	700	700	900	1000	Liter
Leergewicht	4,50	5,50	6,50	7,70	7,30	8,60	10,20	11,20	13,30	17,0	to
Dienstgewicht	5,50	6,80	8,00	9,40	9,00	10,60	13,20	14,30	18,00	22.0	to
Kleinster Krümmungsradius	8	9	10	12	12	12	15	20	25	25	m
Größte Geschwindigkeit	15	15	20	15	20	20	25	30	30	30	km std.

Tabelle VIII.

Hauptabmessungen der dreiachsigen Tenderlokomotiven von A. Borsig.

	Spurweite 600 mm		Spurweite 1000 mm				
Leistung	40	60	60	80	125	160	PS
Zylinderdurchmesser	185	240	240	260	300	320	mm
Kolbenhieb	300	300	300	360	400	400	mm
Radstand	1400	1400	1400	1650	1800	1900	mm
Raddurchmesser	650	600	650	720	800	800	mm
Dampfdruck	12	12	12	12	12	12	at
Heizfläche	15,4	25	22,8	28,4	42,0	50	qm
Rostfläche	0,35	0,45	0,45	0,54	0,70	0,85	qm
Raum für Wasser	1000	1200	1500	2350	2500	3000	Liter
Raum für Kohle	500	800	600	700	900	1200	Liter
Leergewicht	7,4	9,5	9,5	12,5	15	18	to
Dienstgewicht	9,6	o2,6	12,5	16,2	20,5	24	to
Kleinster Krümmungsradius	15	15	15	25	25	30	m
Größte Geschwindigkeit	20	20	20	25	30	30	km std.

Tabelle IX.

Mittlere Zugleistung zweiachsiger Tenderlokomotiven in Tonnen außer dem Eigengewicht[1]).

PS	Spur	auf Steigungen von											Dienstgewicht To
		1 : ∞	1 : 500	1 : 200	1 : 100	1 : 80	1 : 60	1 : 50	1 : 40	1 : 30	1 : 25	1 : 20	
10	600	57	40	26	16	13	10	8	6	4	3	2	4,4
20	600	88	64	42	25	21	17	13	10	7	5	4	5,5
30	600	150	104	75	45	38	32	24	20	15	12	7	6,8
40	600	190	140	90	60	50	42	35	29	20	16	10	8,00
50	600	275	195	132	88	72	60	50	41	28	22	16	9,4
50	750	250	180	120	80	65	55	45	37	25	20	14	9,0
60	750	310	220	150	95	80	64	54	43	31	25	17	10,60
80	750	380	270	185	120	100	78	66	53	39	30	23	13,20
80	900	380	270	185	120	100	78	66	53	39	30	23	14,30
125	900	510	360	247	158	134	104	88	70	51	41	30	18,00
125	1000	510	360	247	158	134	104	88	70	51	41	30	18,10
160	900	580	410	280	180	151	113	100	80	60	47	35	20,00

1) Die obigen Zugsleistungen sind als durchschnittliche Werte anzusehen unter Voraussetzung mittlerer Betriebsverhältnisse auf der geraden Strecke und auf längeren Steigungen; die mittlere Geschwindigkeit bei diesen Leistungen beträgt 10—12 km/st. Sind die zu befahrenden Steigungen nur kurz, so daß sie eventuell mit Anlauf genommen werden können, so können obige Werte noch eine Erhöhung erfahren; sind die Betriebsverhältnisse besonders ungünstig (schlecht verlegtes Gleis, schwerlaufende Wagen, viele scharfe Kurven usw.), so sind auch die Dauerleistungen geringer anzunehmen.

Tabelle X.

Mittlere Zugleistung dreiachsiger Tenderlokomotiven in Tonnen außer dem Eigengewicht[2]).

PS	Spur	auf Steigungen von											Dienstgewicht To
		1 : ∞	1 : 500	1 : 200	1 : 100	1 : 80	1 : 60	1 : 50	1 : 40	1 : 30	1 : 25	1 : 20	
10	600	57	40	26	16	13	10	8	6	4	3	2	5,0
40	600	190	140	90	60	50	42	35	29	20	16	10	9,6
50	610	275	195	132	88	72	60	50	41	28	22	16	9,6
50	750	240	170	100	70	55	45	40	30	22	18	13	10,4
50	750	250	180	120	80	65	55	45	36	25	20	14	11,0
60	600	270	230	155	100	85	70	56	45	33	26	19	12,0
60	600	325	230	158	102	86	67	57	46	31	25	17	12,6
60	1000	310	220	150	95	80	64	54	43	39	30	23	12,5
80	1000	380	270	185	120	100	78	66	53	39	30	23	15,0
80	1000	380	270	185	120	100	78	66	53	39	30	23	16,2
125	1000	510	360	247	158	134	104	88	70	51	41	30	20,5
160	1000	560	395	270	170	145	110	93	71	52	41	29	24,0

2) Siehe auch Fußnote der Tabelle IX.

2. Feldbahnlokomotiven der Hannoverschen Maschinenbau-Aktiengesellschaft, Hannover-Linden.

Unter den führenden Weltmarken nimmt die Hannomag-Feldbahnlokomotive eine hervorragende Stellung ein. Die gediegene Ausführung dieser Maschinen, sowohl was ihre konstruktive Durchbildung als auch ihre werkmännische Herstellung betrifft, ferner ihre geschmackvolle, neuzeitliche Formgebung, sicherten ihr im In- und Auslande eine große Verbreitung. Die Hanomag baut Lokomotiven in allen Größen und für jeden Verwendungszweck.

Von den vielen Typen der Hanomag-Lokomotiven seien hier nur einige vielfach zur Verwendung gekommener Feldbahnlokomotiven im Bilde wiedergegeben. Fig. 168 zeigt eine 20 PS-Baulokomotive, wie sie für 600 und 750 mm Spur gebaut wird. Die Hauptdaten dieser Maschine sind:

Fig. 168.

Zylinderbohrung	140 mm	Leergewicht	4700 bzw. 4800 kg
Kolbenhub	300 „	Dienstgewicht	5800 „ 6000 „
Raddurchmesser	600 „	Mittlere Zugkraft	
Radstand	900 „	$0,6 \cdot p \frac{d^2 h}{D} =$	820 „
Dampfüberdruck	14 Atm.		
Rostfläche	0,22 qm	Größte Zugkraft	
Heizfläche, wasserb.	7,7 „	$0,85 \cdot p \frac{d^2 h}{D} =$	1 150 „
Wasservorrat 400 bzw.	500 l		
Kohlenvorrat	150 kg		

Die in Fig. 169 dargestellte 80 PS-Hanomag-Feldbahnlokomotive für 900 mm Spur hat folgende Hauptdaten:

Zylinderbohrung	270 mm	Heizfläche, wasserb.	28,7 kg
Kolbenhub	400 „	Wasservorrat	1665 l
Raddurchmesser	800 „	Kohlenvorrat	600 kg
Radstand	1600 „	Leergewicht	11 200 „
Dampfüberdruck	12 Atm.	Dienstgewicht	14 600 „
Rostfläche	0,52 qm		

Mittlere Zugkraft $0{,}6 \,.\, p \frac{d^2 h}{D} = 2\,624$ kg

Größte Zugkraft $0{,}85 \,.\, p \frac{d^2 h}{D} = 3\,717$ kg

Fig. 169.

Fig. 170.

Eine 125 PS-Lokomotive für 900 mm Spur ist in Fig. 170 dargestellt. Die Hauptdaten dieser Maschine sind:

Zylinderbohrung	320 mm	Leergewicht	14 500 kg
Kolbenhub	440 „	Dienstgewicht	19 100 „
Raddurchmesser	820 „	Mittlere Zugkraft	
Radstand	1800 mm		
Dampfüberdruck	12 Atm.	$0{,}6 \cdot p \frac{d^2 h}{D} =$	3 956 „
Rostfläche	0,8 qm	Größte Zugkraft	
Heizfläche, wasserb.	41,3 „		
Wasservorrat	2300 l	$0{,}85 \cdot p \frac{d^2 h}{D} =$	5 600 „
Kohlenvorrat	750 kg		

In den nachstehend angeführten Tabellen XI—XIII sind die Hauptdaten und Leistungsziffern der Hanomag-Lokomotiven angegeben.

Tabelle XI.

Hauptabmessungen der normalen Hanomag-Feldbahnlokomotiven.

PS	10—15	20	30	40	50	60	80	100	125	150	180
Größte Länge über Rahmen ausschließlich Puffer	3080	3295	3465	3735	4080	4365	4865	5400	5476	6030	6180
Größte Länge über Führerhaus ausschließlich Puffer	3070	3285	3565	3985	4320	4625	5125	5650	5845	6235	6380
Größte Breite über Führerhaus	1510	1510	1610	1610	1710	2010	2060	2110	2110	2200	2230
Größte Breite über Zylinder, Spur 600 mm	1365	1380	1236	1260	1325	—	—	—	—	—	—
„ 750 „	1515	1530	1386	1410	1475	1615	1655	—	—	—	—
„ 900 „	—	—	—	—	—	1765	1805	2000	1830	2100	2100
„ 1000 „	—	—	—	—	—	1865	1905	2100	1930	2200	2200
Höhe des Schornsteins über Schienenoberkante	2315	2315	2400	2450	2450	2585	2630	3090	3090	3350	3350
Höhe des Führerhauses über Schienenoberkante	2315	2315	2400	2400	2400	2535	2630	2960	2960	3010	3010
Höhe des Dampfdoms über Schienenoberkante	1860	2100	2090	2200	2200	2535	2630	2880	2900	3010	3010
Höhe der Kesselmitte über Schienenoberkante	1195	1230	1280	1353	1365	1575	1700	1800	1800	1800	1800

Tabelle XII und XIII, siehe S. 102 und 103.

3. Betriebsvorschriften für kleine Dampflokomotiven.

Vor dem Dienst.

Vor dem Anheizen soll der Funkenfänger, die Rauchkammer und der Rost gründlich gereinigt und die Vorratsbehälter für Wasser gefüllt werden. Im Kessel muß genügend Wasser vorhanden sein und muß dieses mindestens bis zum unteren Betriebshahn reichen. Der Regulator muß geschlossen und die Bremse fest angezogen sein. Die Zylinderhähne sollen geöffnet sein.

Tabelle XII.

Hauptabmessungen und Schlepplasten der zweiachsigen Hanomag-Feldbahnlokomotiven für Kohlenfeuerung.

Pferdestärken		10—15		20		30		40		50		60		
Spurweite	mm	600	750	600	750	600	750	600	750	600	750	750	900	1 000
Zylinderbohrung	„	140	140	140	140	170	170	190	190	215	215	240	240	240
Kolbenhub	„	200	200	300	300	300	300	300	300	300	300	400	400	400
Raddurchmesser	„	600	600	600	600	600	600	600	600	600	600	800	800	800
Gesamtradstand	„	900	900	900	900	1000	1000	1100	1100	1200	1 200	1 400	1 400	1 400
Dampfüberdruck	Atm.	10	10	14	14	12	12	12	12	12	12	12	12	12
Rostfläche	qm	0,192	0,192	0,228	0,228	0,29	0,29	0,33	0,33	0,40	0,40	0,45	0,45	0,45
Heizfläche, wasserb.	„	5,33	5,33	7,74	7,74	11,7	11,7	16,4	16,4	19,0	19,0	24,2	24,2	24,2
Wasservorrat	l	300	375	400	500	570	660	750	920	900	1 080	1 365	1 535	1 650
Kohlenvorrat	kg	150	150	150	150	200	200	300	300	400	400	500	500	500
Leergewicht	„	3700	3800	4600	4700	5500	5600	6500	6700	7400	7 600	9 800	9 900	10 100
Dienstgewicht	„	4700	4800	5700	5900	6900	7100	8300	8600	9600	10 300	12 700	13 000	13 300
Mittlere Zugkraft aus den Zylindern, gerechnet mit $\alpha = 0{,}6$	kg	395		825		1040		1300		1670		2075		
Größte Zugkraft aus den Zylindern, gerechnet mit $\alpha = 0{,}85$	kg	555		1160		1480		1840		2360		2935		
		Schlepplasten												
Beförderte Bruttolast ausschließlich Lokomotivgewicht bei rd. 35—40% Zylinderfüllung und Steigung von [1]: 1 : ∞ = 0 ‰	t	60		130		166		232		295		371		
1 : 500 = 2 ‰	„	44		96		123		170		213		267		
1 : 200 = 5 ‰	„	31		68		88		117		150		187		
1 : 100 = 10 ‰	„	20		45		58		79		98		122		
1 : 80 = 12,5 ‰	„	16		38		49		67		83		103		
1 : 60 = 16,7 ‰	„	13		30		39		53		66		82		
1 : 50 = 20 ‰	„	11		26		33		45		56		69		
1 : 40 = 25 ‰	„	8		20		26		35		44		56		
1 : 30 = 33 ‰	„	6		13		18		26		32		42		
1 : 20 = 50 ‰	„	3		7		11		16		20		25		
Geschwindigkeit bei vorstehenden Leistungen etwa	km/st	8		8		10		10		10		10		
Größte Geschwindigkeit	„	12		20		20		20		20		30		
Kleinster Krümmungshalbmesser [2])	m	10		10		12		15		18		30		

1) Sachgemäß verlegter Oberbau, gut unterhaltene Betriebsmittel und normale Witterungsverhältnisse sind bei diesen Leistungsangaben vorausgesetzt.
2) Unter besonders günstigen Bedingungen können noch schärfere Krümmungen durchfahren werden.

Tabelle XIII.

Hauptabmessungen und Schlepplasten der zweiachsigen Hanomag-Feldbahnlokomotiven für Kohlenfeuerung.

Pferdestärken		80			100		125		150		180	
Spurweite	mm	750	900	1 000	900	1 000	900	1 000	900	1 000	900	1 000
Zylinderbohrung	,,	270	270	270	285	285	320	320	330	330	330	330
Kolbenhub	,,	400	400	400	400	400	440	440	430	430	430	430
Raddurchmesser	,,	800	800	800	800	800	820	820	820	820	820	820
Gesamtradstand	,,	1 600	1 600	1 600	1 800	1 800	1 800	1 800	1 800	1 800	1 800	1 800
Dampfüberdruck	Atm.	12	12	12	12	12	12	12	12	12	13	13
Rostfläche	qm	0,52	0,52	0,52	0,757	0,757	0,8	0,8	0,9	0,9	1,012	1,012
Heizfläche, wasserb.	,,	28,7	28,7	28,7	37,62	37,62	41,3	41,3	51,68	51,68	60,2	60,2
Wasservorrat	l	1 450	1 665	1 800	1 800	2 000	2 300	2 530	2 400	2 500	2 500	2 700
Kohlenvorrat	kg	600	600	600	700	700	750	750	1 000	1 000	1 000	1 000
Leergewicht	,,	11 000	11 200	11 400	13 400	13 600	14 500	14 700	16 800	17 000	17 800	18 000
Dienstgewicht	,,	14 300	14 600	15 000	17 000	17 600	19 100	19 500	22 100	22 400	23 400	23 800
Mittlere Zugkraft aus den Zylindern, gerechnet mit $\alpha = 0{,}6$	kg	2625			2920		3955		4110		4440	
Größte Zugkraft aus den Zylindern, gerechnet mit $\alpha = 0{,}85$	kg	3720			4140		5600		5820		6300	
		Schlepplasten										
1 : ∞ = 0 ‰	t	490			560		770		888		965	
Beförderte 1 : 500 = 2 ‰	,,	349			397		540		610		662	
Bruttolast 1 : 200 = 5 ‰	,,	242			262		375		413		447	
ausschließlich 1 : 100 = 10 ‰	,,	159			175		242		263		284	
Lokomotivgewicht 1 : 80 = 12,5 ‰	,,	133			148		205		221		239	
bei rd. 35—40 % 1 : 60 = 16,7 ‰	,,	105			116		162		173		187	
Zylinderfüllung 1 : 50 = 20 ‰	,,	90			98		137		147		159	
und Steigung 1 : 40 = 25 ‰	,,	72			78		112		122		128	
von [1]): 1 : 30 = ~33 ‰	,,	55			60		83		89		96	
1 : 20 = 50 ‰	,,	31			35		48		55		59	
Geschwindigkeit bei vorstehenden Leistungen etwa	km/st	10			10		10		10		10	
Größte Geschwindigkeit	,,	30			30		35		35		35	
Kleinster Krümmungshalbmesser[2])	m	40			45		45		45		45	

Bezüglich 1) und 2) siehe Fußnote Tabelle XII.

Ist die Kohle in Brand gekommen, so wird die Feuertür etwas geöffnet. Hat der Dampf eine Spannung von etwa 0,5 Atm. erreicht, so kann er zum Anfachen des Feuers benutzt werden. Dies wird dadurch erreicht, daß ein Dampfstrahl durch den Schornstein bläst, der dann die Rauchgase aus der Rauchkammer mitreißt. In diesem Falle muß die Feuertür geschlossen werden.

Während des Anheizens hat der Führer die Lokomotive in allen ihren Teilen gründlich zu untersuchen, sämtliche Lager gut zu schmieren und die Schmiergefäße zu prüfen, ob sie in Ordnung sind.

Der Dienst.

Ist die notwendige Spannung im Kessel erreicht, so kann der Dienst beginnen. Vor dem Ingangsetzen der Maschine ist mit der Pfeife ein Zeichen zu geben, worauf der Regulator langsam geöffnet wird. Die Zylinderhähne können nach einigen Umdrehungen der Triebräder geschlossen werden.

Beim Aufgeben der Kohlen ist darauf zu achten, daß sie nicht zu nahe vor die Rohrwand geworfen werden und nicht höher als bis zur unteren Rohrreihe reichen; auch soll in der Zeit, wo die Feuertür geöffnet ist, das Aufspeisen des Kessels unterbleiben.

Stark leckende Siederohre werden mittelst Siederohrpfropfen zu beiden Seiten geschlossen.

Während der Fahrt muß stets genügend Wasser im Kessel sein und der Wasserspiegel im Wasserstandsglas immer sichtbar sein. Im Interesse eines ökonomischen Betriebes ist es gelegen, den Dampfdruck immer möglichst in der Höhe der höchsten zulässigen Atmosphärenzahl zu halten, jedoch darf diese niemals überschritten werden.

Unter keinen Umständen dürfen die Sicherheitsventilfedern nachgespannt werden. Von großer Wichtigkeit für einen geregelten Betrieb ist die regelmäßige Erneuerung des verdampften Wassers, was meist mit einem Injektor geschieht. Der Injektor versagt, sobald das Speisewasser oder der Injektor selbst zu heiß ist. In diesem Falle genügt es, den Injektor durch Begießen mit kaltem Wasser abzukühlen.

Von Zeit zu Zeit sind die Lager zu befühlen, ob sie nicht warm gelaufen sind. Ist dies der Fall, so sind die Keilsteine zu lösen und in die Fuge zwischen den Lagerschalen etwas Schwefelblüte zu streuen oder dem Schmieröl solche zuzusetzen.

Nach dem Dienst.

Der hochgespannte Dampf darf niemals plötzlich abgelassen werden; die Lokomotive soll langsam erkalten. Wird zur Verminderung des Dampfdruckes der Injektor in Tätigkeit gesetzt, so darf während der Zeit das Feuer nicht gelöscht werden.

Nach dem Erkalten der Maschine sind die Siederohre von Ruß zu reinigen, ebenso die Rauchkammer, der Funkenfänger und das Blasrohr. Der Kessel soll alle 14 Tage gereinigt werden, und zwar soll aller vorhandene Kesselstein gründlich durch Auskratzen und Ausspritzen entfernt werden. Der Wasserkasten soll häufig von Schlamm gereinigt werden. Alle Lager sind gründlich zu revidieren, eventuell Stellkeile und Schrauben nachgezogen werden. Der Regulator soll stets dicht sein und der Regulatorschieber gut geschmiert werden. Die Arbeitsflächen der Dampfschieber müssen glatt sein und sollen nicht rissig werden.

Soll bei starker Kälte der Betrieb einige Tage ausgesetzt werden, so ist es angezeigt, ein schwaches Feuer im Kessel zu unterhalten, um die Gefahr des Einfrierens zu vermeiden. Bei größerer Kälte darf die Lokomotive über Nacht nicht mit gefülltem Kessel im Freien stehen bleiben. Ist kein geschlossener Raum vorhanden, so lasse man den Kessel und Tender auslaufen. Dies darf jedoch nur dann erfolgen, wenn nur noch geringer Dampfdruck im Kessel vorhanden ist.

b) Motorlokomotiven.

Im Feldbahnbetriebe hatte früher die Motorlokomotive gegenüber der Dampflokomotive einen schweren Stand; heute, nachdem man ihre großen Vorzüge erkannt hat, steht sie auch in Betrieben in Verwendung, in welchen früher die Dampflokomotive allein das Feld beherrschte. Aber auch im Grubenbetriebe findet die Motorlokomotive immer mehr Anwendung, obwohl hier die elektrischen Lokomotiven mit Oberleitung infolge ihrer größeren Wirtschaftlichkeit in vielen Fällen der Vorzug gegeben wird, was jedoch bei den Druckluftlokomotiven, die gegenüber der Motorlokomotive in wirtschaftlicher Hinsicht unterlegen ist, nicht der Fall ist. Der Umstand, daß man in neuerer Zeit in Motorlokomotiven Verbrennungskraftmaschinen einbaut, die mit billigen Brennstoffen (Petroleum, Rohöl) arbeiten, wie dies bei den weiter unten beschriebenen Lokomotiven der Ruhrtaler Maschinenfabrik in Mülheim (Ruhr) der Fall ist, hat dazu wesentlich beigetragen, daß Motorlokomotiven auch dort Eingang gefunden haben, wo eine Benzin- oder Benzollokomotive von vorneherein ausscheiden mußte, da geeignete Brennstoffe nicht besorgt werden konnten.

Von den vielen Vorzügen der Motorlokomotive sind zu nennen: Ihre stete Betriebsbereitschaft. Die Bedienung der Motorlokomotive kann durch einen Hilfsarbeiter erfolgen. Keine Abhängigkeit von einer Zentrale, wie dies bei den elektrischen, feuerlosen und Druckluftlokomotiven der Fall ist. Großer Aktionsradius, da in verhältnismäßig kleinem Raum ein großes Quantum Brennstoff mitgeführt werden kann.

Wurde schon bei den Dampflokomotiven darauf hingewiesen, daß die Bezeichnung einer Lokomotive nach PS kein richtiges Bild über ihre Leistungsfähigkeit gibt, so trifft dies in erhöhtem Maße bei den Motorlokomotiven zu. Die Eigenart der Verbrennungskraftmaschine bringt es mit sich, daß die Verhältnisse in bezug auf die Drehzahl der Kurbelwelle der Verbrennungskraftmaschine und die der Treibräder sehr ungünstig liegen und man gezwungen ist, zwischen Motor und Treibachsen eine Anzahl von Vorlegewellen einzuschalten, über welche dann die vom Motor entwickelte Kraft durch Zahnräder und Ketten auf die Treibräder übertragen wird. Da nun 3—4 Zahnradvorgelege notwendig werden, so ist mit ziemlich erheblichen Reibungsverlusten, die 12—20% und mehr ausmachen können, zu rechnen. Für die Leistung einer Motorlokomotive kann mithin die Anzahl der Pferdestärken nicht bestimmend sein, und kann als einzig richtiger Maßstab nur die tatsächlich am Zughaken der Lokomotive erzeugte Zugkraft gelten.

In früheren Zeiten waren die Zahnradvorgelege oft vielfach Grund von Klagen, da sie sich rasch abnützten und erneuert werden mußten, oft auch Zahnbrüche eintraten. Heute werden die Vorgelege der Motorlokomotiven ebenso wie die im Automobilbau gebräuchlichen Vorgelege in tadelloser Ausführung hergestellt, so daß diesbezüglich in den seltensten Fällen Betriebsstörungen eintreten.

Im nachstehenden sollen einige Motorlokomotiven führender Firmen näher beschrieben werden.

1. Motorlokomotiven der Gasmotorenfabrik Deutz.

Die Gasmotorenfabrik Deutz, Köln-Deutz, welche über 4000 Motorlokomotiven bereits abgeliefert hat, baut Feldbahn-, Gruben- und Rangierlokomotiven normal bis 70 PS.

Fig. 171.

Fig. 171 zeigt die normale Deutzer Feldbahnlokomotive, wie sie für Feld-, Wald- und Industriebahnen zur Verwendung kommt. Konstruktiv ist diese Lokomotive genau so durchgebildet wie die Deutzer Grubenlokomotiven

Fig. 172. Für den Betrieb der Lokomotiven eignet sich außer Benzin, Benzol und Spiritus auch Rohbenzol, Petroleum, Autin usw.

Fig. 172.

Der Brennstoffverbrauch dieser Lokomotiven für die PS/st bei Dauerleistung unter normalen Verhältnissen wird von der Firma wie folgt angegeben:

bei Benzol- oder Rohbenzolbetrieb	rund	0,25 kg,
, Benzin- oder Schwerbenzinbetrieb	,,	0,3 ,,
,, Spiritus- oder Petroleumbetrieb	,,	0,38 ,,
,, Autinbetrieb	,,	0,25 ,,

In Tabelle XIV, Seite 108, sind die Hauptdaten der Deutzer Feld- und Grubenlokomotiven angeführt.

Was die allgemeine Anordnung betrifft, so bestehen die Deutzer Lokomotiven im wesentlichen aus dem Untergestell, dem Motor und dem Triebwerk. Auf dem federnd auf den Laufachsen ruhenden Rahmen ist ein ein- oder mehrzylindriger Motor gelagert, dessen Kraft durch ein neben oder hinter demselben angeordnetes Triebwerk auf die Laufachsen übertragen wird. Um den Motor und das Triebwerk ist ein solider, mit dicht schließenden Türen versehener Eisenblechmantel angeordnet, welcher die Maschinenteile gegen Staub und Feuchtigkeit schützt. Der Untergestellrahmen ist aus Blechträgern mit Winkeleisenversteifung hergestellt. Jede Lokomotive ist mit einer Bremse, mit einer Sandstreuvorrichtung, ferner mit einer Signalglocke und den nötigen Laternen ausgerüstet.

Die Kraftübertragung vom Motor auf die Triebachse erfolgt durch Zahnräder, bei älteren Ausführungen durch Zahn- und Kettengetriebe. Die Laufachsen werden im allgemeinen durch eine Kuppelkette oder aber auch durch Kuppelstangen verbunden. Die Kuppelstangen haben den Vorteil

Tabelle XIV.

PS		4—5		7—8		10—12		14—16		20—22		28—32		35—40	60—70
Uebersetzungen		1	2	1	2	1	2	1	2	1	2	1	2	2	2
Gebräuchliche Fördergeschwindigkeit	km/st	5—7,2	4—10	5—7,2	4—10	5—7,2	4—12	5—7,2	4—12	5—7,2	4—12	5—7,2	5—15	5—15	6—15
Länge einschließlich Puffereisen	mm	2500	2500	3000	3200	3000	3300	3500	3500	3870	3870	3950	3950	4300	5 500
Geringste Breite	„	700	700	720	800	800	800	800	800	875	875	935	935	1100	1 650
Normale Höhe ohne Dach	„	1200	1200	1300	1400	1400	1400	1400	1600	1600	1700	1700	1700	1800	2 100
Normale Höhe mit Führerschutzgehäuse	„	1600	1600	1800	1800	1850	1850	1950	1950	2000	2000	2000	2000	2250	2 500
Geringste Spur	„	350	350	350	350	350	350	420	420	450	450	500	500	500	600
Dienstgewicht	kg	2000	2150	3200	3400	3800	4000	5000	5200	6000	6100	7000	7400	9500	12 500

In der Tabelle XV sind die Zuglasten (in Tonnen) der Deutzer Schmalspurlokomotiven, und zwar für Steigungen von 0—10% und 4—12 km/st Fahrgeschwindigkeit, unter Zugrundelegung eines Fahrwiderstandes von 12 kg pro Tonne Zuggewicht auf gerader ebener Strecke, eingetragen. Diese Lasten gelten für Benzolbetrieb. Bei Benzinbetrieb sind die Lasten um zirka 10% geringer.

Tabelle XV.

		5 PS									7 PS									10 PS								
	km	4	5	6	7	8	9	10	11	12	4	5	6	7	8	9	10	11	12	4	5	6	7	8	9	10	11	12
0%	1 : ∞	23	17	15	11	9	8	7	6	5,5	32	25	20	16	13	11	9,5	8,5	7,5	50	38	32	25	21	18	16	14	12
1%	1 : 100	11	9	7	5	4	3,4	3	2,5	2	16	12	10	7,3	6,3	4,6	4	3,4	3	25	19	16	12	10	8	6,5	6	5
2%	1 : 50	7	5	4,5	2,7	2	1,7	1,3	1	0,8	10	7	6	4,1	3,4	2,2	1,7	1,4	1	16	12	10	7	6	4	3,5	3	2
3%	1 : 33	5	3,5	2,8	1,6	1	0,8	0,5	0,3	—	7	4,7	3,7	2,4	2	1	0,5	—	—	11	8	7	4,5	3,5	2	1,3	1	0,7
4%	1 : 25	3,5	2,5	2	0,9	0,5	—	—	—	—	5	3,2	2,5	1,4	1	—	—	—	—	8,5	6	4,6	3	2	1	0,4	—	—
5%	1 : 20	3	1,7	1,2	0,4	—	—	—	—	—	3,6	2,2	1,5	0,6	—	—	—	—	—	6,5	4	3	1,8	1,2	0,2	—	—	—
6%	1 : 16,6	2	1,2	0,8	—	—	—	—	—	—	2,7	1,5	0,5	—	—	—	—	—	—	5	3	2,2	1	0,4	—	—	—	—
7%	1 : 14	1,5	0,8	0,5	—	—	—	—	—	—	2	1	—	—	—	—	—	—	—	4	2,2	1,5	0,4	—	—	—	—	—
8%	1 : 12,5	1	0,5	—	—	—	—	—	—	—	1,4	0,5	—	—	—	—	—	—	—	3	1,5	0,9	—	—	—	—	—	—
9%	1 : 11	0,5	—	—	—	—	—	—	—	—	0,6	—	—	—	—	—	—	—	—	2,5	1	0,4	—	—	—	—	—	—
10%	1 : 10	—	—	—	—	—	—	—	—	—	0,4	—	—	—	—	—	—	—	—	1,8	0,5	—	—	—	—	—	—	—

Tabelle XV (Fortsetzung).

km	14 PS 4	5	6	7	8	9	10	11	12
0% 1 : ∞	68	52	44	35	28	25	22	19	17
1% 1 : 100	35	27	23	17	15	11	10	8,5	7
2% 1 : 50	23	17	14	10	9	6	5	4	3,5
3% 1 : 33	16	12	10	6,5	5,5	4	2,6	2	1,5
4% 1 : 25	12	8,5	7	4	3	2	1	0,8	0,2
5% 1 : 20	9,5	6,5	5	3	2	1	0,2	—	—
6% 1 : 16,6	7	5	3,5	1,7	1	—	—	—	—
7% 1 : 14	6	3,5	2,5	1	0,4	—	—	—	—
8% 1 : 12,5	4,5	2,5	1,5	0,5	—	—	—	—	—
9% 1 : 11	3,5	2	1	0,2	—	—	—	—	—
10% 1 : 10	3	1,5	0,5	—	—	—	—	—	—

km	22 PS 4	5	6	7	8	9	10	11	12
0% 1 : ∞	100	81	68	56	43	37	32	30	25
1% 1 : 100	52	39	34	27	21	18	15	14	11
2% 1 : 50	34	26	22	17	12	10	8	7	6
3% 1 : 33	25	18	15	11	8,1	6,5	5	4	3
4% 1 : 25	18	13	11	8	5,4	4	3	2	1
5% 1 : 20	15	10	8,5	6	3,5	2	1	0,5	—
6% 1 : 16,6	12	8	6,5	4	2,2	1	—	—	—
7% 1 : 14	10	6,5	5	3	1,2	—	—	—	—
8% 1 : 12,5	8	5	3,5	1,5	0,4	—	—	—	—
9% 1 : 11	6,5	3,5	2,5	0,5	—	—	—	—	—
10% 1 : 10	5,5	2,5	1,5	—	—	—	—	—	—

km	30 PS 4	5	6	7	8	9	10	11	12
0% 1 : ∞	140	108	94	74	61	53	46	43	38
1% 1 : 100	73	56	50	37	30	25	22	20	18
2% 1 : 50	50	36	31	23	18	15	13	11	10
3% 1 : 33	35	26	21	16	12	10	8	7	5,5
4% 1 : 25	27	20	16	11	8	6,5	5	4	3
5% 1 : 20	21	15	12	8,5	6	4	3	2	1,3
6% 1 : 16,6	17	12	9,5	6	4	2,5	2	1	—
7% 1 : 14	14	9,5	7	4,5	2,5	1,5	0,7	—	—
8% 1 : 12,5	12	7,5	6	3	1,5	0,3	—	—	—
9% 1 : 11	10	6	4,5	2	0,5	—	—	—	—
10% 1 : 10	8,5	5	3	1	—	—	—	—	—

m	35 PS 4	5	6	7	8	9	10	11	12
0% 1 : ∞	168	130	112	90	72	62	54	50	45
1% 1 : 100	90	66	57	43	35	30	25	23	20
2% 1 : 50	60	42	36	27	21	17	14	12	10
3% 1 : 33	40	30	25	18	13	10	9	7	5,6
4% 1 : 25	31	22	18	12	9	7	5	4	2,5
5% 1 : 20	24	17	14	9	6	4	2,5	1,6	—
6% 1 : 16,6	20	13	10	6,5	3,5	2	0,7		
7% 1 : 14	16	10	8	4,5	2	0,5	—	—	—
8% 1 : 12,5	13	8	6	2,7	0,6	—	—	—	—
9% 1 : 11	11	6,5	4,5	1	—	—	—	—	—
10% 1 : 10	9	5	3	—	—	—	—	—	—

der geringeren Abnützung, dagegen ist die Beweglichkeit in den Kurven nicht so groß wie bei Ketten. Bei drei- und vierachsigen Lokomotiven werden die Achsen immer durch Kuppelstangen verbunden. Je nach den Verhältnissen und dem Verwendungszweck wird die Lokomotive mit einer, mit zwei oder mit mehr Uebersetzungen im Triebwerk ausgeführt, wobei mit den entsprechenden Geschwindigkeiten sowohl vor- als auch rückwärts gefahren werden kann. Die Lokomotive mit einer Uebersetzung findet hauptsächlich im Grubenbetrieb Verwendung, wo es sich in der Regel um Förderung auf horizontaler, abfallender oder schwach ansteigender Strecke mit mäßiger Geschwindigkeit handelt (bis zirka 7 km pro Stunde). Die maximale Fahrgeschwindigkeit der Lokomotive kann nicht nur durch die Uebersetzung, sondern auch durch Einwirkung auf den Regulator verringert werden. Die Lokomotiven können Brennstoff für mindestens zwölfstündigen Betrieb mitführen. Der in allen Teilen kräftig ausgeführte Motor zeigt im allgemeinen die Bauart des bekannten Deutzer Viertakt-Stabilmotors.

Wie schon bei den Dampflokomotiven ausgeführt wurde, kann der Fall eintreten, daß ein vorhandenes Gleis für eine zweiachsige Lokomotive zu leicht ist. In diesem Falle benutzt man drei- oder vierachsige Lokomotiven.

Fig. 173 zeigt eine schematische Zeichnung der Deutzer dreiachsigen Motorlokomotive, Fig. 174 dieselbe Maschine in ihrer äußeren Ansicht. Diese

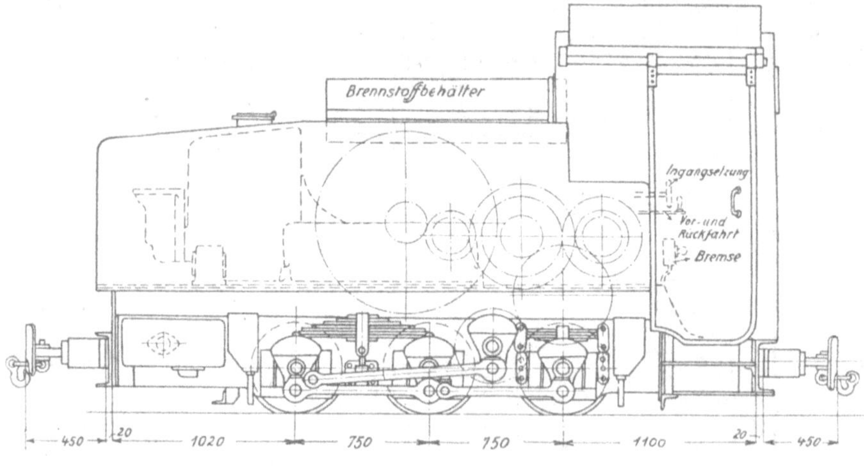

Fig. 173.

Lokomotive wird entweder mit 3 festen Achsen oder mit 2 festen und einer kurvenbeweglichen Endachse ausgeführt. Bei der vierachsigen Deutzer Lokomotive ist die vordere und rückwärtige Achse kurvenbeweglich. Eine derartige kurvenbewegliche Achse ist in Fig. 175 dargestellt. Die eigentliche Achse a steht mit den beiden durch einen Hohlkörper b verbundenen Rädern nur durch ein Kugellager c in Verbindung. Die beiden Räder sind gegen die Achse des Kugellagers zu durch kräftige Spiralfedern abgefedert. Die Drehkraft

Fig. 174.

der Achse wird auf die beiden Räder durch Führungssteine d, die zwischen 2 Schleifplatten e angeordnet sind, übertragen. Die Räder können sich nicht nur in horizontaler, sondern auch in vertikaler Richtung um das Kugel-

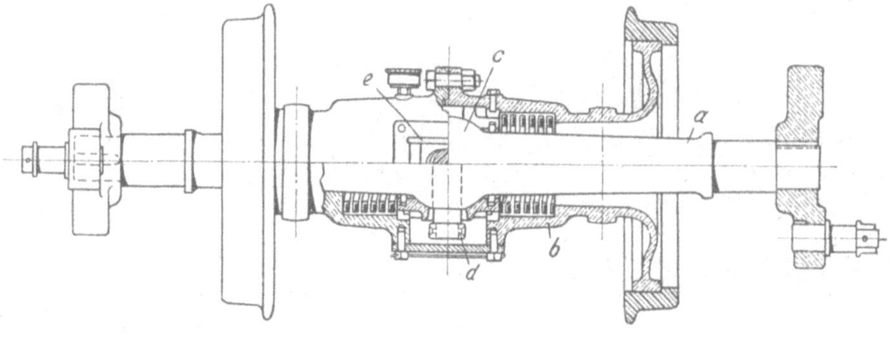

Fig. 175.

lager c bewegen. Damit die Drehung der Radachse in den Kurven zwangläufig erfolgt, sind auf dem Hohlkörper b 2 Bügel f (Fig. 176) angebracht, die durch eine Deichsel g starr verbunden sind. Die Deichsel ist durch ein Kugel-

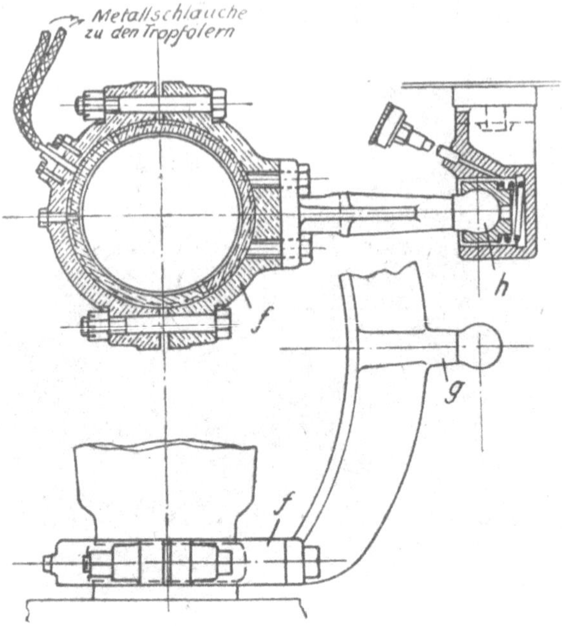

Fig. 176.

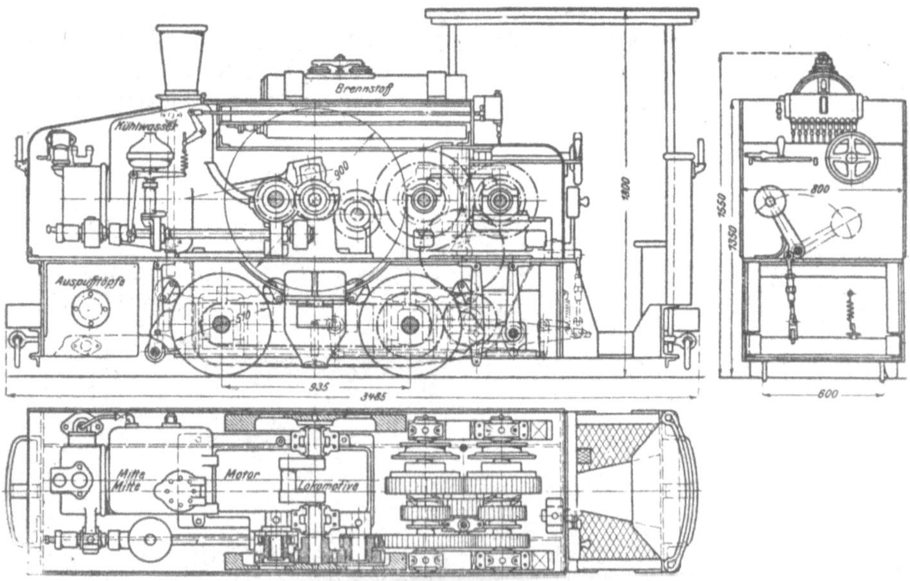

Fig. 177.

gelenk h mit dem Rahmen der Lokomotive verbunden. Die Schmierung der beiden Bügel erfolgt von 2 Tropfölern aus.

Der allgemeine Aufbau der Deutzer Lokomotiven sowohl für Feldbahn- als auch Grubenbetrieb geht aus Fig. 177 hervor. Die Lokomotive ist mit einem Wendegetriebe für Vorwärts- und Rückwärtsfahrt und zwei Geschwindigkeiten in jeder Fahrtrichtung ausgestattet. Fig. 178 zeigt schematisch das Triebwerk mit Kettenübertragung, wie sie früher von der Firma ausgeführt wurde, Fig. 179 dasselbe mit Zahnradübertragung.

Die Uebertragung der Kraft vom Motor A aus erfolgt durch das fest auf der Kurbelachse sitzende Zahnrad R_1 und das lose auf seinem Zapfen drehende Zwischenrad R_2 auf die beiden Räder R_3 und R_4. Diese beiden Räder sitzen lose auf den Wellen B_1 und B_2, die auf der anderen Seite durch die beiden gleich großen und fest aufgekeilten Zahnräder R_5 und R_6 verbunden sind. Wird die eine oder andere Welle durch Einrücken einer der zwangläufig durch den Einrückhebel miteinander verbundenen Reibungskupplungen C_1 oder C_2 angetrieben, so müssen sich beide Wellen mit der dem betreffenden Zahnrad R_3 oder R_4 entsprechenden Umlaufszahl, und zwar in entgegengesetzter Richtung drehen. Ferner ist auf der Welle B_1 und B_2 je ein lose drehendes Kettenrad D_1, D_2 (Fig. 178), welches durch Einrücken der zugehörigen Klauenkupplungen

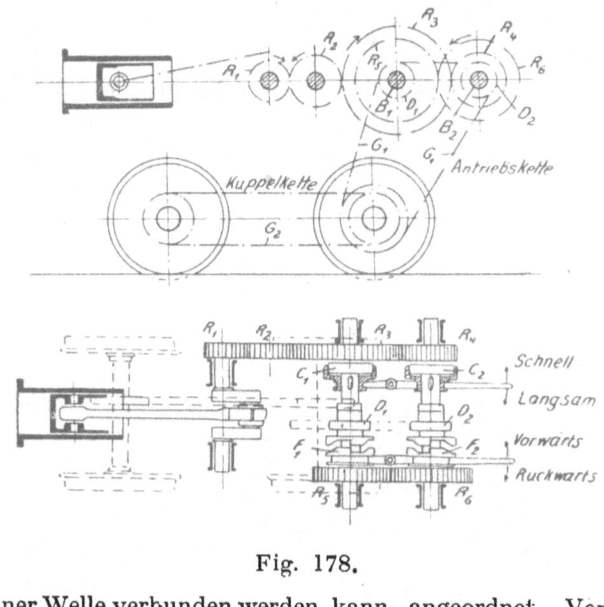

Fig. 178.

F_1, F_2 mit seiner Welle verbunden werden kann, angeordnet. Von den Kettenrädern D_1, D_2 erfolgt der Antrieb der Laufachsen durch die Ketten G_1 und G_2.

Zur Aenderung der Fahrgeschwindigkeit ist es also nur nötig, die Schaltung der Reibungskupplungen zu wechseln. Wird die Kupplung C_1 eingerückt, so läuft die Lokomotive langsam, wird C_2 eingerückt, so läuft die Lokomotive schnell. Zum Wechseln der Fahrrichtung bedient man sich der ebenfalls zwangsläufig miteinander verbundenen Klauenkupplungen F_1 und F_2. **Wird F_1 eingerückt, so fährt die Lokomotive rückwärts, während dieselbe beim Einrücken von F_2 vorwärts fährt.**

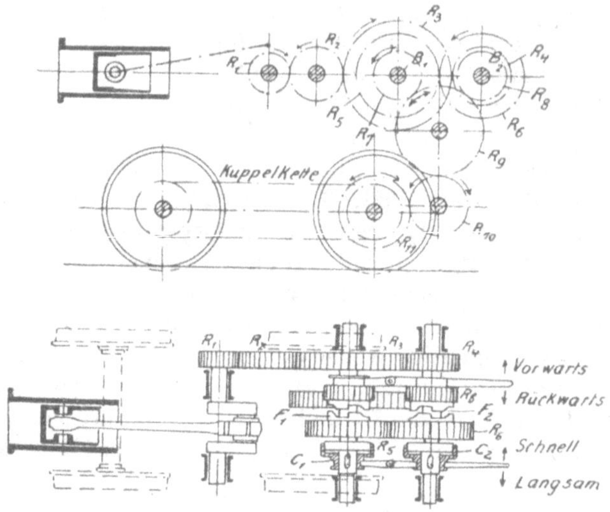

Fig. 179.

Die Kraftübertragung erfolgt somit auf folgendem Wege:

1. Langsam vorwärts: durch R_1 — R_2 — R_3 — C_1 — R_5 — R_6 — F_2 — D_2 und von hier aus durch die Kette auf die Laufachsen.

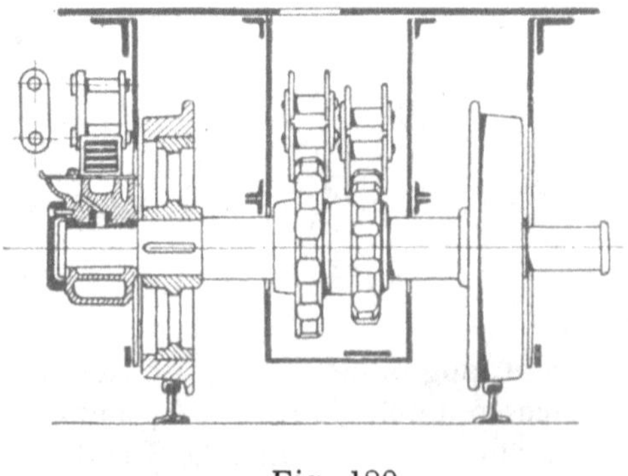

Fig. 180.

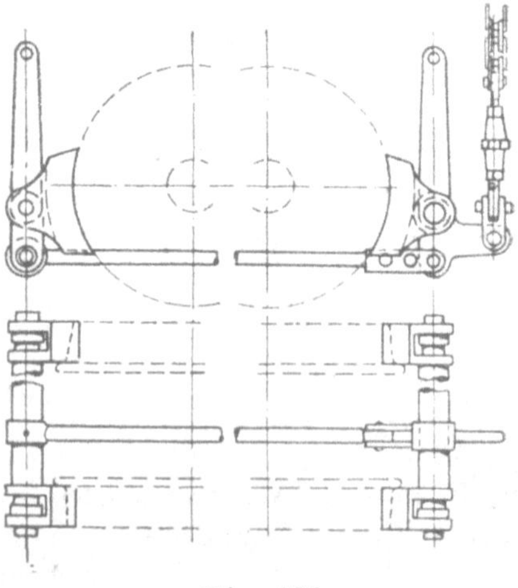

Fig. 181.

2. Schnell vorwärts: durch R_1 — R_2 — R_3 — R_1 — C_2 — F_2 — D_2 und von hier aus durch die Kette auf die Laufachsen.

3. Langsam rückwärts: durch R_1 — R_2 — R_3 — C_1 — F_1 — D_1 und von hier aus durch die Kette auf die Laufachsen.

4. Schnell rückwärts: durch R_1 — R_2 — R_3 — R_4 — C_2 — R_6 — R_5 — F_1 — D_1 und von hier aus durch die Kette auf die Laufachsen.

Bei der Zahnradübertragung erfolgt der Antrieb nach unten durch die Zahnräder R_7 — R_{11} (Fig. 179) anstatt der Kette G_1.

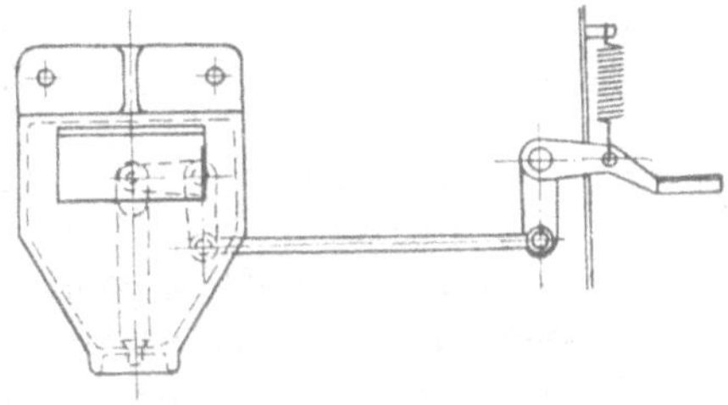

Fig. 182.

Fig. 180 zeigt die Anordnung des Kettenkastens und der Treibachsenlager, Fig. 181 die der Bremse. Die Konstruktion der Sandstreuvorrichtung geht aus Fig. 182 hervor.

2. Deutzer Grubenlokomotiven.

Die Deutzer Grubenlokomotiven, deren Bauart aus Fig. 172 hervorgeht und genau nach den oben besprochenen Prinzipien arbeitet, zeigt einige bemerkenswerte Einrichtungen, durch welche jede Gefahr in Betrieben unter Tage beseitigt wird.

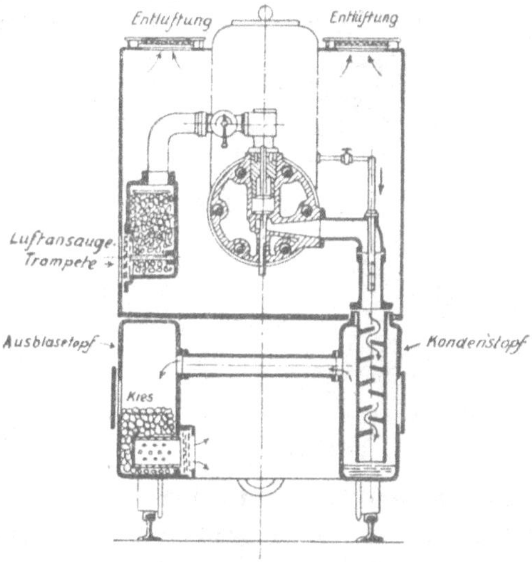

Fig. 183.

In erster Linie ist besonders darauf Wert gelegt, daß jede Feuersgefahr ausgeschlossen ist und die Auspuffgase möglichst kondensiert werden. Die Deutzer Grubenlokomotiven werden auch anstandslos von der Bergbaubehörde selbst in Schlagwettergruben zugelassen. Der Querschnitt durch eine Deutzer Grubenlokomotive (Fig. 183) zeigt die Luftzuführung und Anordnung der Ausblaseleitung. Die Luft tritt durch eine an der Längsseite des Lokomotivkastens angeordnete Luftansaugtrompete ein, die mit fünffachem engmaschigem Drahtgewebe und einer hohen Kiesschicht versehen ist. Die Abgase werden bei ihrem Austritt aus dem Ventilkopf des Motors mit einem kleinen Teil des Kühlwassers gemischt, das bei der Berührung mit den heißen Gasen sofort verdampft. Das Gasdampfgemisch wird durch ein Rippenrohr und durch das am Boden des ersten Kondenstopfes sich ansammelnde Wasser geleitet und auf diese Weise vollkommen kondensiert. Aus dem Kondenstopf strömen dann die abgekühlten Gase durch ein Verbindungsrohr in den zur Hälfte mit Kies gefüllten Ausblasetopf und von hier aus durch die mit Drahtsieben versehene Ausblasetrompete ins Freie. Das Innere des Lokomotivschutzkastens ist entlüftet, wozu an verschiedenen Stellen des Gehäuses kranzförmige, mit Drahtgewebe versehene Entlüftungsvorrichtungen angebracht sind.

Zum Umfüllen des Brennstoffs für Benzin- oder Benzollokomotiven sind bei den Deutzer Grubenlokomotiven besondere Sicherheitsvorrichtungen vorgesehen, die eine Gefahr beim Umfüllen des Brennstoffs vom Brennstofftransportwagen in die Lokomotive gänzlich ausschließen. Damit beim Umfüllen ein Entweichen von Brennstoffdämpfen in den Umfüllraum und ein Ueberlaufen von Brennstoff aus dem Lokomotivbehälter verhindert wird, wird der Transportkessel mit dem Lokomotivbehälter durch 2 Schläuche verbunden, die an dem Kessel fest angebracht sind. Durch den einen über der Pumpe anschließenden Schlauch wird der Brennstoff in den Lokomotivbehälter befördert, durch den anderen Schlauch wird das in diesem Behälter vorhandene Gemisch von Luft und Brennstoffdämpfen in den Transportkessel übergeführt. Falls das Ueberpumpen zu lange fortgesetzt wird, wird auch der überflüssige Brennstoff durch den letzteren Schlauch in den Kessel zurückgeleitet.

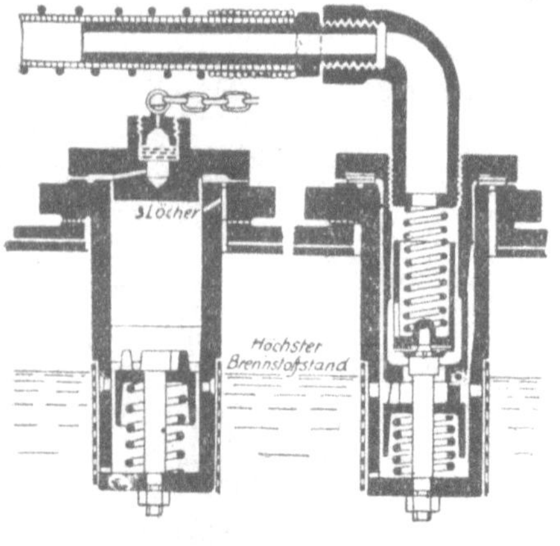

Fig. 184.

Die beiden Verbindungsschläuche tragen an den Enden, die an den Lokomotivbehälter angeschlossen werden, kräftig ausgebildete Ventile, die sich beim Einsetzen in die entsprechenden Oeffnungen des Lokomotivbehälters selbsttätig öffnen und beim Abnehmen selbsttätig schließen. Die Anschlußöffnungen des Lokomotivbehälters, in welche die Schlauchventile eingesetzt werden, sind ebenfalls mit selbsttätig wirkenden Ventilen, sogenannten Rundschiebern, versehen. Diese halten den Behälter stets geschlossen. Nur durch das Einschieben und Niederdrücken der Schlauchventile werden die Rundschieber geöffnet. Zum Schutze der Rundschieber während des Betriebes werden die Anschlußöffnungen durch Schutzkappen, die an kleinen Ketten hängen, abgeschlossen. In Fig. 184 links ist eine der Anschlußöffnungen des Lokomotivbehälters mit dem Rundschieber in geschlossenem Zustande und mit aufgesetzter Schutzkappe dargestellt. Fig. 184 rechts gibt ein Bild der Anschlußöffnung mit eingesetztem Schlauchventil. Rundschieber und Schlauchventil befinden sich hier in geöffnetem Zustande; der Brennstoff kann aus dem Schlauch in den Lokomotivbehälter eintreten. Um die Federn bei der Herstellung der Verbindung ohne Mühe und in hinreichendem Maße zusammen zu drücken und dadurch die Ventile zu öffnen, ist an dem Lokomotivbehälter ein Verschlußbügel angebracht, der über die eingeführten Schlaucheinsätze gelegt und dann mittels einer Schraubenmutter angezogen wird (Fig. 185). Der Bügel dient zugleich zur Befestigung der Schutzkappen, die während des Betriebes der Lokomotive auf den Anschlußöffnungen des Behälters sitzen.

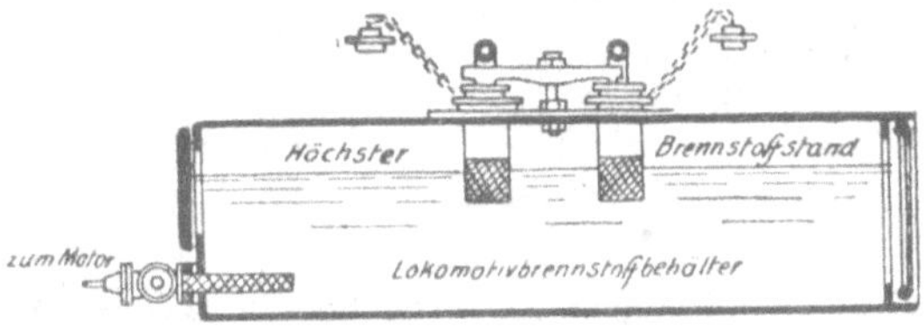

Fig. 185.

Damit sich der Lokomotivbehälter dem Brennstoffverbrauch des Motors entsprechend entleeren kann, sind, wie in Fig. 184 angedeutet, an den beiden Anschlußöffnungen je 3 Löcher vorgesehen. Diese münden in eine ringförmige Aussparung der Schutzkappe, von wo aus eine kleine, im Winkel geführte Bohrung in den fest eingeschraubten, oben offenen Verschlußstopfen führt. Zur Verhinderung eines Flammendurchschlags sind in die beiden Stopfen je 5 Drahtgeflechte eingelegt. Bei dem Umfüllen müssen die Löcher an den Anschlußöffnungen verschlossen werden, da sonst daraus Brennstoffdämpfe in den Umfüllraum entweichen, auch würde bei zu lange fortgesetztem Pumpen Brennstoff daselbst ausfließen. Sie werden daher durch die eingesteckten Schlaucheinsätze überdeckt und abgedichtet (s. Fig. 184 rechts). Es kann nunmehr beim Umfüllen die Flüssigkeit im Lokomotivbehälter nur so hoch steigen, bis die Austrittsöffnung für die Luft in dem Ventil des Luftdruckleitungsschlauches überdeckt ist. Auf diese Weise verbleibt im oberen Teil des Behälters immer ein kleiner Luftraum; darin entsteht bei weiterem Pumpen ein geringer Ueberdruck, der die zuviel übergefüllte Flüssigkeit durch den Rückleitungsschlauch zurücktreibt.

3. Motorlokomotiven der Ruhrthaler Maschinenfabrik.

Ein besonderes Verdienst, für Motorlokomotiven Motoren für schwerflüchtige Brennstoffe, besonders aber den Glühkopfmotor verwendet zu haben, gebührt der Ruhrthaler Maschinenfabrik in Mülheim (Ruhr). Im nachstehenden sollen einige bemerkenswerte Konstruktionen von Motorlokomotiven dieser Firma näher beschrieben werden [1]).

1) Ausführlicheres siehe Schwarz, Neuere Motorlokomotiven, Z. d. V. d. Ing., Jahrg. 1916, Seite 409.

Fig. 186 zeigt eine 40 PS-Lokomotive, von der 2 Stück bei der Oesterreichischen Alpine Montangesellschaft in Steiermark in Verwendung stehen.

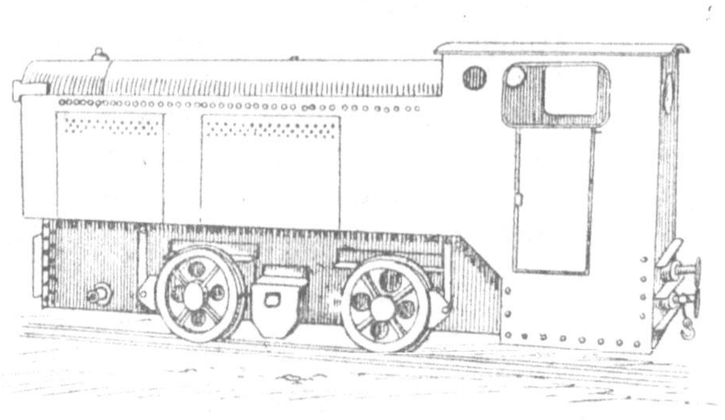

Fig. 186.

Da mit dieser Maschine auch Tunnels durchfahren werden mußten, so ist der Führerstand besonders niedrig. Die Lokomotiven sind mit 2 Uebersetzungen, für 6 und 12 km/st Geschwindigkeit, ausgerüstet. Die Drehzahl des Benzolmotors hat 280 pro Minute. Der Vergaser dieses Motors ist in Fig. 187

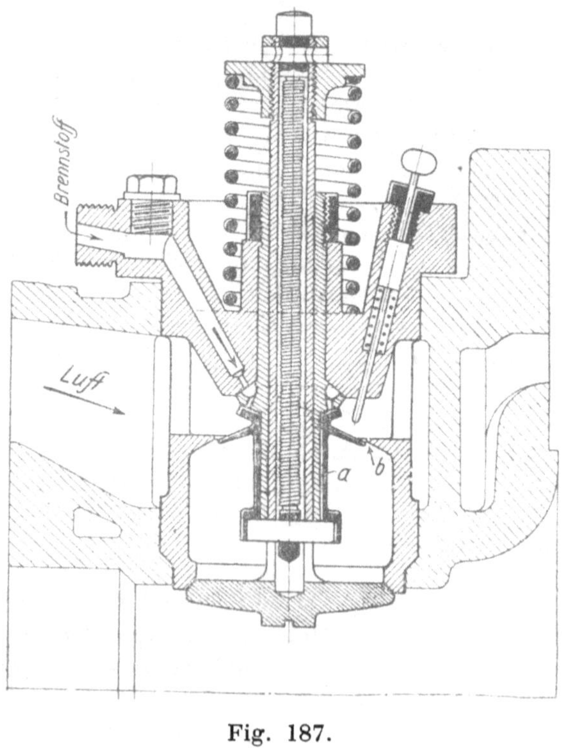

Fig. 187.

im Schnitt dargestellt. Das selbsttätige, schirmartig ausgebildete Ventil a läßt den Brennstoff eintreten, wobei in der Verengung b eine innige Mischung der Luft mit dem Brennstoff erreicht wird.

Da der Zahnradantrieb nicht jene Elastizität aufweist, wie dies beim Kettenantrieb der Fall ist, so bildet bei dem ersteren die Ruhrthaler Maschinenfabrik das Hauptübertragungsrad nach Fig. 188 als Federrad aus.

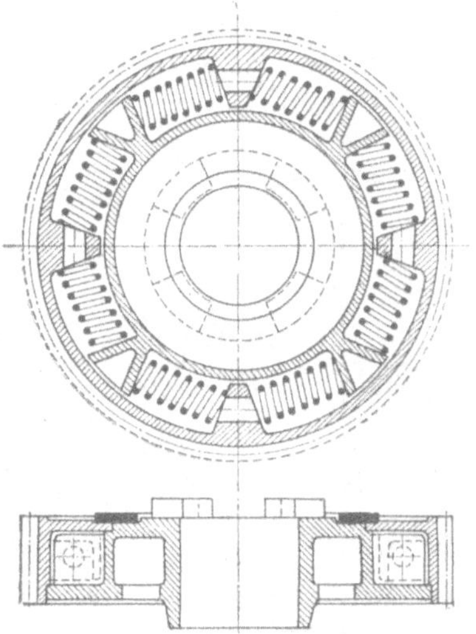

Fig 188.

Die in Fig. 189 abgebildete 100 PS-Lokomotive ist die größte bisher für den Feldbahnbetrieb gebaute Maschine. Die Konstruktion dieser Lokomotive geht aus Fig. 190 hervor. Sie ist $^3/_3$-gekuppelt und hat 4 Geschwindigkeiten bis zu 32 km/st. Der zweizylindrige 110 PS-Benzolmotor arbeitet nur etwa 2 Minuten mit diesem Brennstoff und wird nach dieser Zeit auf Petroleum umgeschaltet. Bei Volleistung mit Petroleum wird eine geringe Menge Wasser den Petroleumdämpfen zugesetzt. Das Anlassen erfolgt mittels Druckluft. Das Gemisch wird auch hier im Einlaßventil ohne äußeren Vergaser erzeugt. Fig. 191, zeigt die Anordnung der Ventile. Um eine einwandfreie Vergasung des Petroleums zu erzielen, ist der Ventilkegel nach dem Zylinderinnern hin mit einem Heizmantel versehen.

Fig. 189.

Als Kühlung ist eine Verdampferkühlung, die sich bei Petroleum sehr gut bewährt hat, vorgesehen.

Einen sehr sparsamen Wasserverbrauch zeigt auch die Einrichtung, wie sie bei der in Fig. 192 dargestellten Lokomotive vorgesehen ist. Bei diesen Lokomotiven, von denen mehrere in tropischem Klima arbeiten, ist der Wasser-

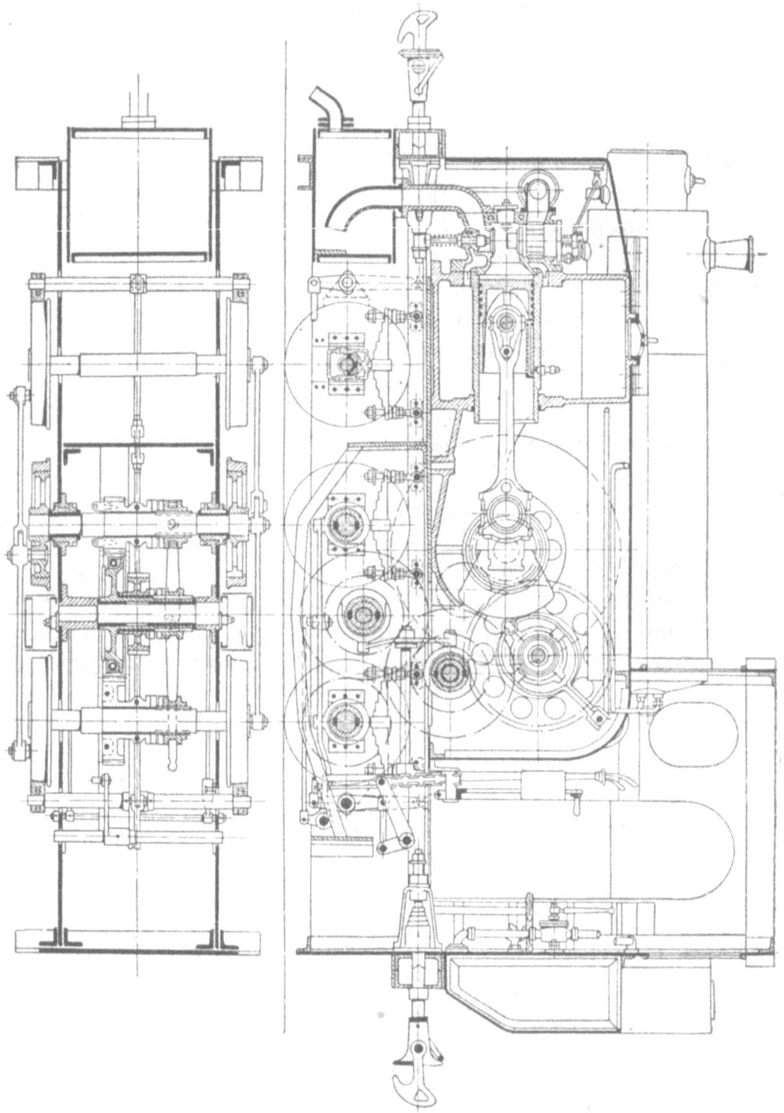

Fig. 190.

kasten mit ungefähr 40 Kühlrohren aus Messing versehen. Die vom Motor angesaugte Frischluft wird durch die Röhren hindurchgesaugt, so daß einerseits eine starke Kühlung des Wassers, andererseits eine Vorwärmung der Verbrennungsluft erfolgt.

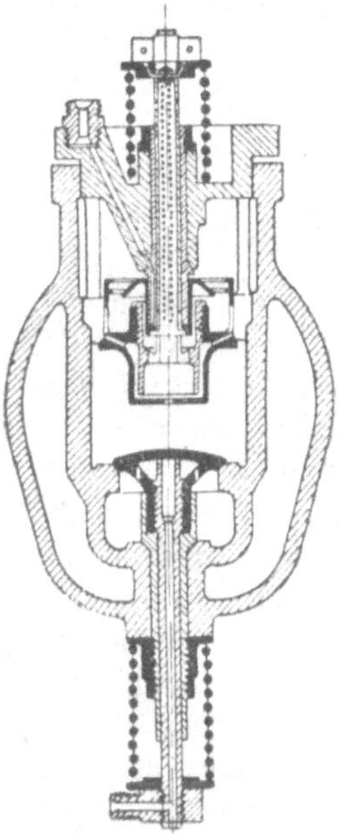

Fig. 191.

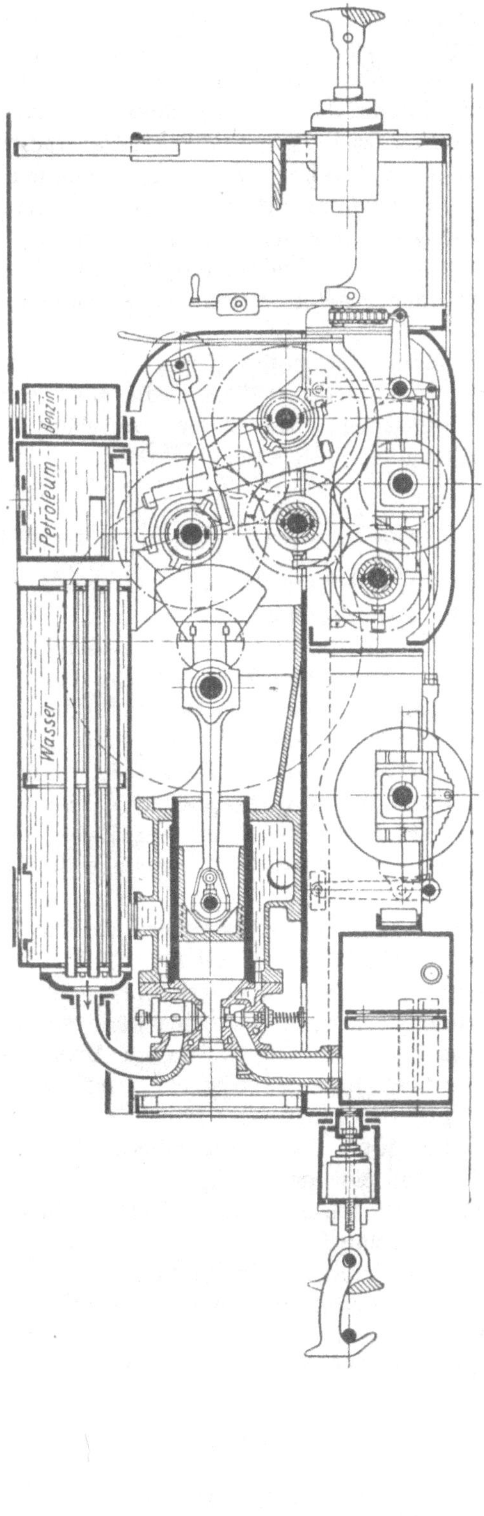

Fig. 192.

Eine besonders bemerkenswerte Lokomotive zeigt Fig. 193, bei der ein Rohölmotor eingebaut ist. Der stehende zweizylindrige Glühkopfmotor leistet normal 30 PS. Um eine stets betriebsbereite Maschine zu haben, wird der Motor mit Benzin angelassen und sobald die Glühköpfe genügend warm sind, wir auf Rohöl umgeschaltet. Das Getriebe besteht aus einem Kegelradgetriebe, zwei Reib- und zwei Fahrradkupplungen. Die Laufachsen sind untereinander durch Gelenkketten verbunden. Zum Anlassen des Motors dient die von einem ausrückbaren kleinen Kompresser erzeugte Druckluft, die in einer Stahlflasche bis 30 Atm. verdichtet wird. Die Geschwindigkeiten der Lokomotive sind 6 und 12 km/st. Da nur auf der Verwendungsstrecke 7 kg/m wiegende Schienen vorhanden waren, mußten 4 Laufräder vorgesehen werden.

Die neueren Lokomotivmotoren der Ruhrthaler Maschinenfabrik für Rohölbetrieb sind liegende Typen, die statt der bekannten Kurbelkastenspülpumpe mit einem Stufenkolben versehen sind, dessen Ringraum einen Ueberschuß von Spülluft erzeugt.

4. Oberurseler Feldbahn-Lokomotiven,

Zu den führenden Firmen, die sich mit dem Bau von Motorlokomotiven befassen zählt auch die Motorenfabrik Oberursel A.-G. in Oberursel bei Frankfurt a. M. Die genannte Firma, welche seit 20 Jahren den Bau von Motorlokomotiven betreibt, befaßte sich anfänglich mit dem Bau von Feldbahn-Lokomotiven, welche für Ziegeleien, Tongruben und sonstige Fabrik-Betriebe Verwendung fanden. Als jedoch später im Bergbau der seiner Zeit angewandte Hand- oder Pferdebetrieb als nicht mehr rentabel angesehen wurde und das Verlangen nach einer geeigneten maschinellen Förderung auftrat, führte die Firma mit Erfolg die Gruben-Lokomotiven ein. Später wurde dann in größerem Maßstabe die Herstellung von Rangier-Lokomotiven durchgeführt.

Gebaut werden die Oberurseler Feldbahn-Lokomotiven gewöhnlich in zweiachsiger Ausführung, bei welcher die Laufachsen entweder mit Kuppelstangen oder mit einer Kette verkuppelt sind. Für leichte Gleise, die einen großen Achsendruck nicht vertragen können, führt die Firma die Lokomotiven dreiachsig und zwar mit 3 festen Achsen oder mit 2 Laufachsen und einer kurvenbeweglichen Vorderachse aus, wobei sämtliche Achsen durch Kuppelstangen verkuppelt sind.

Fig. 194 zeigt eine zweiachsige Oberurseler Feldbahn-Lokomotive schmaler Bauart, Fig. 195 eine dreiachsige Militär-Feldbahn-Lokomotive mit kurvenbeweglicher Vorderachse „System Klien-Lindner“. Für Gruben-Lokomotiven werden fast ausschließlich mit zwei Achsen ausgeführt. Da diese Lokomotiven meist enge Stollen zu durchfahren haben, werden die Oberurseler Gruben-Lokomotiven stets mit Kettenantrieb ausgeführt, weil hierbei eine schmale Bauart und ein leichtes Durchfahren von Kurven mit kleinem Radius erreicht wird. Fig. 196 zeigt eine Gruben-Lokomotive, schmaler Bauart mit

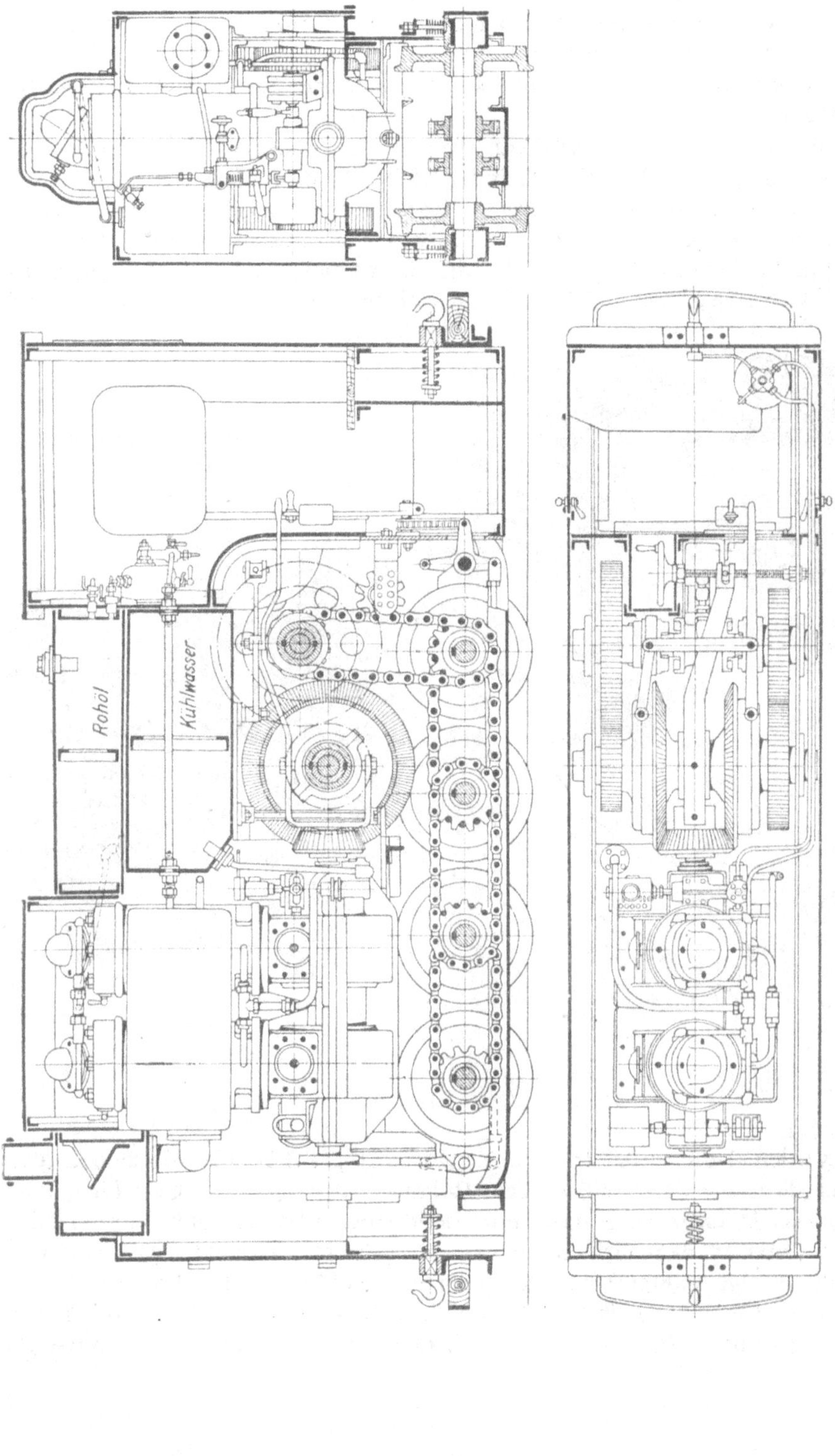

Fig. 193.

Kettenantrieb. Bei den Oberurseler-Normalspur-Lokomotiven, welche selten Kurven von weniger als 150 m Radius zu durchfahren haben, werden die Achsen ausschließlich durch Kuppelstangen verkuppelt, weil hierbei die schmale Bauweise nicht in Frage kommt sondern ein größeres Breitenmaß zulässig ist.

Die Lokomotive besteht im wesentlichen aus 4 Hauptteilen. 1. dem Lokomotivrahmen, 2. dem Getriebe, 3. dem Motor, 4. die Umhüllung. Der Rahmen, welcher als Kastenrahmen ausgebildet ist, besteht aus durchgehenden Längsrahmen, 2 Stirn- und 2 Zwischenwänden. Diese sind mit kräftigen Eck- und Längswinkeln vernietet. Auf dem Rahmen ist eine Blech-Decke aufgenietet, die derselben eine weitere Stabilität gibt.

Fig. 194.

Der vordere Rahmenteil trägt einen Auspufftopf. Für die Abkühlung desselben dient die durch die seitliche Rahmen-Oeffnung eintretende Luft. Der Motor ist in liegender Bauart mit tiefliegenden Schwerpunkten ausgeführt und arbeitet in dem bekannten und altbewährten Viertakt. Die Ladungsbildung erfolgt während der Saugperiode in der Weise, daß bei dem zwangläufigen Oeffnen des Luft-Einlaßventils dem Motor flüssiger Brennstoff in genau abgegrenzter Menge durch eine Brause in dem eingesaugten Luftstrom zerstäubt und zugeführt wird. Die gesamte Steuerung sowie alle beweglichen Teile des Motors werden zwangläufig betätigt.

Die Geschwindigkeits-Regulierung erfolgt durch Veränderung der Zylinderfüllung, indem durch einen Federregler beeinflußt, dem Motor verschiedene Ladungsmengen von stets gleichbleibender Zusammensetzung, entsprechend der vom Motor abzugebenden Kraft, zugeführt und zur Zündung gebracht werden. Für die vollkommene Verbrennung bürgt eine

Fig. 195.

patentamtlich geschützte Steuerung der Gemisch-Einlaßventile. Die Zündung der Zylinderladung erfolgt im Innern des Verbrennungsraumes durch einen im geeigneten Moment vom Motor selbst angetriebenen Magnetapparat erzeugten elektrischen Funken. Der Zündkabeldraht ist gut isoliert und am Zündflansch des Motors durch das flanschenförmige Ende mittelst einer Mutter befestigt, sodaß Kurzschluß nicht entstehen kann. Der Einspritzkaburator ist mit einer Ueberlauf-Leitung versehen, welche einem eventuellen Fortlaufen von überflüssigem Brennstoff auf die Plattform bzw. im Innern der Lokomotive vorbeugt.

Bei dem G e t r i e b e ist der größte Wert darauf gelegt worden, die Kraftübertragungsräder vom Motor direkt nach der hinteren bzw. mittleren Laufachse bewirken zu lassen, je nachdem die Lokomotive als zwei- oder dreiachsige Ausführung gebaut wird. Die gesamte Kraftübertragung ist in einem für sich abgeschlossenen und ein Ganzes bildenden Getriebebockes untergebracht. Die weitere Uebertragung von Laufachse zu Laufachse, erfolgt wie bereits erwähnt, je nach Ausführung mittelst Kette oder Kuppelstangen. Das Uebertragungsgetriebe enthält gleichzeitig sämtliche Organe, welche zur Umkehr der Fahrtrichtung, zur Betätigung der Bremse und zur Erreichung zweier verschiedener Getriebe-Uebersetzungen erforderlich sind. Die beiden ersten im Getriebebock befindlichen Wellen besitzen Kugellager. Die erste Welle trägt 2 Schraubfederkupplungen, welche durch einen gemeinschaftlichen Einrückhebel wechselseitig nach Belieben ein- und ausgerückt werden können. Die Wirkungsweise dieser für Motorlokomotiven einzig bewährten

Fig. 196.

Kupplung ist bekannt. Bei Lokomotiven mit zwei Getriebeübersetzungen dient die eine Kupplung zur Betätigung des langsamen und die andere für den schnellen Gang. Werden die Lokomotiven mit einer Getriebeübersetzung gebaut, so dient eine der zwei Kupplungen für die Betätigung des Getriebes nach vorwärts die andere nach rückwärts. Die Schraubenfederkupplung wird vom Führerstande aus mittelst Spindelhebel und Welle, wie aus dem Längsschnitt (Fig 197) ersichtlich, betätigt.

Die zweite Welle, welche im Grunde genommen, die erste Vorgelegewelle darstellt, trägt ein Verschubrad, welches dazu dient, die Vor- oder Rückwärtsfahrt bei Lokomotiven mit 2 Geschwindigkeiten einzuschalten. Das

Einrücken der Fahrgeschwindigkeiten geschieht mittels des bekannten Handrades vom Führerstande aus. Bei Rechtsdrehung des Handrades wird die kleine, bei Linksdrehung die große Geschwindigkeit erreicht. Um ein Umschalten von dem Vor- auf den Rückwärtsgang oder umgekehrt während der Fahrt ohne vorherige Ansrückung der Reibungskupplung zu vermeiden, ist an der Stirnseite des Getriebebockes eine automatische Verriegelung angeordnet. Dieselbe wird durch Auf- oder Abwärtsbewegung des Kupplung-Einrückhebels so betätigt, daß hierdurch ein Verriegelungsbolzen in dem segmentförmigen mit einer Vertiefung versehenen Handhebel für den Vor- oder Rückwärtsgang hineingedrückt wird; eine versehentliche Umschaltung kann also während der Fahrt vom Lokomotiv-Führer nicht herbeigeführt

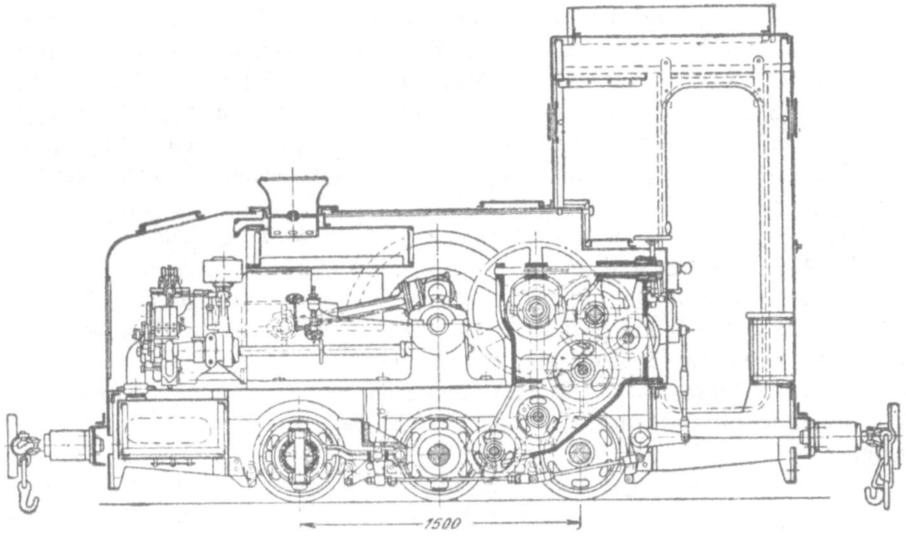

Fig. 197.

werden, derselbe ist stets gezwungen, erst die Reibungskupplung auszurücken und dann erst beim Stillstand der Lokomotive den Vor- oder Rückwärtsgang einzuschalten. Die Bremse wird für gewöhnlich speziell bei Feld- und Gruben-Lokomotiven als sogenannten Spindel-Bremse ausgeführt, welche mittels eines oberhalb des Getriebes befindlichen Handrades betätigt wird. Außerdem wird noch die gebräuchliche Wurfgewichtsbremse angewendet, welche hauptsächlich für Normalspur-Lokomotiven in Frage kommt. Gebremst werden bei allen Lokomotiven stets vier Räder, gleichviel ob die Lokomotive 2 oder 3 Laufachsen besitzt.

Den zum Betriebe für die Lokomotive erforderlichen Brennstoff, führt diese in einem besonderen geschweißten Behälter mit sich.

Die Oberurseler Gruben-Lokomotiven, welche speziell in Schlagwettergruben Verwendung finden, werden mit explosionssicherem Brennstoffbehälter ausgerüstet.

Im nachstehenden sind die Betriebsvorschriften für Motorlokomotiven, wie sie die Deutzer Motorenfabrik vorschreibt, auszugsweise wiedergegeben.

5. Betriebsvorschriften für Motorenlokomotiven.

Schmieren der Lokomotive.

Vor dem Ingangsetzen der Lokomotive sind alle Oeler aufzufüllen, alle Fettbüchsen anzuziehen und sämtliche Reibungsflächen mit einigen Tropfen Oel zu versehen. Zum Schmieren verwende man nur gutes, harzfreies Motorenöl.

Zur automatischen Oelung der Arbeitsflächen von Zylinder und Kolben dient die Zylinderschmierpumpe, die im wesentlichen aus einer kleinen Plungerpumpe besteht, der das Oel tropfenweise aus einem Oeler zufließt. Je nach der Qualität des Oeles gibt man eine größere oder geringere Tropfenzahl pro Minute, die durchschnittlich für die Motoren von 1—25 PS 12—30 Tropfen, entsprechend der Stärke des Motors, beträgt. Die Regulierung der Oelmenge erfolgt durch Einstellen des Tropfenzählers am Oeler. Bei den Tropfölern geschieht die Schmierung durch regelmäßig sich folgende Tropfen, die im Schauglase beobachtet werden können.

Der Absperrhahn des Zentralschmierapparates muß vor jedem Anlassen der Maschine geöffnet und an den Schaugläschen geprüft werden, ob sämtlichen Schmierstellen Oel in der gewünschten Tropfenzahl zuläuft. Ferner hat man die Oeler dadurch in Betrieb zu setzen, daß man die Signalscheibe aufrichtet, in welcher Stellung eine bestimmte Tropfenzahl fällt. Nach jedem Stillsetzen der Maschine ist die Schmierung durch Schließen des Hahnes am Zentralschmierapparat und Umlegen der Signalscheibe am Tropföler abzustellen.

Ein besonderes Augenmerk muß auf die ordnungsgemäße Schmierung des Ausströmventilschaftes, des Regulators, der Schraubenräder, der Laufachsen, der Schraubenfederkupplungen, ferner der Triebwerkzahnräder und der Gallschen Ketten gelegt werden.

Vorbereitung zum Ingangsetzen.

Sind Brennstoff- und Kühlwasserbehälter gefüllt und die Lokomotive geschmiert, so ist zunächst die Ausströmrolle durch den Ausrücker so zu stellen, daß sie sowohl vom Ausström- wie vom Anlaßnocken betätigt wird. Zur leichteren Ingangsetzung des Motors von Hand ist es vorteilhaft, das Schwungrad langsam so lange rückwärts zu drehen, als dies die auftretende Kompression im Zylinder gestattet.

Beim Anlassen des Motors muß die Zündung etwas später eintreten. Um dieses zu erreichen, ist die am Zylinderkopf angebrachte Exzenterscheibe bis zum Anschlag zu stellen. Hat man sich davon überzeugt, daß die Einrückscheiben der Friktionskupplungen in der Mittellage stehen, also ganz ausgerückt sind, so ist der Motor betriebsbereit.

Ingangsetzung des Motors bei Benzin- oder Benzolbetrieb.

Man öffne das Absperrventil am Brennstoffbehälter sowie den Absperrhahn zwischen Schwimmer und Einströmventil und schließt den Lufthahn, durch welchen der Motor die Luft in den Zylinder saugt, bis zum Anschlag. Hierauf drehe man das Schwungrad mit der Anlaßkurbel möglichst schnell um. Nach Eintritt der ersten Zündungen ziehe man die Ausströmrolle vermittels des Hebels in diejenige Lage, in welche sie nur noch über einen Nocken läuft, und öffne dann den Lufthahn langsam, der Geschwindigkeitszunahme der Maschine entsprechend. Geht man mit dem Oeffnen des Lufthahnes zu rasch vor, so knallt der Motor oder es bleiben Zündungen aus. In diesem Falle schließt man den Hahn wieder und geht mit dem Oeffnen etwas langsamer vor. Ist der Motor im Gang, so wird die Exzenterscheibe am Zylinderkopf bis zum Anschlage in die normale Stellung zurückgedreht. Die Zündungen erfolgen dann, der normalen Drehzahl des Motors entsprechend, etwas früher. Hat der Motor seine normale Drehzahl erreicht, dann öffne man den Wasserhahn in der Kondensleitung, wodurch ein geringer Teil des Kühlwassers zur Kondensation der Auspuffgase nach den Ausblasetöpfen geleitet wird.

Ingangsetzen des Motors bei Spiritus und Petroleumbetrieb.

Bei Spiritus- oder Petroleumbetrieb muß der Motor zunächst mit Benzin in Betrieb gesetzt werden, bis der Motor ordentlich durchwärmt ist. Falls zum Anlassen kein Benzin erhältlich ist, wird der Mischraum mit einer gewöhnlichen Spirituslampe von außen erwärmt und dann der Motor direkt mit Spiritus oder Petroleum in Gang gesetzt.

Uebergang auf einen anderen Brennstoff.

Man achte darauf, daß das dem jeweiligen Brennstoff entsprechende Zwischenstück in die Pleuelstange eingebaut ist. Das Zwischenstück trägt den Namen des Brennstoffes aufgeschlagen. Ferner ist in das Brausegehäuse die dem jeweiligen Brennstoff entsprechende Diaphragmascheibe einzusetzen. Dieselbe trägt gleichfalls den Namen des Brennstoffes.

Ingangsetzen der Lokomotive.

Bei den Lokomotiven mit nur einer Uebersetzung dient die durch Handrad bewegte Friktionskupplung zum Ingangsetzen und zum Einstellen der Vorwärts- oder Rückwärtsfahrt, so daß man, um vorwärts oder rückwärts anzufahren, die Friktionskupplung durch Rechts- oder Linkumdrehung des Handrades nur nach der einen oder anderen Richtung einzuschalten hat.

Bei den Lokomotiven mit 2 Uebersetzungen dient die durch Handrad bewegte Friktionskupplung zum Ingangsetzen und zum Einstellen der einen oder der anderen Fahrgeschwindigkeit, während zur Vorwärts- oder Rückwärtsfahrt ein besonderer Umschalthebel vorhanden ist, der auf die zu diesem Zweck eingebauten Klauenkupplungen einwirkt.

Zunächst überzeuge man sich, ob der Umschalthebel auf diejenige Fahrrichtung („Vorwärts“ oder „Rückwärts“) eingestellt ist, in der man fahren will. Ist dies der Fall, so schalte man durch Drehen des Handrades die Friktionskupplung auf langsamen Gang ein, wodurch sich die Lokomotive in Bewegung setzt. Im anderen Falle muß der Umsteuerhebel umgelegt werden, was aber in den meisten Fällen bei stillstehendem Triebwerk nicht erfolgen kann, da die Klauen des einen Kupplungsteiles für gewöhnlich nicht den Lücken des anderen Kupplungsteiles gegenüberstehen. Man setzt deshalb durch leichtes Einrücken der Reibungskupplung auf langsamen Gang unter gleichzeitigem Druck auf den Umsteuerhebel das Triebwerk so lange in geringe Bewegung, bis die Klauenkupplung einspringt.

Bedienung der Lokomotive während der Fahrt.

Bei den Lokomotiven mit 2 Uebersetzungen ist es vorteilhaft, wenn angängig, stets mit der größeren Geschwindigkeit zu fahren. Nur bei Steigungen und in Kurven muß hin und wieder die Kupplung auf langsamen Gang gestellt werden, um die Zugkraft zu vergrößern. In solchen Fällen wird die Kupplung schon bei Beginn der Steigung oder Kurve ganz ausgeschaltet, und erst, nachdem sich die Fahrgeschwindigkeit mindestens so weit verringert hat, als dem langsamen Gang entspricht, die Kupplung auf langsame Fahrt umgestellt. Will man auf horizontaler Strecke die Geschwindigkeit vermindern, so bediene man sich hierzu des auf den Regulator des Motors einwirkenden Stellhebels bzw. der Regulierstange.

Das zur Kondensation der Ausströmgase verwendete Wasser ist von Zeit zu Zeit zu ergänzen. Beim Gleiten der Räder auf nassen Schienen bediene man sich der Sandstreuvorrichtung.

Stillsetzen der Lokomotive und des Motors.

Zum Anhalten der Lokomotive ist es unbedingt erforderlich, daß erst die Reibungskupplung ausgerückt und dann die Bremse angezogen wird.

Bei kürzeren Stillständen läßt man den Motor laufen und stellt den Regulierhebel auf geringe Drehzahl des Motors. Vor dem Ingangsetzen versäume man nicht, den Motor wieder auf seine Maximal-Drehzahl einzustellen.

Bei längeren Stillständen muß der Motor abgestellt werden, indem man die Brennstoffzufuhr durch Schließen des Hahnes am Schwimmer abstellt. Gleichzeitig hat man sämtliche Oeler abzustellen. Man vergesse nicht, bevor man den Motor stillsetzt, den Wasserhahn in der Kondenzleitung zu schließen, so daß alles Wasser aus den Auspufftöpfen durch den Motor herausgeblasen wird.

Es ist vorteilhaft, den Motor beim Stillsetzen immer in die Stellung zu bringen, welche für das Ingangsetzen vorgeschrieben ist, bei der alle Ventile des Motors geschlossen sind. Ist die Maschine dem Frost ausgesetzt, so muß sämtliches Kühlwasser entleert werden.

Instandhaltung und Reinigung.

Die erste Bedingung guter Instandhaltung ist das regelmäßige Reinigen und Schmieren der arbeitenden Teile. Die Ventile sind häufig zu reinigen, ebenso das Innere des Zylinderkopfes.

Nach mehrmonatlichem Betriebe ist der Kolben zum Zwecke der Reinigung auszubauen; bei Petroleumbetrieb bereits nach mehreren Wochen. Der Kolben ist dann gründlich zu reinigen. Die Kolbenringe müssen sich leicht in ihren Nuten drehen lassen.

Verschiedenes.

Die Löcher im Einspritzrohr der Kondenzleitung sind öfter zu reinigen. Die Pleuelstangendeckelschrauben müssen stets angezogen und gegen Loswerden gesichert werden. Ansaug- und Ausblaseleitung muß öfter gereinigt werden.

c) Druckluftlokomotiven.

Die Idee, Druckluft zum Antrieb von Lokomotiven zu verwenden, ist nicht neu und stammt aus Amerika, woselbst diese Art Lokomotiven im Obertagsbetrieb und ganz besonders im Bergwerksbetrieb Verwendung gefunden haben. Bei Einführung dieses Lokomotivsystems wurde mit verhältnismäßig niedrigen Drücken gearbeitet, so daß die damaligen Druckluftlokomotiven, selbst bei großem Behälterinhalt nur einen geringen Aktionsradius hatten; erst nach und nach ging man dazu über, diesen Nachteil durch Erhöhung des Druckes aufzuheben. Dadurch konnte der Aktionsradius vergrößert und die Behälter entsprechend verkleinert werden.

Das Wesen der Druckluftlokomotive besteht darin, daß die zum Betriebe der Lokomotive notwendige Luft in einem hochverdichteten Zustande (50 bis 130 Atm.) in Reservoiren mitgeführt wird, wobei der Druck der Luft, bevor sie in die Zylinder gelangt, entsprechend durch geeignete Drosselventile reduziert wird. Die hochverdichtete Luft wird in Hochdruckkompressoren erzeugt und in entsprechenden Behältern vorrätig gehalten.

Anfangs wurden die Druckluftlokomotiven als gewöhnliche Zwillingsauspufflokomotiven gebaut, doch konnte dieses System die Erwartungen nicht erfüllen, die hinsichtlich Wirtschaftlichkeit einer maschinellen Förderanlage mittels Druckluftlokomotiven gestellt werden müssen. Aus diesem Grunde ging man zu dem weit wirtschaftlicheren Verbundsystem, wie es heute fast allgemein angewendet wird, über.

Dies geht des näheren aus folgendem hervor:

Bei der Kompression von permanenten Gasen wird Wärme erzeugt. Wird keine Wärme ab- und keine zugeführt, so bezeichnet man diese Zustandsänderung als adiabatische und gilt für dieselbe das potenzierte Mariottesche oder Poissonsche Gesetz

$$\frac{T_2}{T_1} = \left(\frac{v_1}{v_2}\right)^{k-1} = \left(\frac{p_2}{p_1}\right)^{\frac{k-1}{k}}$$

oder

$$p \cdot v^k \text{ bzw. } T \cdot v^{k-1} \text{ oder } \frac{T}{p^{\frac{k-1}{k}}} \text{ konst.}$$

Es bedeutet T die absoluten Temperaturen, v die entsprechenden Volumen in cbm, p die absoluten Drücke in kg/qcm und k die Quotienten aus der spezifischen Wärme bei konstantem Druck (Cp = 0,23751 WE) und bei konstantem Volumen (Cp = 0,16847 WE), mithin

$$k = \frac{0,23751}{0,16847} = 1,41 \text{ konstant ist.}$$

k ist zwar bei höheren Drücken nicht konstant, doch kann hier von diesem Umstande abgesehen werden, da der Fehler nur gering ist.

Mit Hilfe vorstehender Formeln kann man für jede Zustandsänderung die Volumen bzw. die Temperaturen und Drücke berechnen.

Wird die bei der Kompression eines Gases erzeugte Wärme derart abgeführt, daß eine Aenderung der Anfangstemperatur nicht eintritt, so nennt man diese Zustandsänderung die isothermische und gilt für dieselbe das Mariottesche Gesetz $p_1 \cdot v_1 = p_2 \cdot v_2 =$ konst.

Bei den Luftkompressoren wird die erzeugte Wärme nur zum Teile abgeführt, so daß sich die Zustandsänderung zwischen der adiabatischen und isothermischen Zustandsänderung bewegt; sie wird dann als polytropische Zustandsänderung bezeichnet und gilt hierfür die Gleichung $p_1 \cdot v_1^n = p_2 \cdot v_2^n$, bzw.

$$\frac{T_2}{T_1} = \left(\frac{v_1}{v_2}\right)^{n-1} = \left(\frac{p_2}{p_1}\right)^{\frac{n-1}{n}}$$

Für die Untersuchung der Kompressionsarbeit bei den verschiedenen Zustandsänderungen sei trockene Luft vorausgesetzt. Es soll angenommen werden, daß ein bestimmtes Luftquantum in einem Kompressionszylinder auf 8 Atm. (relativ) verdichtet werden soll.

In Fig. 198 sind die theoretischen Diagramme für die verschiedenen Kompressionsarten aufgezeichnet [1]).

Die Fläche A B C D stellt die Arbeit bei adiabatischer, die Fläche A E C D bei isothermischer, die Fläche A F C D die Arbeit bei polytropischer Kompression vor; bei der letzteren beträgt die Temperatur der Luft nach vollzogener Kompression 160 °. Aus Fig. 198 ist ersichtlich, daß die Kompressionsarbeit zur Kompression des in Frage kommenden Luftquantums bei isothermischer Kompression die größte ist, und zwar um die Fläche A E B rund 33%.

Bei der teilweisen Kühlung der Luft liegt die Kompressionsarbeit zwischen den beiden Grenzfällen und nähert sich je nach der Intensität der Kühlung

1) Czermak, Ueber die Wirtschaftlichkeit der diversen Grubenlokomotivförderung mit besonderer Berücksichtigung des Ostrau-Karwiner Revieres. Montanistische Rundschau 1912.

dem einen oder anderen Falle. Wird die Anfangstemperatur der Luft mit 20 ⁰ angenommen, so beträgt die Endtemperatur bei adiabatischer Kompression etwa 281 ⁰. Diese Temperatur ist jedoch unzulässig, da sie den Flammpunkt des Schmieröls übersteigt, so daß Schmierölexplosionen eintreten können. Infolge der hohen Zylinderwandtemperaturen wird auch der volumetrische Wirkungsgrad herabgemindert, so daß die Endtemperatur herabgesetzt werden muß. Dies versuchte man früher durch Einführung von Wasser in den Kompressionszylinder zu erreichen, wobei sich aber verschiedene nachteilige Folgen einstellten. Man mußte also zu anderen Mitteln greifen. Dies sind die Mantel- und Deckelkühlung, die jedoch bei raschlaufenden Kompressoren wenig Ein-

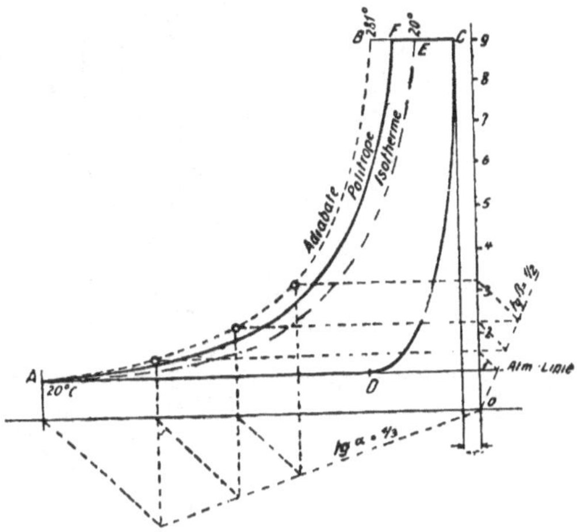

Fig. 198.

fluß auf die Kompressionsvorgänge haben und nur die Temperaturen der Zylinderwandungen herabmindern sollen. Als einzig wirksames Mittel, die Nachteile der hohen Kompressionstemperaturen zu paralysieren, kommt nur die Kompression in mehreren Stufen und Zwischenkühlung in Frage.

Bei adiabatischer Kompression und 20 ⁰ Außentemperatur ergeben sich folgende Endtemperaturen:

p(abs) =	2	3	4	5	6	7	8	9
t =	84,5	131,34	166,5	195,8	231,9	242	263,9	280,77

Wie man sieht, erscheint es nicht mehr ratsam, eine Kompression von 6 Atm. absolut in einer Stufe zu erzeugen. Bei der Verbundanordnung werden die erwähnten Uebelstände beseitigt, und zwar wird bei ihr der Enddruck in zwei oder mehreren Stufen erreicht, wobei die Luft zwischen zwei Stufen intensiv abgekühlt wird.

Allgemein stellt man an jede mehrstufige Kompression die Forderung, daß die in den einzelnen Kompressionsstufen geleisteten Arbeiten und Endtemperaturen gleich sind. Dies bedingt, daß die Kompressionsverhältnisse in allen Stufen gleich sind, d. h.

bei zweistufiger Kompression $= \sqrt{\text{absoluter Enddruck}}$,

bei dreistufiger Kompression $= \sqrt[3]{\text{absoluter Enddruck}}$.

Da die Abkühlung der komprimierten Luft auf die Anfangstemperatur nicht immer möglich ist und im Zwischenkühler Widerstände auftreten werden, so werden sich die Verhältnisse anders gestalten. Es sollen jedoch in vorliegendem Beispiel diese Einflüsse unberücksichtigt bleiben und das Kompressionsverhältnis in beiden Zylindern mit $\sqrt{9} = 3$ angenommen sein. Das Diagramm a c d f (Fig. 199) stellt die Arbeitsleistung bei einer einstufigen

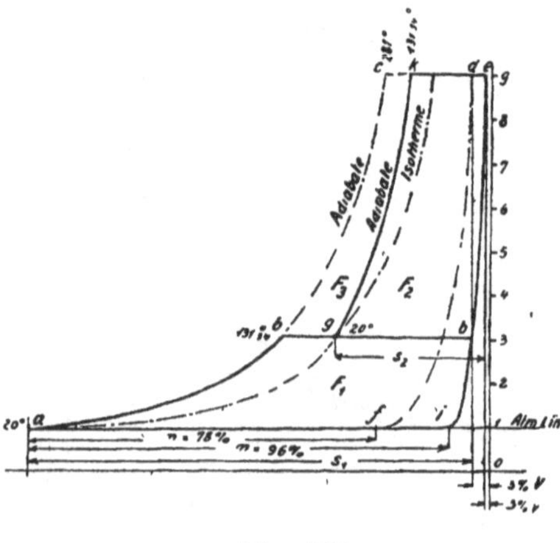

Fig. 199.

adiabatischen Kompression von 0 auf 9 Atm. dar. Der volumetrische Wirkungsgrad ergibt sich mit 78%, wobei der schädliche Raum mit 3% angenommen ist. Bei der zweistufigen Kompression wird die Luft in der ersten Stufe auf 3 Atm. absolut verdichtet. Die Kompressionskurve ist die Adiabate a b, die Endtemperatur 131,34 °, die Arbeitsleistung stellt die Fläche a b h i $= F_1$ dar. Der volumetrische Wirkungsgrad beträgt jetzt 98%. Die Linie b h stellt das im Niederdruck verdichtete Volumen bei 131,34 ° dar. Dieses Volumen wird im Zwischenkühler auf die annähernde Anfangstemperatur rückgekühlt, wobei das Volumen im Verhältnis der absoluten Temperaturen vermindert wird und in Fig. 195 durch die Strecke s_2 dargestellt ist. Die vom Zwischenkühler kommende Luft wird nun im Hochdruckzylinder auf 9 Atm. verdichtet, wobei das Kompressionsverhältnis wieder $\frac{3}{9} = 3$ ist, daher wieder nur die Endtemperatur von 131,34 erreicht wird. Die Isotherme ist durch die Linie a, g, dargestellt, das Hochdruckdiagramm durch die Linie g, k, e, b $= F_2$. Die gesamte Kompressionsarbeit wird somit $F_1 + F_2$ bei einem Wirkungsgrad von 96%. Bei einstufiger Kompression ergibt sich die Kompressionsarbeit aus der Fläche a b c d f jedoch nur bei 78% volumetrischem Wirkungsgrad. Würde jedoch der volumetrische Wirkungsgrad ebenfalls hier 96% betragen, so würde die Kompressionsarbeit durch die Fläche a b c e i $= F_1 + F_2$

$+ F_3$ dargestellt sein. Nachdem die Arbeiten den Flächen proportional sind, so ergibt sich bei der zweistufigen Kompression in vorliegendem Falle eine Ersparnis von 20%. Tatsächlich wird sie aber etwas geringer sein. Man kann mit folgenden Zahlen rechnen:

Bei	9	Atm.	abs.	etwa	17 %
„	8	„	„	„	16 %
„	7	„	„	„	15 %
„	6	„	„	„	13,5%
„	5	„	„	„	11,5%

Gegenüber der einstufigen Kompression hat die mehrstufige Kompression noch den Vorteil, daß die Luft trockener ist.

So wie bei der mehrstufigen Kompression ergeben sich auch bei der mehrstufigen Expansion bei den mit Luft angetriebenen Motoren verschiedene Vorteile. Es sei hier ein praktisches Beispiel aus dem schon erwähnten Artikel von Czermak (s. Fußnote S. 132) angeführt, in welchem es sich um Druckluftlokomotiven handelt, die im Ostrau-Karwiner-Revier in Dienst standen. Der Hochdruckkompressor erzeugte Preßluft von 75 Atm. Beim Füllen des 1,3 cbm großen Behälters der Lokomotive sank die Spannung auf 56 Atm. Die Druckluft tritt unter zweifacher Drosselung mit 10 Atm. (relativ) in den Hochdruckzylinder. Die Zylinder der Verbundlokomotive hatten folgende Abmessungen:

Hochdruckzylinder	115 mm
Niederdruckzylinder	225 mm
gemeinsamer Hub	200 mm

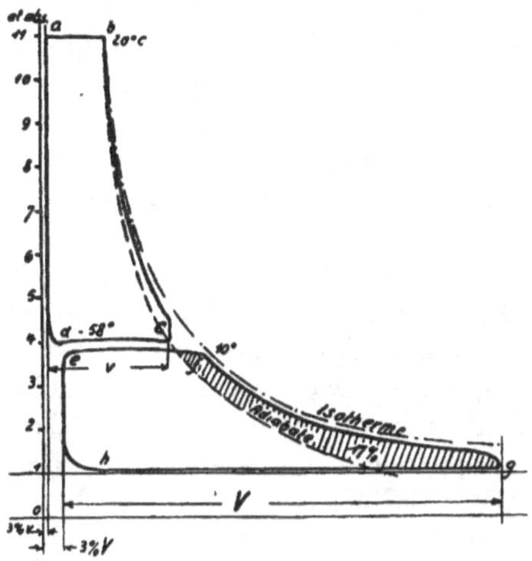

Fig. 200.

Nachdem die Luft aus dem Hochdruckzylinder austritt, gelangt sie vor Eintritt in den Niederdruckzylinder in einen Behälter, wo sie durch geeignete Vorkehrungen angewärmt wird, wobei ihr Volumen sich vergrößert.

Der Vorgang stellt die Umkehrung der mehrstufigen Kompression dar. Die Vorwärmung der Luft erfolgt hier nur durch die Außenluft. Der Hauptvorteil der Verbundanordnung liegt wieder in der größeren Arbeitsleistung bei gleichem Anfangsvolumen und in der höheren Endtemperatur, was bei hohen Drücken wegen der Vereisungsgefahr wichtig ist.

Ueber die Arbeitsvorgänge gibt das Diagramm Fig. 200 näheren Aufschluß. Die Fläche a b c d stellt die Arbeitsleistung des Hochdruckzylinders, die Fläche e f g h die des Niederdruckzylinders dar, wobei a b das einströmende Luftquantum vergegenwärtigt. Die Expansion der Luft im Hochdruckzylinder findet annähernd adiabatisch statt und geht bis zu 4 Atm. herab, wobei sich rechnerisch die Endtemperatur mit 58 ° C bei einer Anfangstemperatur von 20 ° ergibt. Das schließliche Volumen ist durch die Linie c d vergegenwärtigt. Das Luftvolumen gelangt nun in den Vorwärmer, wo es auf eine um etwa 10 ° niedrigere Temperatur als die Außenluft vorgewärmt wird. Das Luftvolumen ist jetzt durch die Linie e f vergegenwärtigt und läßt sich nach der Gleichung

$$v_2 = v_1 \frac{T_2}{T_1}$$

berechnen.

Die im Niederdruckzylinder stattfindende Expansion verlauft gleichfalls nahezu adiabatisch und zwar nach der Linie f g. Die schraffierte Fläche stellt den Arbeitsgewinn dar, der durch die Zwischenvorwärmung gewonnen wird, da bei einstufiger Expansion oder bei einer zweistufigen ohne Zwischenvorwärmung die Expansion nach der strichliert gezeichneten Adiabate verlaufen würde. Wie Versuche ergeben haben, kann dieser Gewinn bis zu 30% betragen. Im vorliegenden Falle beträgt der Gewinn nur 17%, was dadurch bedingt ist, daß durch die Drosselung von 56 Atm. auf 10 Atm. und die nicht genügende Durchwärmung die Eintrittstemperatur der Luft in dem Hochdruckzylinder bedeutend unter der Außentemperatur liegt.

Außer der hier beschriebenen zweistufigen Expansion kommt noch die dreistufige in Anwendung, die sich jedoch aber nur auf längeren Strecken vorteilhaft erweist.

Wie für jede Akkumulatorenlokomotive muß auch für die Druckluftlokomotive gelten, daß jedes einzelne Modell seinem besonderen Verwendungszweck angepaßt werden muß. Eine allgemeine Verwendbarkeit von Druckluftlokomotiven, etwa in der Art wie bei den gewöhnlichen gefeuerten Dampflokomotiven, kann nicht erwartet werden, da eine Druckluftlokomotive als Akkumulatorlokomotive niemals ein unabhängiges Fördermittel ist, sondern stets an eine besondere Drucklufterzeugungsstation gebunden bleibt. Die Druckluftlokomotive muß daher für jeden in Frage kommenden Fall besonders auf ihre Verwendbarkeit untersucht werden. In erster Linie muß man sorgfältig unterscheiden zwischn Lokomotiven für Streckenförderungen in Bergwerken unter Tage und solchen, die für den Bau von Tunnels und ähnlichen Betrieben, in erster Linie aber über Tage Verwendung finden. Der Verwendungszweck ist daher ausschließlich für den Gesamtaufbau der Druckluftlokomotive bestimmend.

Da die Druckluftlokomotiven der verschiedenen Firmen, die im Laufe der Zeit den Bau von Druckluftlokomotiven aufgenommen haben, im wesentlichen keine besonderen Abweichungen in ihrer Konstruktion zeigen, so sollen im nachstehenden nur die Druckluftlokomotiven der Firma A. Borsig, Berlin-Tegel, beschrieben werden. Außer dieser Firma haben sich noch auf diesem Gebiete die Firmen: Maschinenbau-A.-G., vorm. L. Schwartzkopff, Ruhrtaler Maschinenfabrik Schwarz & Dyckerhof, G. m. b. H. in Mülheim (Ruhr) und Rud. Meyer, A.-G. für Maschinen- und Bergbau in Mülheim (Ruhr) große Verdienste in der Vervollkommnung der Druckluftlokomotiven erworben.

1. Druckluftlokomotiven für Tunnelbauten von A. Borsig.

Druckluftlokomotiven wurden bei fast allen größeren Tunnelbauten in Verwendung genommen, so z. B. bei dem Bau des Gotthardtunnels, des Simplontunnels und des Lötschbergtunnels. In den letzten Jahren wurden gleichfalls einige bedeutende Tunnelbauten, und zwar ein 6,1 km langer Tunnel an der schweizerisch-französischen Grenze bei Vallorbe und der 8,135 km lange Hauenstein-Basistunnel (Basel-Olten) fertiggestellt, bei welchen zahlreiche Druckluftlokomotiven von A. Borsig in Verwendung standen. Es sei hier erwähnt, daß sich die elektrischen Lokomotiven mit Oberleitung für den Bau von Tunnels nicht geeignet haben, da sich zahlreiche Unglücksfälle durch Berühren der elektrischen Leitungen ereigneten und diese trotz aller erdenklichen Warnungen nicht eingedämmt werden konnten. Die Akkumulatorlokomotiven kommen aber für den rauhen Betrieb solcher Tunnelbauten schon gar nicht in Frage.

Fig. 201.

Fig. 201 zeigt eine der fünf bei dem Tunnelbau bei Vallorbe in Verwendung gestandenen Vorortlokomotiven, die eine Spurweite von 1000 mm hatten. Die Lokomotiven sind dreiachsig und haben ein Dienstgewicht von 11 t, das sich auf alle 6 Räder gleichmäßig verteilt. Alle 3 Achsen sind miteinander gekuppelt und die vordere Achse als Treibachse ausgebildet. Der Gesamtradstand beträgt 1500 mm. Der Rahmen besteht aus 2 flußeisernen Längsblechen, die durch Querbleche und Querverbindungen genügend versteift sind. Der hintere Teil des Rahmens für die Aufnahme des Führersitzes und Führerhauses ist in sachgemäßer Weise mit dem Längsrahmen verbunden. Im vorderen Teil hat der Längsrahmen Ausschnitte, um zu der Treibstange und zu den innerhalb des Rahmens liegenden Steuerungsstangen hinkommen zu können. Die Zylinder und die komplette Steuerung liegen geschützt innerhalb des Rahmens, welche Anordnung sich besonders bei Tunnelbauten hervorragend geeignet hat, da bei außenliegenden Zylindern und Steuerungsorganen letztere rasch durch das abfallende Geröll und Gestein unbrauchbar werden.

Als Außenabmessungen für die Lokomotiven waren vorgeschrieben:

Größte Höhe	1700 mm
Größte Breite	1580 mm
Gesamtlänge, gemessen über Puffer	5600 mm

Mit diesen verhältnismäßig geringen Außenabmessungen mußte trotzdem eine sehr leistungsfähige Lokomotive gebaut werden, die in der Lage sein sollte, außer ihrem Eigengewichte Züge von 55 t Brutto auf den vorhandenen Steigungen von 13 $^0/_{00}$ zu fahren. Man mußte daher neben der Verbundwirkung mit reichlicher Vorwärmung zu einem ungewöhnlich hohen Betriebsdrucke in den Flaschen übergehen, der für alle Lokomotiven mit 135 Atm. Ueberdruck festgelegt wurde.

Der von der Lokomotive mitzuführende Luftvorrat ist in 6 Flaschen untergebracht, die in einem besonderen Flaschenkasten auf dem Rahmen der Lokomotive gelagert sind.

Die Zylinder sind als Verbundzylinder ausgeführt, wobei der Hochdruckzylinder auf der rechten und der Niederdruckzylinder auf der linken Seite angeordnet ist. Die Verteilungsschieber sind durchwegs als Kolbenschieber ausgebildet und als Steuerung ist die bewährte H e u s i n g e r - S t e u e r u n g vorgesehen.

Außer den vorstehend beschriebenen 3 : 3 gekuppelten Druckluftlokomotiven kamen beim Tunnelbau bei Vollorbe für die Beförderung des Ausbruches noch 4 : 4 gekuppelte Druckluftlokomotiven zur Verwendung. Diese Lokomotiven mußten in der Lage sein, Zuggewichte von 180 t Brutto auf Steigungen von 13 $^0/_{00}$ zu befördern. Eine derartig hohe Leistung erfordert auch ein entsprechend hohes Dienstgewicht der Lokomotiven, welches mit 30 t ausgeführt wurde. Da die Lokomotiven Krümmungen von 70 m Halbmesser durchfahren mußten, so erhielt die zweite Achse ein seitliches Spiel von 10 mm und die vierte ein solches von 20 mm nach jeder Seite. Die größte Höhe dieser Lokomotiven beträgt 2550 mm, die größte Breite 1950 mm und die Gesamtlänge über Puffer 8600 mm. Diese Druckluftlokomotiven stellen als Verbundlokomotiven die größten Typen dar, die bis jetzt in Deutschland ausgeführt worden sind. In Uebereinstimmung mit den dreiachsigen Lokomotiven beträgt auch hierfür der Betriebsdruck 135 Atm. Der gesamte Luftvorrat ist ebenfalls in sechs Flaschen untergebracht, die einen Gesamtinhalt von etwa 11 cbm haben. Die Anfertigung der 7 m langen Flaschen in einem

Stück erwies sich als unausführbar. Es mußte daher jede einzelne Flasche aus zwei gleichen Stücken hergestellt werden, die in der Mitte fest und dicht verschraubt sind. Da diese Lokomotiven in erster Linie außerhalb des Tunnels bzw. auf ausgebauter Strecke verkehren, ist das Führerhaus hinten geschlossen und die Zylinder und Steuerung sowie das komplette Triebwerk liegen außerhalb des Rahmens, da ja ein besonderer Schutz für diese Teile nicht erforderlich ist.

Die größte Zugkraft der dreiachsigen Lokomotiven beträgt 1400 kg und diejenige der vierachsigen Lokomotiven 4800 kg.

Besonders erwähnenswert sind die Tunnellokomotiven dadurch, daß sie mit einer besonderen zweifachen Vorwärmung versehen sind, und zwar wird die durch das Reduzierventil nach dem Austritt aus den Lokomotivbehältern reduzierte Luft vor dem Eintritt in den Hochdruckzylinder zunächst in einem besonderen Röhrensystem vorgewärmt. Nach dem Austritt aus dem Hochdruckzylinder tritt die Luft zum zweiten Male in das Röhrensystem ein, um auch vor dem Eintritt in den Niederdruckzylinder noch einmal vorgewärmt zu werden. Die Vorwärmung bei beiden Lokomotivtypen erfolgt durch eine besondere Feuerung, welche innerhalb des Rahmens liegt. Die Verbrennungsgase ziehen durch einen kleinen, am vorderen Teil der Maschine befindlichen Schornstein ab. Bei Verwendung von Holzkohle oder Koks für die Feuerung ist die Verbrennung vollkommen rauchlaus. Der Koksverbrauch ist sehr klein; so beträgt er beispielsweise für eine dreiachsige Lokomotive pro Stunde nur ½ kg. Mit diesen geringen Koksmengen sind Vorwärmetemperaturen von je zirka 150 ° vor dem Hochdruck- und vor dem Niederdruckzylinder mit Leichtigkeit zu erzielen, wobei berücksichtigt werden muß, daß die Lufttemperatur nach der Reduktion im Reduzierventil zirka 15—20 ° und nach dem Austritt aus dem Hochdruckzylinder zirka 5—10 ° beträgt.

Ueber die beim Haustein-Basistunnel in Verwendung gestandenen Borsigschen Druckluftlokomotiven macht die Julius Berger Tiefbau-A.-G., Berlin, die Erbauerin dieses Tunnels, folgende Mitteilungen:

Für die Förderung im Tunnel waren 5 Druckluftlokomotiven von A. Borsig vorhanden, welche von zweistufigen Hochdruckkompressoren mit eingeschalteter Flaschenbatterie gespeist wurden. Jeder Kompressor erforderte zum Betrieb 250 PS bei einer minutlichen Ansaugleistung von 13 cbm und 150 Atm. Ueberdruck. Die angesaugte Luft passierte zuerst ein Luftfilter. Zur Abführung der Kompressionswärme waren 15 sek/l erforderlich.

Drei Stück 2 : 2 gekuppelte Verbundlokomotiven von 9,5 t Dienstgewicht und einem Luftüberdruck von 135 Atm. waren für den Teiltransport im Tunnel bestimmt. Der Betriebsdruck dieser Lokomotiven im Zylinder betrug 12 bis 14 Atm. Der bei der Expansion vom Reservoir zum Zylinder verursachte Wärmeverlust wird zum Teil ersetzt durch die Holzfeuerung der Lokomotiven. Zugkraft 1200 kg, Leistung: Förderung von 50 t Zuggewicht auf einem Gefälle von 0—7,5 $^0/_{00}$ und 30 t in einer Steigung von 7,5 $^0/_{00}$ mit 12 km/st Geschwindigkeit. Aktionsradius 3 + 3 km.

Die beiden 4 : 4 gekuppelten Druckluftlokomotiven waren zur Förderung der Dienstzüge nach und aus dem Tunnel bestimmt. Dienstgewicht 240 t,

Zugkraft 3000 kg, Förderung von 70 t Zuggewicht auf einer Steigung von 7,5 $^0/_{00}$, Aktionsradius mit einer Füllung 6 + 6 km.

Die Flaschenbatterie der Füllstation enthielt einen Vorrat von 20 cbm Druckluft. Die Entnahmestelle befand sich in unmittelbarer Nähe. Später wurde die Druckluft von 150 Atm. Spannung durch 50 mm weite Röhren in den Tunnel geleitet. Im Tunnelbahnhof war eine zweite Füllstation, so daß die kleineren Lokomotiven im Tunnel verbleiben konnten.

2. Druckluftlokomotiven für Bergwerke und Grubenbahnen.

Bei den Druckluftlokomotiven für Bergwerkszwecke bedingen die geringen zulässigen Außenabmessungen die Gesamtkonstruktion. Ihre Außenabmessungen müssen sich bei größtem Aktionsradius auf ein Minimum beschränken. Bis jetzt suchte man sich dadurch zu behelfen, daß man am Schacht und am Ende der Strecke je eine Füllstelle anordnete, so daß die Lokomotive an jedem Ende der Fahrt gefüllt werden konnte. Eine solche Einrichtung erforderte jedoch die kostspielige Verlegung einer langen Rohrleitung auf der Strecke. Mit der Erhöhung des Betriebsdruckes konnte der Aktionsradius vergrößert werden, so daß man heute von vorstehender Maßnahme in den meisten Fällen absehen kann.

Die größten Strecken im deutschen Bergbau haben allgemein eine Länge, die nicht größer als 2000—2250 m ist, so daß für eine volle Fahrt mit einer Füllung am Schacht ein Aktionsradius von 4000—4500 m in Frage kommt, der von dem normalen Borsigschen Modell ohne Schwierigkeiten erreicht werden kann. Dabei sind Steigungen von 3—10 $^0/_{00}$ und Züge von 35—40 beladenen Kohlenwagen zugrunde gelegt.

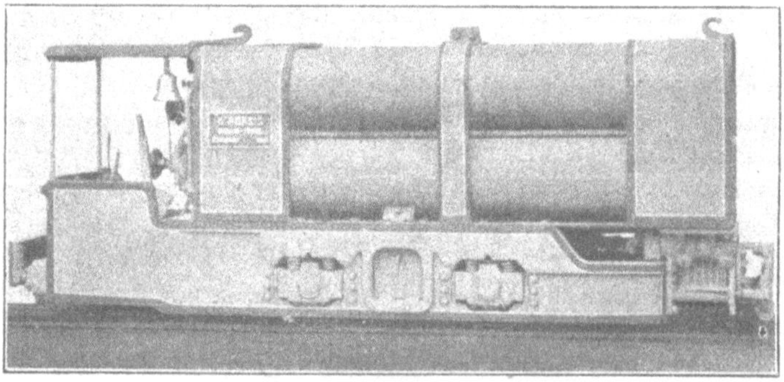

Fig. 202.

Das Normalmodell einer Borsigschen Bergwerkslokomotive ist in Fig. 202 dargestellt. Die Lokomotive zeigt eine dem rauhen Bergwerksbetrieb angepaßte Bauart. Der Rahmen besteht aus einem kräftigen gußeisernen Kasten, an dessen vorderem Ende die Zylinder und an dessen hinterem Ende der Führersitz angebracht ist. Der feste Radstand beträgt 900 mm. Bei diesem Radstand kann die Lokomotive noch Kurven von 8 m Radius durchfahren. Die Zylinder sind als Differential-Verbundzylinder ausgeführt. Das komplette innerhalb des Rahmens liegende Triebwerk wird nach Lösen weniger Schrauben und Abnahme des Flaschenkastens vollständig freigelegt. Der von der Lokomotive mitzuführende Luftvorrat ist je nach dem zur Verfügung stehenden Profil in mehreren (3—4) Flaschen untergebracht, die in einem besonders kräftigen Flaschenkasten an besonders kräftigen Oesen mittels Kran für sich abgenommen, eventuell getrennt ohne weitere Demontage durch den Schacht transportiert und in bequemer Weise wieder aufgesetzt werden kann.

Die einzelnen Flaschen bestehen aus nahtlos gezogenen Stahlrohren und sind für einen Betriebsdruck von 100 Atm. mit einem Probedruck von 250 Atm. amtlich geprüft. Sämtliche Armaturen befinden sich an der hinteren Stirnwand und hat der Führer während der Fahrt nur das Fahrventil und die Bremse zu bedienen. Das Reduzierventil arbeitet selbsttätig. Um ein leichtes Anfahren zu ermöglichen, ist ein Anfahrtventil vorgesehen, das Luft von der Spannung des Hochdruckzylinders auch direkt nach dem Niederdruckzylinder gelangen läßt, so daß ein Anlaufen der Maschine in jeder beliebigen Stelle gesichert ist. Zur rechten Hand des Führers befindet sich das Steuerhändel und die Bremse, welche sowohl von Hand aus als auch mit dem Fuß betätigt werden kann. Die Bremse wirkt auf alle 4 Räder. Zwischen den Rädern ist ein Sandkasten angeordnet, von welchem Sandstreurohre zu den Schienen führen. Die Betätigung dieses Sandstreuers erfolgt vom Führerstand aus durch einen Handgriff. Als Pufferung ist eine gefederte Zentralpufferung mit über die ganze Breite reichenden abgerundeten Tellern vorgesehen.

Das Dienstgewicht der normalen Berwerkslokomotive beträgt bei aufgefülltem Behälter rund 7,0 t. Als größte Zugkraft, welche die Lokomotive im allgemeinen bei Beförderung von Zügen auszuüben hat, kann eine solche von etwa 550 kg zugrunde gelegt werden, was bei einem Dienstgewicht von 7,0 t einem Reibungskoeffizienten von $^1/_{12}$ entspricht.

3. Betriebs- und Instandhaltungsvorschriften für Druckluftlokomotiven.

Soll die Maschine gefüllt werden, so ist das Hauptabsperrventil und das Fahrventil zu schließen und die Bremse gut anzuziehen. Ist das Füllventil angeschlossen, so ist zuerst das Füllventil der Lokomotive und nachher das Absperrventil in der Rohrleitung zu öffnen.

Ist der höchst zulässige Druck in den Luftbehältern erreicht, so ist zuerst das Absperrventil in der Rohrleitung und dann das Füllventil der Lokomotive langsam zu schließen.

Soll angefahren werden, so muß zunächst der Umsteuerhebel ganz ausgelegt werden, worauf das Fahrventil nach Bedarf geöffnet wird. Ist der Zug in Bewegung, so wird der Steuerhebel, je nach der Zugbelastung, zurückgestellt. Es ist hierbei stets darauf zu achten, daß mit möglichst wenigen Zylinderfüllungen gefahren wird. Bei Leerlauf im Gefälle oder beim Anhalten des Zuges ist stets mit dem Fahrventil das Hauptventil zu schließen. Bei jedem Stillsetzen des Zuges ist unbedingt die Bremse anzuziehen. Ein Bremsen des Zuges durch Umlegen des Steuerhebels auf die entgegengesetzte Fahrtrichtung darf nur bei äußerster Gefahr erfolgen.

Alle bewegten Teile müssen regelmäßig geschmiert werden. Zur Füllung der Sandstreukästen soll nur trockener Sand verwendet werden.

Alljährlich sollen die Behälter gründlich gereinigt und einer Druckprobe unterzogen werden. Das sich in den Behältern ansammelnde Oel und Wasser ist jede Woche abzulassen. Solange noch irgendwelcher Druck in den Behältern vorhanden ist, dürfen Stopfbüchsen n i c h t gelöst werden.

Von Zeit zu Zeit sind die Radsätze und Achslager zu untersuchen. Kolben, Schieber und Stopfbüchsen sind nach den üblichen Grundsätzen, wie sie bei stationären Maschinen angewendet werden, zu behandeln.

Die Sicherheitsventile sind öfter zu untersuchen, ob sie bei dem mit einem roten Strich am Manometer bezeichneten Druck abblasen.

Auspuffkasten und Röhren des Zwischenwärmers sind stets rein zu halten.

d) Feuerlose Lokomotiven.

Im Jahre 1872 nahm der Deutsch-Amerikaner Dr. Emil Lamm, von Beruf Zahnarzt, ein Patent auf die von ihm gemachte Erfindung, heißes Wasser als Wärmespeicher und Dampfquelle zum Betriebe kleiner Lokomotiven zu verwenden. Im Jahre 1873 wurde die erste derartige Lokomotive auf den Straßenbahnen in New Orleans in Betrieb gesetzt. Obgleich diese Lokomotive ziemlich betriebssicher arbeitete, hafteten ihr eine Reihe von Mängeln an, deren Behebung notwendig war, sollte die Lebensfähigkeit der Erfindung nicht in Frage gestellt werden. Die notwendigen Verbesserungen wurden von dem Deutsch-Amerikaner Ingenieur Scheffler und hauptsächlich von dem Franzosen Léon Francq durchgeführt. Lamm erhitzte in einem ortsfesten Kessel Wasser auf etwa 200 ° C, mit dem er dann den Kessel der Lokomotive füllte, so daß er Wärme- und Spannungsverluste in Kauf nehmen mußte. Francq leitete Dampf von etwa 15 Atm. Spannung aus einer ortsfesten Kesselanlage in die mit Wasser gefüllten Behälter der Lokomotive, so daß er in diesen eine Wassertemperatur von 200 ° C und eine Spannung von nahezu 15 Atm. erreichte. Dieses Prinzip wird auch bei den heutigen feuerlosen Lokomotiven angewendet.

Im wesentlichen besteht demnach die feuerlose Lokomotive aus einem mit Wasser gefüllten Behälter, der als Wärmespeicher dient, in dem Dampf von einer Kesselanlage eingeleitet wird, wobei die Spannung im Behälter ständig steigt, bis sie nahezu den Druck der Kesselanlage erreicht hat. Ist die von der Kesselanlage zur Lokomotive führende Rohrleitung kurz, so kann mit einer Differenz von ungefähr ½ Atm. gerechnet werden. Bei längerer Rohrleitung muß mit einem entsprechend größeren Spannungsabfall gerechnet werden. Die feuerlose Lokomotive entspricht den Verhältnissen, die bei den elektrischen Speicherlokomotiven (Akkumulatorlokomotiven) vorliegen; ihr

Kraftvorrat besteht aus einer über den Siedepunkt bei Atmosphärendruck — 100 ° C — hinaus erhitzten Wassermenge, deren Temperatur also einem gewissen Dampfüberdruck entspricht, und welche den Dampf für die sonst ganz wie eine gewöhnliche Dampflokomotive konstruierte Maschine liefert.

Die Anfangsspannung im Behälter bleibt so lange unverändert, als das Dampfentnahmeventil im Dampfdome geschlossen ist. Wird das Dampfentnahmeventil — der Regulator — geöffnet, so sinkt sofort der auf der Wasseroberfläche lastende Druck und aus dem über den Siedepunkt hinaus erhitzten Wasser entwickelt sich Dampf. Da die Dampfentwicklung nur auf Kosten der im Wasser aufgespeicherten Wärme erfolgt, so nimmt bei fortgesetzter Dampfentnahme die Temperatur und damit der Dampfdruck ab, so daß also die Maschine mit abnehmendem Druck arbeitet. Es ist also nicht möglich, die Leistungsfähigkeit der Lokomotive während des Betriebes zu steigern. Durch diesen Nachteil bleibt die Verwendungsmöglichkeit der feuerlosen Lokomotive auf einen engen Raum begrenzt, wo sie sich aber infolge ihrer vielen Vorteile und Wirtschaftlichkeit voll und ganz behaupten konnte.

Die hauptsächliche Verwendung der feuerlosen Lokomotive erfolgt im Rangierbetrieb auf industriellen Werken, bei der Beförderung von Zügen auf den Anschlußbahnen, welche die Werksgleise mit den Linien der Haupt- und Nebenbahnen verbinden. Ihre vollkommene Feuersicherheit macht sie besonders für Pulver-, Sprengstoff-, Gas- und chemische Fabriken usw. geeignet. Als weiterer Vorteil gegenüber Dampflokomotiven ist zu betrachten, daß die Wartung und Unterhaltung des Feuers, das An- und Abstellen der Kesselspeisevorrichtung gänzlich in Wegfall kommt, so daß die Bedienung einfacher wird. Eine Gefahr der Kesselexplosion besteht nicht, es erübrigt sich auch während der Fahrt eine ständige Beobachtung des Druckzeigers und Wasserstandes; selbst bei den größten feuerlosen Lokomotiven genügt ein einzelner Hilfsarbeiter, der nur von Zeit zu Zeit einen Blick auf den Kesseldruckzeiger zu werfen braucht, damit er rechtzeitig zur Füllstation zurückkehren kann. Die feuerlosen Lokomotiven können jederzeit in Betrieb genommen werden und unter Dampf ohne Aufsicht stehen bleiben. Da die eigentliche Dampferzeugung in einem ortsfesten Kessel vor sich geht, bei dem minderwertigere Brennstoffe verfeuert werden können, wobei der Dampf vorteilhaft in den Betriebspausen entnommen wird, werden sich in bezug auf Betriebs- und Unterhaltungskosten nennenswerte Ersparnisse erzielen lassen. Da keine besonders beanspruchten Teile, wie Feuerkiste, Siederohre, Zahnradgetriebe usw. vorhanden sind, so ist die Lebensdauer einer feuerlosen Lokomotive ziemlich groß und kann ihr Amortisation mit reichlich 7 v. H. in Rechnung gestellt werden.

Die Ladung einer feuerlosen Lokomotive gestaltet sich sehr einfach. An der vorderen Stirnwand des Behälters befindet sich ein Füllventil, das beim Laden mittels Verschraubung und Metallschlauch oder Schwenkarm mit der ortsfesten Kesselanlage verbunden wird. Die Dauer einer Ladung hängt von den Betriebsbedingungen ab (Leistungsfähigkeit des ortsfesten Kessels, Durchmesser und Länge der Dampfzuleitung usw.); unter üblichen Verhältnissen beansprucht die erstmalige Ladung des Kessels bei 15 ° C Wassertemperatur eine Zeit von 20—30 Minuten, eine Nachfüllung des noch warmen Behälters (rund 100 ° C Wassertemperatur) etwa 10—20 Minuten.

Feuerlose Lokomotiven kommen für vorübergehende Zugkräfte bis zu 7000 kg sowie für Dauerzugkräfte von etwa 3000—4000 kg in Frage. Zur Ausübung größerer Zugkräfte sind sie ungeeignet.

Die Anordnung des Triebwerkes bei feuerlosen Lokomotiven entspricht vollkommen derjenigen einer gewöhnlichen Lokomotive mit dem einzigen Unterschiede, daß die Dampfzylinder am hinteren Ende der Lokomotive, unterhalb des Führerstandes angeordnet sind. Diese Anordnung der Zylinder erfolgt aus dem Grunde, weil es nicht möglich ist, den das Hauptgewicht bildenden Behälter symmetrisch zwischen die beiden Achsen zu legen, um gleiche Achsendrücke zu erhalten, da am hinteren Ende Platz für den Stand des Führers geschaffen werden muß. Die Dampfzylinder wirken in ihrer Anordnung als Gegengewichte.

Die Dampfzylinder werden mit Rücksicht auf die wechselnden Dampfspannungen besonders groß bemessen, damit die Lokomotive auch bei niedrigem Druck im Behälter noch eine verhältnismäßig große Leistung entwickeln kann.

Die Bauart des Behälters entspricht im wesentlichen einem zylindrischen Walzenkessel mit gewölbten Böden an beiden Enden. In der einen Stirnwand ist eine Einsteigöffnung mit Verschluß angeordnet. Im oberen Teile des Kessels, möglichst in der Längsmitte desselben, sitzt der Dampfdom, von dessen höchster Stelle aus der Dampf entnommen wird, um zu den Zylindern geleitet zu werden. Der Kessel selbst ist so auf dem Rahmen gelagert, daß er sich bei eintretender Vorwärmung sowohl in der Längsrichtung als in der Querrichtung ungehindert ausdehnen kann. Innen ist der Kessel je nach seiner Größe durch eine oder mehrere Querwände in zwei oder mehrere Teile zerlegt. Die Querwände reichen bis zum Dampfraume und erhalten gegeneinander versetzte Oeffnungen, durch welche die in den einzelnen Abteilungen eingeschlossenen Wassermengen miteinander in Verbindung stehen und durch welche das Befahren des Kessels in allen Teilen ermöglicht wird. Durch diese Querbleche — sogenannte Schlingerbleche — werden Schwankungen des verhältnismäßig großen Gewichtes der Wassermenge bei plötzlichen Stößen vermieden bzw. vermindert. Durch die erwähnten Schwankungen kann bei schmalen Spurweiten die Stabilität der ganzen Maschine besonders beeinträchtigt oder ganz aufgehoben werden.

Damit der beim Füllventil beim Laden eintretende Dampf sich möglichst innig mit dem Wasser mischt, wird im Behälter an das Füllventil ein Rohr angeschlossen, das auf seiner über das ganze Kesselinnere reichenden Länge mit Löchern versehen ist, die nach dem Boden des Behälters zu liegen und mit zunehmender Entfernung vom Füllventil einen immer größer werdenden Durchmesser erhalten. Es hat sich gezeigt, daß der durch diese kleinen Löcher ausströmende Dampf wirbelnde Bewegungen des Wassers erzeugt, die ein Anfressen des Kesselbleches hervorrufen. Um diese Anfressungen zu vermeiden, werden zwischen Zuführungsrohr und Kesselboden leicht abnehmbare Schutzbleche angeordnet.

Die Wirtschaftlichkeit der feuerlosen Lokomotiven hängt besonders von der Isolierung des Dampfbehälters gegen Wärmeausstrahlung ab. Gut bewährt hat sich die Methode der dreifachen Bekleidung des Behälters. Zunächst wird in einem Abstand von 25—30 mm an der Außenseite des Kessels mittels Distanzstiften eine Wand aus dünnem Eisenblech befestigt, so daß eine isolierende Luftschicht geschaffen ist, wie sie auch bei Dampflokomotiven üblich ist. Ueber den Blechmantel wird dann eine etwa 30 mm starke Filzschicht gelegt, die durch einen zweiten Blechmantel niedergehalten wird. Bei den so isolierten Kesseln beträgt der Temperaturverlust bzw. Spannungsabfall im Behälter nur $\frac{1}{4}$ — $\frac{1}{3}$ Atm. pro Stunde, vorausgesetzt, daß die Lokomotive bei normalen Witterungsverhältnissen im Freien stehen bleibt.

In gleicher Weise wie der Behälter sind auch die Dampfzylinder durch Umhüllung mit einer Filzschicht und darüber liegendem Blechmantel gegen Wärmeverluste geschützt.

Da der sich im Behälter eventuell ansammelnde Kesselstein gleichfalls als Wärmeschutzmasse wirkt, so ist die zeitraubende Entfernung desselben nicht notwendig.

Für den Fall, daß die Lokomotive an einen ortsfesten Dampfkessel angeschlossen wird, der für eine höhere Betriebsspannung konzessioniert ist als die der Lokomotive, ist als besondere Sicherheitsmaßregel am Behälter ein Sicherheitsventil angeordnet.

Da die Wirtschaftlichkeit des Betriebes von der Einhaltung des normalen Wasserstandes im Behälter beeinflußt wird, so empfiehlt sich die Anbringung eines Wasserstandsanzeigers, um den Wasserstand im Behälter genau kontrollieren zu können. Ist im Behälter zu viel Wasser, so kann es vorkommen, daß zu nasser Dampf in die Zylinder gelangt, ist zu wenig Wasser im Behälter, so wird seine Kapazität nicht genügend ausgenützt. In der Praxis hat sich am vorteilhaftesten das Verhältnis zwischen Wasser- und Dampfraum im Behälter mit 3 : 1 ergeben.

Das Füllen des Behälters erfolgt in der Weise, daß die im Behälter vorhandene Luft durch Oeffnen des Regulators und der Zylinderabschlußhähne entweichen kann. Ein Nachfüllen des Behälters wird nur höchst selten notwendig werden, da das in Form von Dampf während der Arbeit verbrauchte Wasser durch den sich während der Fülldauer kondensierenden Dampf ersetzt wird.

1. Berechnung der feuerlosen Lokomotiven.

Auch hier ist zu berücksichtigen, daß die entwickelten Zugkräfte aus den Kolbendrücken, aus der Kesselleistung und aus dem Reibungsgewicht größer sein müssen als der gesamte Fahrwiderstand des Zuges. Es ist jedoch ohne weiteres klar, daß bei den feuerlosen Lokomotiven die verfügbare Kesselleistung als Richtschnur für den gesamten Bau zu betrachten ist, wobei jedoch die Berechnung der Zugkraft aus den Kolbendrücken und aus dem Reibungsgewicht nicht unterbleiben darf.

Die Bezeichnung der feuerlosen Lokomotiven nach PS ist nebst vielen anderen Gründen schon aus dem Grunde nicht angebracht, da sie ja keine

Dauerleistung verrichten, auf welche allein diese Bezeichnung nach PS Anwendung finden kann. Es genügt, sämtlichen Betrachtungen die zu verrichtende Arbeit in m/kg zugrunde zu legen, d. h. das Produkt aus der von der Lokomotive auszuübenden Zugkraft und den Streckenlängen. Ist die erforderliche Wasserfüllung bestimmt, so erfolgt dann eine Nachprüfung der Zylinderabmessungen und des Reibungsgewichtes.

Bevor auf den Gang der Lokomotivberechnung näher eingegangen wird, soll im nachstehenden auf die wärmetheoretischen Vorgänge, auf welchen die grundsätzliche Wirkungsweise einer feuerlosen Lokomotive beruht, näher eingegangen werden, und zwar auf die Vorgänge beim Füllen des Wasserbehälters und auf jene der Dampferzeugung des Lokomotivkessels.

Beim Füllen des Behälters tritt Dampf vom ortsfesten Kessel mit fast gleichbleibender Spannung in das Wasser des Behälters, schlägt sich dort nieder und gibt fortgesetzt seinen gesamten Wärmeinhalt an das Wasser ab. In einiger Zeit wird das Wasser dieselbe Flüssigkeitswärme haben, die dem Fülldampf innewohnt, und gleichzeitig der Dampfdruck im Kessel nahezu auf die des ortsfesten Kessels gestiegen sein. Die Füllung ist dann als beendet zu betrachten.

Die Größe des Dampfverbrauches zur Füllung einer feuerlosen Lokomotive ergibt sich aus folgender Betrachtung:

Bezeichnet:

Q_e das Gewicht des Wassers in kg, das vor Beginn der Füllung im Behälter der Lokomotive vorhanden ist,

p_e den diesem Wassergewicht zugehörigen Dampfdruck in Atm. abs., d. h. die Dampfspannung von etwa 0,5—2 Atm., bei der man die Auffüllung vorzunehmen pflegt,

i'_e die zugehörige Flüssigkeitswärme im WE/kg,

Q_a das Gewicht des Wassers, welches nach erfolgter Füllung sich im Kessel der Lokomotive befindet,

p_a den diesem Wassergewicht zugehörigen Dampfdruck in Atm. abs.,

i'_a die zugehörige Flüssigkeitswärme in WE/kg,

p_f die Dampfspannung des Fülldampfes aus dem ortsfesten Kessel in Atm. abs.,

i''_f den Wärmeinhalt des Fülldampfes in WE und

G_f in kg das Dampfgewicht, welches zur Füllung dem Erzeugerkessel entnommen wird,

so gilt folgende Beziehung:

$$Q_e \cdot i'_e + G_f \cdot i''_f = (Q_e + G_f)\, i'_a$$

$$Q_e \cdot i'_e + G_f \cdot i''_f = Q_e \cdot i'_a + G_f \cdot i'_a$$

$$G_f \cdot (i''_f - i'_a) = Q_e \cdot (i'_a - i'_e)$$

$$G_f = \frac{Q_e \cdot (i'_a - i'_e)}{i''_f - i'_a} \text{ (kg)} \quad \ldots\ldots\ldots \quad 1.)$$

Die Werte für i'_e, i'_a und i''_f sind den Dampftabellen von Mollier (s. „Hütte" 1. Bd.) zu entnehmen. In der Gleichung 1 sind die Wärmemengen, welche an den Kesselblechmantel und die umgebende Isoliermasse abgegeben werden, nicht berücksichtigt. Je nach den örtlichen Verhältnissen ist daher noch ein Gewichtszuschlag von etwa 11 v. H. vorzunehmen.

Die Zeitdauer der Füllung hängt in erster Linie von der Größe und Leistungsfähigkeit der ortsfesten Kesselanlage ab. A. Borsig gibt in seinen Prospekten für die Dampferzeugung pro qm Heizfläche der verschiedenen Systeme von ortsfesten Dampfkesseln die in Tabelle XVI angegebenen Werte an.

Tabelle XVI.

Art der Verbrennung	1 qm Rostflache verbrennt Kohle (kg) in 1 Std.	Verhältnis d. Heizflache zur Rostfläche	1 qm Heizfläche erzeugt Dampf (in kg) pro 1 Std. ohne Vorwärmer	mit Vorwärmer	Art der Feuerung
sehr langsam	40—50	40—50	8,95	10,01	Innenfeuerung
			8,94	10,00	Unterfeuerung
			8,79	9,83	Vorfeuerung
			15,90	17,78	
langsam	50—70	25—35	15,72	17,56	desgl.
			15,30	17,10	
			22,47	25,11	
normal	70—100	23—33	21,84	24,42	desgl.
			20,64	23,07	
			31,35	35,00	
lebhaft	100	20	29,65	33,15	desgl.
			26,20	29,3	

Da das Dampfgewicht G_f aus Gleichung 1 und die Heizfläche H (qm) der ortsfesten Kesselanlage bekannt ist, so läßt sich die Fülldauer F (in Minuten) leicht berechnen.

Für Betrieb mit Flammrohrkessel gilt die Gleichung

$$F = \frac{G_f \cdot 60}{H \cdot 21} \text{ (Minuten)} \ldots\ldots 2).$$

Für Betrieb mit Wasserrohrkessel erhält man einen mittleren Wert nach der Gleichung

$$F = \frac{G_f \cdot 60}{H \cdot 28} \text{ (Minuten)} \ldots\ldots 2a).$$

Handelt es sich um eine Neuanlage, bei der die Heizfläche H erst ermittelt werden muß, so nimmt man für die Füllzeit in Gleichung 2 und 2a einen entsprechenden Wert an und berechnet dann H. Diese berechnete Heizfläche wird dann mit Rücksicht auf die in der Rohrleitung vom Kessel zur Lokomotive auftretenden Wärmeverluste um rund 30 v. H. größer ausgeführt.

Was nun die Dampfmenge betrifft, welche aus einem Heißwasserbehälter innerhalb gegebener Temperaturgrenzen entnommen werden kann, wobei auf die durch Strahlungsverluste an die Außenluft abgegebene Wärmemenge keine Rücksicht genommen ist, so ergibt sich folgende Betrachtung:

Bedeutet:

Q_a das Gewicht des Wassers in kg, welches nach erfolgter Füllung zu Anfang der Arbeitsleistung sich im Lokomotivkessel befindet,

p_a den diesem Wassergewicht zugehörigen Dampfdruck in Atm. abs.,

r_a die zugehörige Verdampfungswärme in WE/kg,

i'_a nie zugehörige Flüssigkeitswärme in WE,
Q_e das Gewicht des Wassers in kg, welches vor Beginn der Füllung, zu Ende der Arbeitsleistung, sich im Lokomotivkessel befindet,
p_e den diesem Wassergewicht zugehörigen Dampfdruck in Atm. abs.,
r_e die zugehörige Verdampfungswärme in WE/kg,
i'_e die zugehörige Flüssigkeitswärme in WE,
$(Q_a - Q_e)$ das Wassergewicht, welches während der Arbeitsleistung verdampft wird in kg,

dann ist zu Anfang der Arbeitsperiode die Flüssigkeitswärmemenge

$$Q_a \cdot i'_a \text{ (WR)}$$

und am Ende der Arbeitsperiode die Wärmemenge

$$Q_e \cdot i'_c \text{ (WE)}$$

vorhanden.

Die mittlere Verdampfungswärme, die zum Verdämpfen von $(Q_a - Q_e)$ kg Wasser notwendig ist, wird

$$(Q_a - Q_e) \cdot \frac{r_a + r_e}{2}.$$

Unter Voraussetzung isothermisch-adiabatischer Zustandsänderung läßt sich nach dem Satze von der Erhaltung der Energie folgende Gleichung ableiten:

Die Flüssigkeitswärme des Wassergewichts zu Anfang der Arbeitsperiode muß gleich sein der Flüssigkeitswärme des Wassergewichts zu Ende der Arbeitsperiode vermehrt um diejenige Wärmemenge, welche notwendig war, um $(Q_a - Q_e)$ kg Wasser in Dampf zu verwandeln. Aus dieser Erwägung ergibt sich die Gleichung

$$Q_a \cdot i'_a = Q_e \cdot i'_c + (Q_a - Q_e) \cdot \frac{r_a + r_e}{2} \; . \; . \; . \; . \; . \; . \; 3).$$

Mit der mittleren Verdampfungswärme $\frac{r_a + r_e}{2}$ wird deshalb gerechnet, um der Forderung gleichen Druckes und gleichbleibender Temperatur wenigstens annähernd zu entsprechen, wobei jedoch betont werden muß, daß der angenähert gleichbleibende Druck und die ebenfalls für die Dauer des Verdampfens gleichbleibende Temperatur nicht etwa den Mittelwerten aus p_a, p_e, t_a und t_e entspricht.

Aus Gleichung 3 läßt sich $(Q_a - Q_c)$ berechnen:

$$- Q_a \cdot i'_a + Q_e \cdot i'_e + Q_a \frac{r_a + r_e}{2} - Q_e \frac{r_a + r_e}{2} = 0$$

$$Q_a \cdot \left(\frac{r_a + r_e}{2} - i'_a\right) - Q_e \left(\frac{r_a + r_e}{2} - i'_e\right) = 0$$

$$Q_e = Q_a \frac{\frac{r_a + r_e}{2} - i'_a}{\frac{r_a + r_e}{2} - i'_e} \text{ oder } Q_a - Q_e = Q_a - Q_a \cdot \frac{\frac{r_a + r_e}{2} - i'_a}{\frac{r_a + r_e}{2} - i'_e}$$

Hieraus folgt

$$Q_a - Q_e = Q_a \cdot \left(1 - \frac{\frac{r_a + r_e}{2} - i'_a}{\frac{r_a + r_e}{2} - i'_e}\right) \ldots\ldots\ldots 4).$$

Das Wassergewicht Q_a ist in allen Fallen bekannt. Die Werte r_a, r_e, i'_a, i'_e sind, da p_a und p_e bekannt, aus den Dampftabellen von Mollier zu entnehmen.

Im Schaubild der Fig. 203 [1]) sind die Werte aus Gleichung 4 für $Q_a = 1000$ kg = 1 cbm Heißwasser dargestellt. Die Ordinaten geben den jeweils im Kessel herrschenden Dampfdruck an, während die Abszissen die in verschiedenen Spannungsgefällen entwickelten Dampfmengen (in kg) darstellen. In Tabelle XVII (s. S. 150 und 151 oben) sind die Angaben des Schaubildes (Fig. 203) in Zahlenwerten angegeben und zum Zwecke genauerer Leistungsberechnungen entsprechend erweitert.

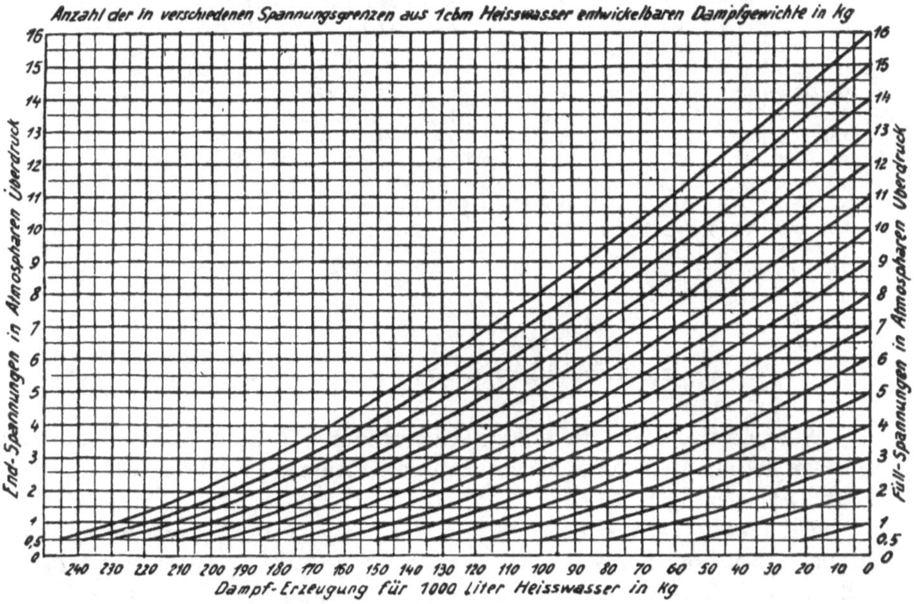

Fig. 203.

Es soll hier noch erwähnt werden, daß die Gleichung 4, die von der Hannoverschen Maschinenbau-A.-G. abgeleitet wurde und mit den verschiedenen veröffentlichten Berechnungen im Widerspruch steht, die einzig richtige ist. Nähere Aufschlüsse über die in den erwähnten Berechnungen sich vorfindenden Trugschlüsse finden sich in den „Hanomag-Nachrichten" Jahrg. II, Heft 2.

1) Hanowag-Nachrichten, Jahrg. II, Heft 2.

Ta-

Anzahl der in verschiedenen Spannungsgrenzen aus 1 cbm. Heiss-

Dampf-Spannungen (Atm. Ueberdruck) nach been-

End-Spannungen in Atmosphären Ueberdruck.	16	15,5	15	14,5	14	13,5	13	12,5	12	11,5	11	10,5	10	9,5	9
0,5	246,9	242,45	238,1	233,6	229,1	224,4	219,6	214,65	209,7	204,5	199,3	193,7	188,1	182,3	176,5
1	230,7	226,15	221,7	217,1	212,5	207,6	202,8	197,7	192,6	187,2	181,9	176,2	170,5	164,5	158,6
1,5	216,7	212,4	207,6	202,9	198,1	193,2	188,3	183,7	177.9	172,4	166,98	161,1	155,3	149,25	143,2
2	204,4	199,7	195,1	190,3	185,5	180,5	175,4	170.1	164,8	159,3	153,7	147,8	141,9	135,7	129,5
2,5	192,9	188,2	183,5	178,6	173,8	168,6	163,5	157,9	152,7	147,1	141,5	135,4	129,4	123,15	116,9
3	182,9	177,8	173,0	168,1	163,15	157,9	152,7	147,5	141,8	136,1	130,4	124,3	118,2	111,8	105,5
3,5	172,8	167,9	163,05	158,05	153,05	147,8	142,5	136,95	131,4	125,6	119,8	113,65	107,5	101,0	94,6
4	163,6	158,6	153,7	148,6	143,6	138,2	132,9	127,3	121,7	115,8	109,95	103,7	97,4	90,9	84,4
4,5	154,7	149,7	144,8	139,6	134,5	129,1	123,7	118,0	112,4	106,4	100,5	94,2	87,85	81,25	74,7
5	146,2	141,1	136,1	130,9	125,7	120,3	114,8	109,1	103,3	97,3	91,35	84,9	78,54	71,9	65,2
5,5	138,1	133,0	127,9	122,7	117,5	111,9	106,4	100,6	94,8	88,8	82,7	76,25	69,8	63,05	56,3
6	130,1	124,9	119,8	114,5	109,2	103,6	98,1	92,2	86,4	80,3	74,2	67,6	61,1	54,3	47,5
6,5	122,7	117,5	112,9	106,9	101,6	95,98	90,4	84,4	78,6	72,4	66,2	59,6	53,0	46,2	39,3
7	115,1	109,8	104,6	99,2	93,8	88,2	82,6	76,5	70,55	64,3	58,1	51,4	44,8	37,9	30,96
7,5	107,8	102,5	97,3	91,8	86,4	80,7	74,9	68,9	62,9	56,6	50,4	43,6	36,94	29,96	23,0
8	100,8	95,4	90,1	84,6	79,1	73,3	67,5	61,5	55,4	49,1	42,8	35,98	29,2	22,2	15,2
8,5	93,7	88,36	82,99	77,5	71,9	66,1	60,3	54,2	48,1	41,7	35,3	28,5	21,7	14,6	7,5
9	86,9	81,5	76,1	70,5	64,9	59,1	53,2	47,0	40,9	34,4	28,0	21,1	14,3	7,11	
9,5	80,4	74,92	69,5	63,85	58,25	52,3	46,4	40,2	34,0	27,5	21,05	14,1	7,2		
10	73,7	68,2	62,7	57,1	51,4	45,45	39,5	33,2	27,0	20,5	13,95	6,96			
10,5	66,93	61,7	56,2	50,5	44,8	38,8	32,8	26,5	20,2	13,6	7,04				
11	60,2	55,1	49,5	43,7	38,0	31,97	25,9	19,6	13,25	6,6					
11,5	54,4	48,8	43,2	37,4	31,6	25,5	19,4	13,05	6,7						
12	48,1	42,4	36,7	30,9	25,1	18,96	12,85	6,4							
12,5	41,9	36,2	30,5	24,7	18,8	12,6	6,5								
13	35,7	29,9	24,2	18,3	12,4	6,2									
13,5	29,7	23,88	18,1	12,2	6,3										
14	23,6	15,4	11,95	5,96											
14,5	17,7	11,8	6,0												
15	11,75	5,86													
15,5	5,9														

Bemerkung: Bei den feuerlosen Lokomotiven rechnet man erfahrungsgemäß mit einem Dampf-

Was nun den Gang der Lokomotivberechnung betrifft, so sei hier gestattet ein Beispiel aus den mehrfach erwähnten „Hanomag-Nachrichten" (Jahrg. II, Heft 7) wiederzugeben.

Ein Werk A hat eine ortsfeste Kesselanlage von 15 Atm. Spannung und ist mit einem zweiten Werk B durch ein regelspuriges Gleis verbunden. Es soll nun eine feuerlose Lokomotive berechnet werden, welche in der Lage ist, 8 beladene Güterwagen im Gesamtgewicht von je 16 t nach B zu fahren. In B hat die Lokomotive etwa ½ Stunde leichtere Verschiebearbeiten zu verrichten und muß alsdann 8 leere Güterwagen nach A zurückbefördern. Der genaue Streckenplan ist in Fig. 204 wiedergegeben; wie daraus ersichtlich, beträgt der Gesamtabstand zwischen A und B 15,9 km. Die Strecke enthält in jeder Richtung nicht unbeträchtliche Steigungen bis zu 20 ‰ bzw. 1 : 50. Der kleinste Krümmungshalbmesser beträgt 200 m.

Es ist zu bemerken, daß auf dem Werk B nur eine ältere Kesselanlage vorhanden ist, die noch mit 6 Atm. Spannung ohne Ueberhitzung arbeitet.

belle XVII.

wasser entwickelbaren Dampfgewichte in kg.

deter Füllung des Kessels der feuerlosen Lokomotive.

8,5	8	7,5	7	6,5	6	5,5	5	4,5	4	3,5	3	2,5	2	1,5	1
170,35	163,95	157,3	15o,5	143,1	135,8	127,75	119,5	110,5	101,1	90,5	79,9	67,9	54,4	39,2	21,5
152,3	145,7	138,9	131,9	124,4	116,9	108,7	100,2	91,0	81,4	71,0	59,7	47,5	33,6	18,1	
136,8	130,1	163,2	116,0	108,3	100,7	92,3	83,7	74,3	64,5	53,9	42,4	29,95	15,8		
122,9	116,2	109,2	101,9	94,1	86,3	77,8	69.0	59,5	49,5	38,8	27,05	14,4			
110,25	103,4	96,2	88,8	80,9	72,99	64,3	55,4	45,8	35,6	24,7	12,85				
98,7	91,7	84,5	76,97	68,93	60,94	52,16	43,1	33,3	23,1	12,04					
87,8	80,7	73,3	65,7	57,6	49,5	40,6	31,5	21,6	11,2						
77,5	70,3	62,9	55,1	46,96	38.8	29,8	20,55	10,5							
67,7	60,4	52,9	45,15	36,8	28,6	19.5	10,1								
58,2	50,8	43,2	35,4	26,9	18,62	9,43									
49,2	41,8	34,1	26,2	17,7	9,3										
40,3	32,8	25,1	17,1	8,52											
32,1	24,5	16,7	8,6												
23,6	16,0	8,15													
15,6	7,9														
7,7															

verbrauch von ∽ 24 kg fur 1 PS/st.

Die neuzeitliche Kesselanlage in A erzeugt dagegen hochüberhitzten Dampf von 15 Atm. und 350 ⁰ C.

Die Berechnung kann zwar vollkommen rechnerisch durchgeführt werden, doch empfiehlt es sich, für einzelne Ermittlungen das zeichnerische Verfahren zu Hilfe zu nehmen. Letzteres eignet sich insbesondere vorzüglich dazu, um zunächst zur ungefähren Bestimmung der Lokomotivgröße die Gesamtarbeit festzustellen. Demgemäß wird, wie aus Fig. 204 zu entnehmen, die gesamte zu durchfahrende Strecke in Einzelabschnitte von gleichem Fahrwiderstand zerlegt, es entstehen so die Teilstrecken A a, a b, b c usw. bis u B; darauf wird für jeden einzelnen dieser Streckenabschnitte der Fahrwiderstand w festgestellt und in einem beliebigen, möglichst übersichtlichen Maßstab unmittelbar unter dem Streckenplan aufgetragen. In vorliegendem Falle wurden die Fahrwiderstände für die Richtung A nach B oberhalb der Null-Linie, die Fahrwiderstände in umgekehrter Richtung unterhalb der Null-Linie aufgetragen. Auf diese Weise erhält man 2 Flächen, deren Inhalt in jedem Falle die Summe der bei jeder Fahrt zu verrichtenden Arbeitsmenge darstellt. Der Inhalt dieser Flächen wird mit dem Planimeter ermittelt; aus dem Flächen-

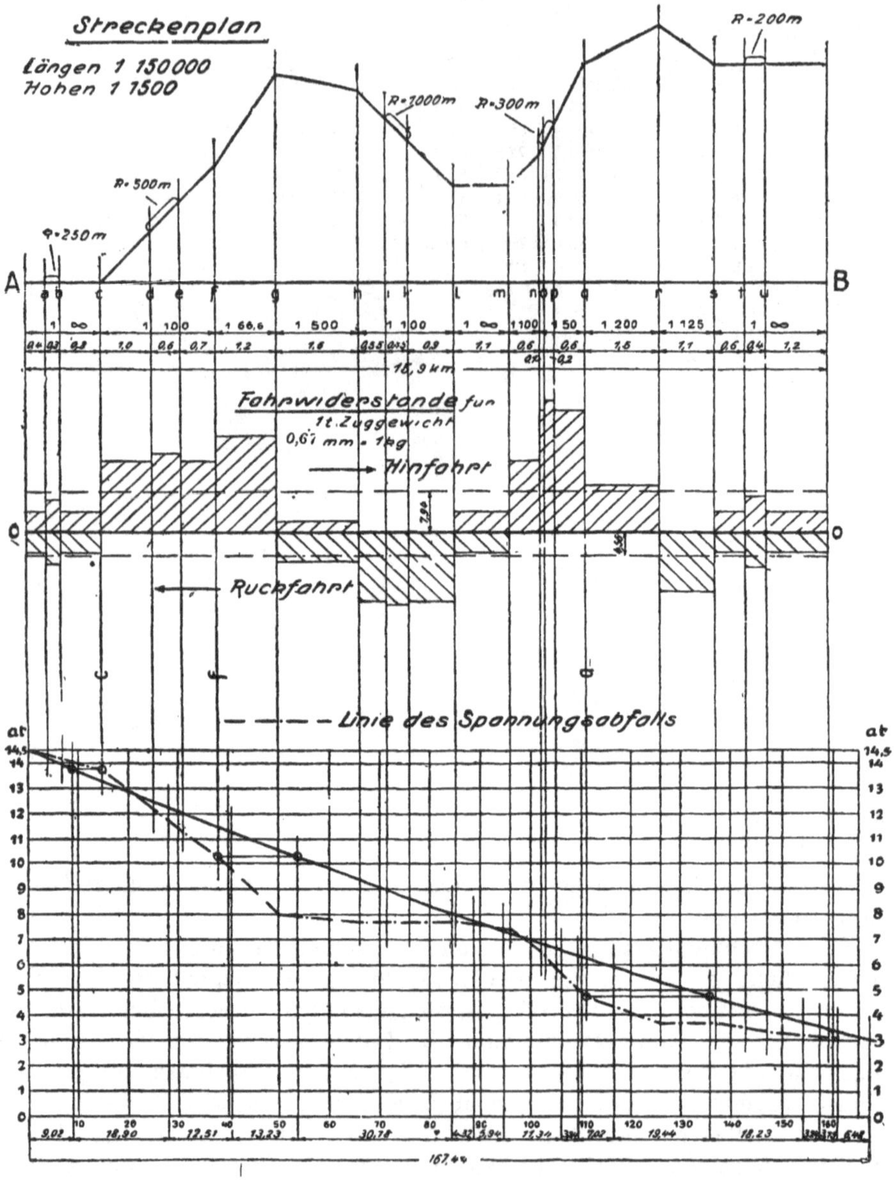

Fig. 204.

inhalt ergibt sich alsdann unter Berücksichtigung des Zeichenmaßstabes durch einfache Teilung mit der Gesamtstreckenlänge der Durchschnittsfahrwiderstand für jede Richtung. Bei der zeichnerischen Ermittlung der Arbeitsfläche wäre noch zu berücksichtigen, daß die Steigungs- und Krümmungswiderstände in genauer Darstellung eine Berücksichtigung der Zuglänge erfordern würden. Diese Widerstände treten nach Einfahren des Zuges in den betreffenden Streckenabschnitt nur allmählich in Erscheinung und wirken erst dann in vollem Umfange, wenn der ganze Zug eingefahren ist. Demgemäß wären also in der Zeichnung diese Widerstände vom Beginn der Steigung oder Krümmung ab bis zu dem Zeitpunkt, wo der Zug ganz eingefahren ist, genau in einer Geraden aufsteigend anzudeuten. In Wirklichkeit ist jedoch eine solche Genauigkeit durchaus nicht erforderlich, da sich der Vorgang bei der Ausfahrt in umgekehrtem Sinne wiederholt. Es genügt daher, wenn diese Widerstände für die Länge der betreffenden Gleisbiegung bzw. Steigung ebenso wie die anderen Fahrwiderstände ohne Berücksichtigung der Zuglänge in Rechteckform aufgetragen werden. Eine Berücksichtigung der Zuglänge wäre nur dann erforderlich, wenn die betreffende Steigung oder Krümmung kürzer wäre als die Länge des ganzen Zuges, ein Fall, der jedoch nur selten vorkommt.

Bei der Fahrt im Gefälle ist zu beachten, daß nur dann ein vollständiges Abstellen des Dampfes möglich ist, wenn der Zug durch sein Eigengewicht in Bewegung gehalten werden kann. Dies tritt erst dann ein, wenn das Gefälle in geradem, krümmungslosem Gleise 4 $^0/_{00}$ oder 1 : 250 übersteigt. In Gefällestrecken ist demgemäß die Bewegungskraft durch Eigengewicht ebenso zu berechnen wie der Steigungswiderstand in umgekehrter Fahrtrichtung und dann um + 4 (den Fahrwiderstand) zu vermindern. Bei längeren Fahrten im Gefälle tritt allerdings eine Beschleunigung des Zuges durch Eigengewicht ein; es ist möglich, diese Beschleunigung nach Einfahrt in die Steigung wieder auszunutzen. Diese Beschleunigung soll jedoch hier unberücksichtigt bleiben. Die Krümmungswiderstände sind selbstverständlich in Gefällstrecken ebenso zu beachten wie bei Steigungen. Sie bleiben im Gefälle jedoch außer Betracht, wenn die Bewegungskraft durch Eigengewicht (der negative Steigungswiderstand) die Summe von Fahrwiderstand (4 kg) und Krümmungswiderstand übersteigt.

Ob eine feuerlose Lokomotive mit Heißdampf oder Sattdampf gespeist wird, bleibt für die Leistungsberechnung selbstverständlich ohne jeden Einfluß. Die Temperatur des zum Laden verwendeten Dampfes muß dagegen in Betracht gezogen werden, wenn es sich darum handelt, diejenige Dampfmenge zu berechnen, welche die ortsfeste Kesselanlage für eine Aufladung abzugeben hat. Ferner wird auch die Zeit einer Ladung bei Verwendung von Heißdampf entsprechend der höheren Temperatur des zugeführten Dampfes und entsprechend dessen größerer Geschwindigkeit vermindert. An und für sich ist demnach die Speisung einer feuerlosen Lokomotive mit Heißdampf als durchaus zweckmäßig und wirtschaftlich zu bezeichnen.

Der Dampfverbrauch feuerloser Lokomotiven wurde durch Versuche zu durchschnittlich 24 kg für eine wirksame (effektive) PS/st ermittelt. Für Verluste durch Wärmeausstrahlung des Behälters ist unter normalen Verhält-

Schaubild des Spannungs-Abfalles der feuerlosen Hoflokomotive „Flink" (L. 1611)

(Dauer des Versuches vom 14. 8. 1914, 9 Uhr 41 Min. vorm. bis 15. 8. 1914, 9 Uhr 19 Min. 51 Sek. vorm.)

Im Kessel befanden sich nach der Füllung 1500 Liter.

Spannungs-Abfall in Atm Ü	Zeitdauer	Mittl. Luft-Temperat	Spannungs-Abfall in Atm Ü	Zeitdauer	Mittl. Luft-Temperat	Spannungs-Abfall in Atm Ü	Zeitdauer	Mittl. Luft-Temperat	Spannungs-Abfall in Atm Ü	Zeitdauer	Mittl. Luft-Temperat	Spannungs-Abfall in Atm Ü	Zeitdauer	Mittl. Luft-Temperat	Spannungs-Abfall in Atm Ü	Zeitdauer	Mittl. Luft-Temperat
11 - 10,8	2'		10,0 - 9,8	4'		9,0 - 8,8	9'		8,0 - 7,8	12'		7,0 - 6,8	14'		6,0 - 5,8	21'	
10,8 - 10,6	2'30"		9,8 - 9,6	4'45"		8,8 - 8,6	9'		7,8 - 7,6	12'30"		6,8 - 6,6	15'		5,8 - 5,6	21'	
10,6 - 10,4	2'30"	21,2°C	9,6 - 9,4	8'30"	21,8°C	8,6 - 8,4	10'	21,7°C	7,6 - 7,4	13'30"	22,4°C	6,6 - 6,4	16'	23,3°C	5,6 - 5,4	21'	25,1°C
10,4 - 10,2	3		9,4 - 9,2	8'45"		8,4 - 8,2	11'		7,4 - 7,2	13'30"		6,4 - 6,2	16'		5,4 - 5,2	21'	
10,2 - 10,0	3 50"		9,2 - 9,0	9'		8,2 - 8,0	11'30"		7,2 - 7,0	14'		6,2 - 6,0	19'		5,2 - 5,0	21'	
	13'50"			35'00"			50'30"			1h 5'30"			1h 20'			1h 45'	

Spannungs-Abfall in Atm Ü	Zeitdauer	Mittl. Luft-Temperat	Spannungs-Abfall in Atm Ü	Zeitdauer	Mittl. Luft-Temperat	Spannungs-Abfall in Atm Ü	Zeitdauer	Mittl. Luft-Temperat	Spannungs-Abfall in Atm Ü	Zeitdauer	Mittl. Luft-Temperat	Spannungs-Abfall in Atm Ü	Zeitdauer	Mittl. Luft-Temperat
5,0 - 4,8	21		4,0 - 3,8	26'		3,0 - 2,8	31'		2,0 - 1,8	44'		1,0 - 0,8	1h 03'	
4,8 - 4,6	21'		3,8 - 3,6	27'		2,8 - 2,6	32'		1,8 - 1,6	53'		0,8 - 0,6	1h 08'	
4,6 - 4,4	21'	25,6°C	3,6 - 3,4	28'	22,8°C	2,6 - 2,4	34'	19,6°C	1,6 - 1,4	1h 03'	16,5°C	0,6 - 0,4	1h 13'	15,5°C
4,4 - 4,2	23'		3,4 - 3,2	30'		2,4 - 2,2	35'		1,4 - 1,2	1h 03'		0,4 - 0,2	1h 15'	
4,2 - 4,0	25'		3,2 - 3,0	31'		2,2 - 2,0	39'		1,2 - 1,0	1h 03		0,2 - 0,0	1h 20'	
	1h 51'			2h 22'			2h 51'			4h 46'			5h 59'	

Mittlerer Strahlungs-Verlust in Cal pro qm Oberfläche u. Stunde zwischen 6,1 u. 1,13 Atm = 1507 Cal
entspricht einer Dampfmenge von = 2,29 kg bei 3,615 Atm Ü
2,29 0,3 ≈ 0,7 Pfg Kosten pro qm Oberfläche u. Stunde
0,7 9,432 = 6,6 Pfg für die gesamte Oberfläche pro Stunde

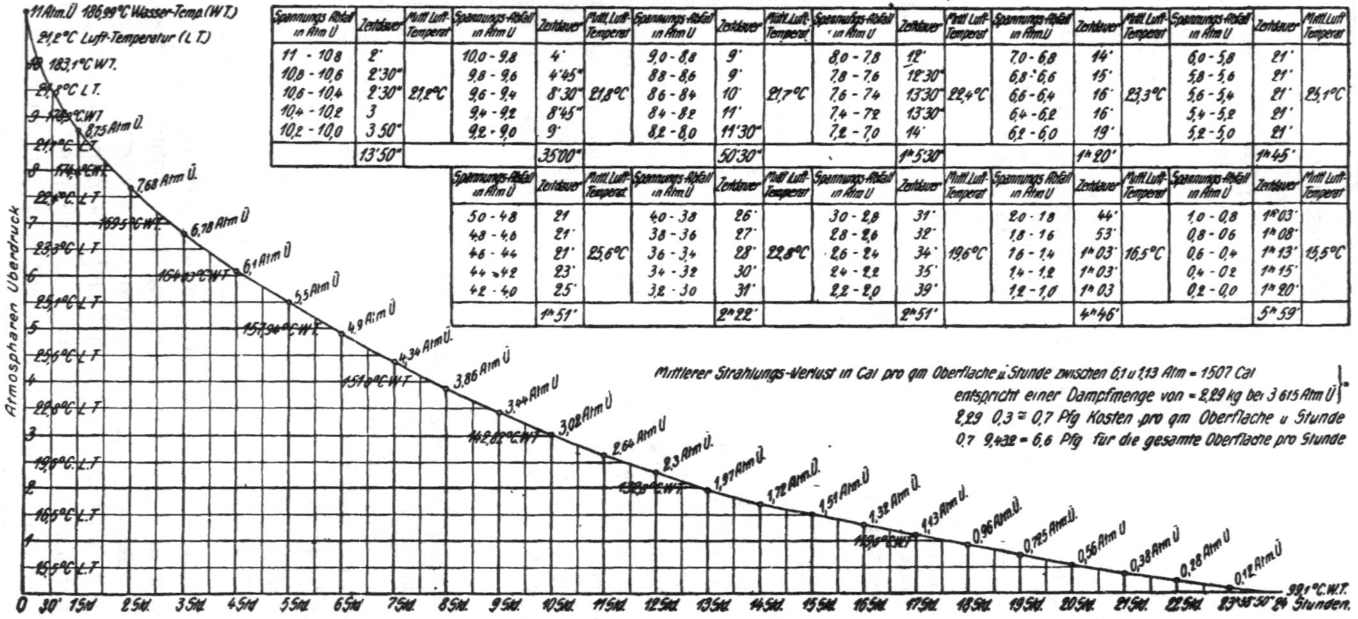

Fig. 205.

nissen hierzu ein Betrag von rund 10—12 v. H. zuzuschlagen, sofern die von der Lokomotive zu verrichtenden Leistungen keine nennenswerten Wartepausen bedingen. Für solche Wartezeiten sind besondere Zuschläge erforderlich, deren Höhe nach den Umständen verschieden ist.

Um die durch Strahlung hervorgerufenen Wärmeverluste genau festzustellen wurden in dieser Richtung vielfach Versuche angestellt. In Fig. 205 sind die Versuche zur Feststellung von Wärmeausstrahlungen an einer 40 PS-Hanomag-Lokomotive zeichnerisch dargestellt. Die Lokomotive wurde gefüllt, bis das Manometer 11 Atm. Ueberdruck anzeigte. Dann blieb die Lokomotive mit geschlossenem Regler, im Freien stehend, sich selbst überlassen. Der alsbald einsetzende, durch die Wärmeausstrahlung hervorgerufene Spannungsabfall wurde in Abhängigkeit von der Zeit gebucht und als Kurve aufgetragen. Unter Zuhilfenahme der gefundenen Versuchsergebnisse wurde dann in den Grenzen 6,1—1,1 Atm. Ueberdruck der mittlere Wärmeverlust für 1 qm Kesseloberfläche und Stunde festgesetzt. Aus den wärmetheoretischen Berechnungen ergab sich für 1 qm Kesseloberfläche und Stunde ein mittlerer Wärmeverlust von 1507 WE bzw. umgerechnet ein verlorenes Dampfgewicht von 2,3 kg kei 3,6 Atm. mittlerem Ueberdruck.

Ein zweiter Versuch an einer 200 PS-Hanomag-Lokomotive (Kesselwasserinhalt 11 500 l Heißwasser), Schaubild Fig. 206, hatte folgendes Ergebnis:

Für 1 qm Kesseloberfläche und Stunde wurde ein mittlerer Wärmeverlust von 1233 WE, entsprechend einem Dampfverlust von 1,9 kg bei 3,6 Atm. Ueberdruck festgestellt.

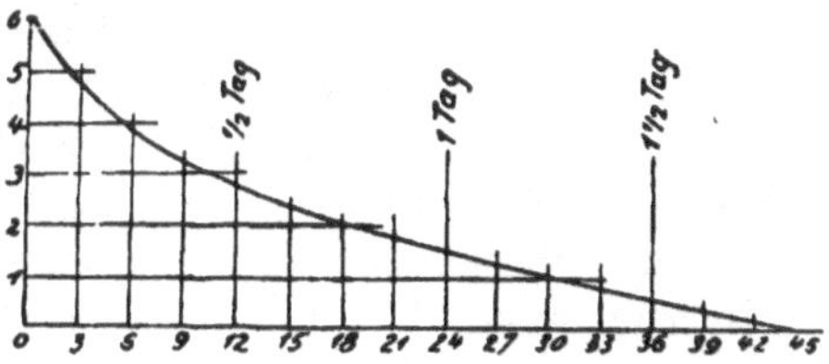

Fig. 206.

Die beiden Versuchsergebnisse decken sich ziemlich, so daß bei den Lokomotiven der Hanomag ein für allemal mit einem mittleren Wärmeverlust von 1373 WE = 2,1 kg Dampf bei 3,6 Atm. mittlerem Dampfüberdruck für 1 qm Kesseloberfläche zu rechnen ist.

Der für den üblichen Streckendienst in Betracht zu ziehende Dampfverbrauch von 24 + 2,7 = rund 27 kg für eine PS/st entspricht einer Arbeitsmenge von 75 × 3600 = 270 000 m kg oder 270 kmkg. Es beträgt also unter üblichen Betriebsbedingungen der Dampfverbrauch einfach 27 : 270 000 = 0,0001 kg oder 0,1 g für jedes geleistete mkg oder 0,1 kg für jedes kmkg. Der Dampfverbrauch einer feuerlosen Lokomotive ergibt sich folglich einfach in kg, wenn die Summe der zu leistenden kmkg durch 10 geteilt wird.

Die Zugkraft einer feuerlosen Lokomotive wird ebenso wie bei einer Dampflokomotive nach der Gleichung

$$Z_i = \alpha \cdot p \cdot \frac{d^2 \cdot h}{D}$$

bestimmt.

In dieser Gleichung bedeutet α einen von der Zylinderfüllung abhängigen

Wert, p die Kesselspannung in Atm. Ueberdruck, d den Zylinderdurchmesser in cm, h den Kolbenhub in cm und D den Treibraddurchmesser in cm. Bei der Berechnung der Zugkraft aus den Zylindern muß jedoch berücksichtigt werden, daß die Spannung im Behälter sinkt, wobei die Dampfverteilung ungünstiger ausfallen wird, als bei den gefeuerten Lokomotiven. Es empfiehlt sich daher, den Wert α für die Höchstleistung aus den Zylindern (voll angelegte Steuerung) bei Spannungen von über 8 Atm. nicht größer als 0,8 anzunehmen, bei 5 Atm. wäre für die Höchstleistung ein α von 0,7 angebracht, für 4 Atm. = 0,6, für 3 Atm. = 0,5, für 2 Atm. und darunter = 0,4—0,2.

Bezüglich der Berechnung der Zugkräfte aus dem Reibungsgewicht haben dieselben Verhältnisse Gültigkeit wie bei den gefeuerten Lokomotiven. Der gesamte Fahrwiderstand darf auch hier nie größer sein als der Reibungswiderstand der Lokomotive, welcher mit höchstens $^1/_5$, besser $^1/_6$ des auf den gekuppelten Achsen ruhenden Gewichts zu veranschlagen ist.

Um auf das weiter vorstehend angeführte Beispiel zurückzukommen, soll zunächst die erforderliche Behältergröße überschlägig ermittelt werden, damit man die Lokomotivgröße bestimmen kann.

Der Inhalt der Arbeitsfläche im Streckenplan Fig. 204 beträgt für die Hinfahrt 1240 qmm, für die Rückfahrt 725 qmm. Hieraus ergibt sich für die Fahrt A nach B ein Durchschnittswiderstand von 7,94 kg/t, für die Fahrt von B nach A ein solcher von 4,56 kg/t.

Das Lokomotivgewicht wird zunächst mit rund 30 t veranschlagt. Für den leichten Verschiebedienst in B wurde eine Arbeit von 1580 km kg geschätzt.

Für die überschlägige Berechnung ergibt sich nun:

Streckenlänge: 15,9 km in jeder Richtung.

Lokomotivgewicht (geschätzt): 30 t dienstfähig.

Aus Fig. 204 ergibt sich:

M a ß s t a b d e r Z e i c h n u n g: Kräfte 0,667 mm = 1 kg, Streckenlängen 6,67 mm = 1 km.

H i n f a h r t A—B: Inhalt der Arbeitsfläche 1262 qmm, durchschnittlicher Fahrwiderstand $\frac{1262 \cdot 100}{15\,900} = 7{,}94$ kg/t; Zuggewicht $8 \cdot 16 + 30 = 158$ t.

R ü c k f a h r t B—A: Inhalt der Arbeitsfläche 725 qmm, durchschnittlicher Fahrwiderstand $\frac{725 \cdot 100}{15\,900} = 4{,}56$ kg/t; Zuggewicht $8 \cdot 8 + 30 = 94$ t.

E r f o r d e r l i c h e A r b e i t i n kmkg:

1. H i n f a h r t A—B: $\frac{158 \cdot 1262 \cdot 100\,000}{1000 \cdot 1000} = 158 \cdot 126 = 19\,600$ kmkg.

2. R ü c k f a h r t B—A: $\frac{94 \cdot 725 \cdot 100\,000}{1000 \cdot 1000} = 94 \cdot 72{,}5 = 6\,820$ kmkg.

3. Geschätzter Zuschlag für leichten Verschiebedienst in B: 1 580 kmkg.

Gesamtarbeit: 28 000 kmkg.

Dampfverbrauch für jedes kmkg 0,1 kg,

Gesamtdampfverbrauch 28 000 . 0,1 = 2800 kg.

Zur Verfügung steht Dampf der ortsfesten Anlage von 15 Atm., der schätzungsweise bis herab zu 2,5 Atm. ausgnutzt werden kann. Die höchste Ladespannung der Lokomotive beträgt bei 0,5 Atm. Spannungsabfall 14,5 Atm.

Nach der Dampftafel S. 150 u. 151 entwickelt 1 cbm Wasser zwischen 14,5 und 2,5 Atm. eine Dampfmenge von 178,6 kg. Es wäre folglich für Hin- und Rückfahrt zusammen erforderlich:

$$\text{eine Behälterfüllung von } \frac{2800}{178{,}6} = 15{,}67 \text{ cbm Wasser.}$$

Diese Behälterfüllung setzt eine mindestens dreiachsige Ausbildung der Lokomotive voraus. Da es sich aus wirtschaftlichen Gründen empfiehlt, die Achsenzahl und das mitzuschleppende tote Gewicht soweit als angängig zu beschränken und da ferner in B die Möglichkeit des Nachfüllens bis auf 6 Atm. besteht, so wird vorgezogen, den Behälter nur für eine Fahrt von A nach B ausreichend zu bemessen und ihn vor der Rückfahrt aufzufüllen.

Demnach wäre die erforderliche Behälterfüllung für die Fahrt von A nach B:

$$\frac{19\,600 \cdot 0{,}1}{178{,}6} = 10{,}98 \text{ cbm.}$$

Gewählt wird eine Hanomag-Lokomotive, Kennwort „Cicatrose" mit 12 cbm Wasserraum.

Nachprüfung: Erforderliche Dampfmenge für den Verschiebedienst

$$1580 \cdot 0{,}1 = 158 \text{ kg.}$$

Zwischen 2,5 und 1 Atm. entwickelt laut Tabelle XVII (S. 150 und 151) 1 cbm der Behälterfüllung: 47,5 kg Dampf. Vorhanden: 12 . 47,5 = 570 kg (ausreichend).

Vor der Rückfahrt wird der Behälter in B von der dortigen Kesselanlage aus auf (6 — 0,5) = 5,5 Atm. geladen.

Die für die Fahrt B—A erforderliche Dampfmenge beträgt

$$6820 \cdot 0{,}1 = 682 \text{ kg.}$$

Diese Menge entspricht bei 12 cbm Behälterinhalt einer Dampfentwicklung von

$$\frac{682}{12} = 56{,}8 \text{ kg für jedes cbm.}$$

Laut Tabelle XVII S. 150 entspricht diese Dampfentwicklung bei 5,5 Atm. Anfangsspannung einem Druckgefälle von

5,5 auf rund 2,7 Atm.

Die gewählte Lokomotive entspricht der überschlägigen Rechnung.

Für die Praxis genügt die überschlägige Berechnung vollkommen. Um die Einzelleistungen zahlenmäßig feststellen zu können, soll nachstehend eine rechnerische Ermittlung der Zugkräfte und Verbrauchsziffern durchgeführt werden. Hierzu ist zu erwähnen, daß sich bei der Nachprüfung für die Hinfahrt eine Arbeit von 20 094 kmkg, für die Rückfahrt 6937 kmkg ergibt. Im wesentlichen ist dieser Unterschied gegen den Voranschlag durch das um rund 4 t höhere Lokomotivgewicht bedingt. Die Berechnung ergibt für die Richtung A—B einen Durchschnittswiderstand von 7,998, für die

Richtung B nach A einen solchen von 4,452 kg; das zeichnerische Verfahren ergab die Werte 7,94 bzw. 4,56.

Der Spannungsabfall im Behälter während der Fahrt kann nun genau festgestellt werden. Hierbei empfiehlt es sich, den in Fig. 204 angedeuteten Vorgang einzuhalten. Zu diesem Zweck wird wieder die Dampftafel auf S. 150 u. 151 zugrunde gelegt; da die darin enthaltenen Werte für 1 cbm der Wasserfüllung gelten, müssen auch die Dampfverbrauchswerte des Vergleichs wegen auf 1 cbm der Wasserfüllung bezogen werden. Die tatsächlichen Verbrauchsziffern sind demgemäß bei vorliegendem Beispiel durch 12 zu teilen. So entstehen die in der letzten Spalte der Tabelle XVIII angeführten Werte von q.

Gemäß der Dampftafel wird die Kurve des Spannungsabfalles, von 14,5 Atm. Anfangsspannung ab ausgehend, in einem beliebigen übersichtlichen Maßstab aufgetragen. Ist so die stetig verlaufende Kurve aufgezeichnet, so wird unter Berücksichtigung der rechnerisch mitgeteilten Werte q in der Zeichnung festgestellt, wie hoch die Spannung am Schluß eines jeden Teilabschnittes der Strecke ist. Kleine aufeinanderfolgende Verbrauchsziffern werden zweckmäßig vereinigt, um die Arbeit zu vereinfachen. Das Verfahren ist aus der Zeichnung zu ersehen und für die Punkte e, f, q hervorgehoben. Nach der Zeichnung kommt die Lokomotive in B mit knapp 3,1 Atm. an. Nach der rechnerischen Ermittlung beträgt der Dampfverbrauch für die Gesamtstrecke A—B 167,44 kg für 1 cbm Behälterfüllung. Nach der Dampftafel entspricht dies genau einem Spannungsabfall von 14,5 auf 3,07 Atm., ein Wert, der praktisch mit der zeichnerischen Ermittlung übereinstimmt.

Nachdem Dampfverbrauch und Spannungsabfall bekannt sind, ist eine Nachprüfung der Zylinderabmessungen bzw. der aus den vorhandenen Zylindern entwickelbaren Zugkräfte erforderlich. Zu diesem Zwecke ist festzustellen, ob auch in den schwierigsten Streckenabschnitten bei den betreffenden Behälterspannungen noch genügende Zugkräfte von den Zylindern zu erzielen sind. Nach der zeichnerischen Ermittlung S. 152 beträgt der größte Fahrwiderstand während der Hinfahrt 26 kg für 1 t Zuggewicht. Er tritt ein in dem Streckenabschnitt o—p. Dies entspricht bei 162 t Zuggewicht einer Zugkraft von 4212 kg. Aus der Linie des Spannungsabfalles ergibt sich, daß am Ende der fraglichen Strecke in p noch eine Spannung von 5,8 Atm. Ueberdruck im Behälter vorhanden ist. Legt man bei voll ausgelegter Steuerung einen größten Zugkraftwert $\alpha = 0,75$ zugrunde (vgl. S. 155), so ergibt sich bei der Hanomag-Lokomotive „Cicatrose“ eine Zugkraft aus den Zylindern

$$Z_i = 0,75 \cdot 5,8 \cdot \frac{50^2 \cdot 40}{100}.$$

Dies entspricht einer ausreichenden Zylinderkraft von 4235 kg.

Am Endpunkt der Strecke q ist gemäß Tabelle XVIII auf der Hinfahrt noch eine Zugkraft von 3888 kg zu entwickeln. Der Behälter hat in diesem Punkte noch eine Spannung von 4,7 Atm. (s. Schaubild Fig. 204).

Die entwickelte Zylinderkraft beträgt also (bei einem α von 0,67)

$$Z_i = 0,67 \cdot 4,7 \cdot \frac{50^2 \cdot 40}{100} = 3149 \text{ kg}.$$

Tabelle XVIII.

Nachrechnung des Dampfverbrauches.

1. Hinfahrt A nach B.

Lokomotivgewicht 33,8 t. Wagengewicht 128 t. Gesamtes Zuggewicht (abgerundet) 162 t. Wasserraum des Behälters 12 cbm.

Strekkenabschnitt	Länge des Streckenabschnittes l = km	Fahrwiderstand für 1 t Zuggewicht W = kg/t	Zugkraft = Zuggewicht × Fahrwiderstand Z = kg	Arbeit im Streckenabschnitt A = Z . l in kmkg	Dampfverbrauch für den Streckenabschnitt Q = 0,1 A in kg	Dampfverbrauch für 1 cbm Wasserfüllung des Behälters $z = \frac{Q}{12}$ in kg	
A—a	0,4	4	648	259	25,9	2,16	
a—b	0,3	6,28	1017	305	30,5	2,54	9,02
b—c	0,8	4	648	518	51,8	4,32	
c—d	1,0	14	2268	2268	226,8	18,90	
d—e	0,6	15,46	2504	1502	150,2	12,51	
e—f	0,7	14	2268	1588	158,8	13,23	
f—g	1,2	19	3078	3694	369,4	30,78	
g—h	1,6	2	324	518	51,8	4,32	
h—i	0,55	0	0	0	0	0	
i—k	0,45	0	0	0	0	0	
k—l	0,9	0	0	0	0	0	
l—m	1,1	4	648	713	71,3	5,94	
m—n	0,6	14	2268	1361	136,1	11,34	
n—o	0,1	24	3888	389	38,9	3,24	
o—p	0,2	26	4212	842	84,2	7,02	
p—q	0,6	24	3888	2333	233,2	19,44	
q—r	1,5	9	1458	2187	218,7	18,23	
r—s	1,1	0	0	0	0	0	
s—t	0,6	4	648	389	38,9	3,24	
t—u	0,4	6,94	1124	450	45,0	3,75	
u—B	1,2	4	648	778	77,8	6,48	
	15,9			20 094	2009,4	167,44	

2. Rückfahrt B nach A.

Lokomotivgewicht 33,8 t. Wagengewicht 64 t. Gesamtes Zuggewicht (abgerundet) 98 t.

Strekkenabschnitt	Länge des Streckenabschnittes l = km	Fahrwiderstand für 1 t Zuggewicht W = kg/t	Zugkraft = Zuggewicht × Fahrwiderstand Z = kg	Arbeit im Streckenabschnitt A = Z . l in kmkg	Dampfverbrauch für den Streckenabschnitt Q = 0,1 A in kg	Dampfverbrauch für 1 cbm Wasserfüllung des Behälters $z = \frac{Q}{12}$ in kg	
B—u	1,2	4	392	470	47	3,91	
u—t	0,4	6,9	680	272	27,2	2,27	
t—s	0,6	4	392	235	23,5	1,96	
s—r	1,1	12	1176	1294	129,4	10,78	
r—q	1,5	0	0	0	0	0	
q—p	0,6	0	0	0	0	0	
p—o	0,2	0	0	0	0	0	44,49
o—n	0,1	0	0	0	0	0	
n—m	0,6	0	0	0	0	0	
m—l	1,1	4	392	431	43,1	3,59	
l—k	0,9	14	1372	1235	123,5	10,29	
k—i	0,45	14,69	1440	648	64,8	5,40	
i—h	0,55	14	1372	755	75,5	6,29	
h—g	1,6	6	588	941	94,1	7,84	
g—f	1,2	0	0	0	0	0	
f—e	0,7	0	0	0	0	0	
e—d	0,6	0	0	0	0	0	
d—c	1,0	0	0	0	0	0	
c—b	0,8	4	392	314	31,4	2,62	
b—a	0,3	6,28	615	185	18,5	1,54	
a—A	0,4	4	392	157	15,7	1,31	
	15,9			6 937	693,7	57,80	

Folglich sind die Zylinder 50 × 40 cm für die geforderte Leistung nicht ausreichend und es werden die Zylinder der nächst größeren Hanomag-Lokomotive von 50 cm Durchmesser und 50 cm Hub gewählt.

Diese Zylinder geben unter gleichen Bedingungen eine Zugkraft

$$Z_i = 0{,}67 \,.\, 4{,}7 \,.\, \frac{50^2 \,.\, 50}{100} = 3936 \text{ kg.}$$

Eine Nachprüfung für die Rückfahrt, bei der offenbar bei h die ungünstigste Stelle liegen wird, ergibt für diese Zylinder eine ausreichende Zylinderkraft.

Für die Nachprüfung der Zugkraft Z_r (aus dem Reibungsgewicht) ist lediglich der größte überhaupt in Frage kommende Widerstand in Betracht zu ziehen.

Der größte Widerstand ist in der Strecke o—p bei der Hinfahrt zu überwinden. Hier ist eine Zugkraft von 4212 kg zu entwickeln. Der Reibungswert μ beträgt folglich an dieser Stelle bei einem Reibungsgewicht der Lokomotive von 33,8 t

$$\mu \,.\, \frac{4212}{33\,800} = \text{rund } \frac{1}{8}.$$

Da Reibungsgewichte unter $^1/_5$ ohne weiteres zulässig sind, ist das Reibungsgewicht ausreichend.

Es sollen hier noch die von der Hanomag gemachten Angaben über die Berechnung der zum Füllen des Lokomotivbehälters erforderlichen Dampfmenge wiedergegeben werden.

1. Erstmalige Ladung in A:
Behältertemperatur 15 ° C,
Behälterwasserraum 12 cbm = 12 000 l.

Die ortsfeste Kesselanlage erzeugt Dampf von 15 Atm. und 350 ° C, der durch die Leitung nach der Füllanlage schätzungsweise 0,5 Atm. Druck und 30 ° Ueberhitzung verliert. Es wird folglich mit Dampf von 14,5 Atm. und 350 ° gespeist.

Gesättigter Dampf von 14,5 Atm. hat eine Temperatur von 198,7 ° C, eine Flüssigkeitswärme von 202,3 WE und eine Gesamtwärme W von 670,9 WE.

Die Wärmemenge W', welche der Ueberhitzung von 198,7 ° auf 320 ° entspricht, berechnet sich aus Gleichung

$$W' = c_p \,(t'_1 - t),$$

worin c die spezifische Wärme des Heißdampfes bei gleichbleibender Spannung = 0,6 (Durchschnittswert, der für vorliegenden Zweck angenommen werden kann), t'_1 die Temperatur des Heißdampfes in ° C und t die Temperatur des gesättigten Dampfes gleicher Spannung in ° C bedeutet.

Im vorliegenden Falle:

$$W' = 0{,}6 \,(320 - 198{,}7) = 0{,}6 \,.\, 121{,}3 = 72{,}78.$$

Folglich hat jedes Kilogramm Fülldampf einen Wärmeinhalt von

$$W + W' = 670{,}9 + 72{,}78 = \text{rund } 743{,}7 \text{ WE.}$$

Zur Erwärmung einer Wassermenge von 12 000 l und 15 ° C auf den

Siedepunkt bei 14,5 Atm. Spannung ist eine Wärmemenge erforderlich von:

$$12\,000 \,.\, (202,3 - 15)\ \text{WE/kg} = 12\,000 \,.\, 187,3 = 2\,247\,600\ \text{WE}.$$

Dies entspricht bei einem Wärmegehalt des Ladedampfes von 743,7 WE einer Dampfmenge von

$$\frac{2\,247\,600}{743,7} = 3022\ \text{kg}.$$

Diesem Wert wäre, wie schon erwähnt, noch etwa 11 v. H. zuzuschlagen, um die Verluste durch Erwärmung des Kesselmantels und Ausstrahlung zu berücksichtigen.

Für eine Nachfüllung des warmen Behälters mit 0,2 Atm. Ueberdruck ist die erforderliche Dampfmenge wesentlich geringer; sie beträgt dann nur noch

$$\frac{12\,000 \,.\, 97,1\,(201,9 - 104,8)}{743,7} = 1567\ \text{kg},$$

wobei wieder 11 v. H. zuzuschlagen wären.

Nach Beendigung des Verschiebedienstes hat die Kesselanlage in B den Behälter der Lokomotive von rund 2 Atm. auf 5,5 Atm. aufzuladen. Der Ladedampf ist in diesem Falle nicht überhitzt.

Die Flüssigkeitswärme des Dampfes von 5,5 Atm. beträgt 163,0, bei 2 Atm. 133,9, seine Gesamtwärme bei 5,5 Atm. 661,1. Demgemäß hat die Kesselanlage in B eine Dampfmenge von

$$\frac{12\,000 \,.\, (163,0 - 133,9)}{661,1} = \frac{582\,000}{661,1} = 882\ \text{kg}$$

herzustellen, wobei wieder 11 v. H. Zuschlag zu berücksichtigen sind.

Die Zeit, die zur Füllung einer feuerlosen Lokomotive notwendig ist, läßt sich rechnerisch kaum ermitteln, da sie nicht allein von der Leistungsfähigkeit und augenblicklichen Belastung der ortsfesten Kesselanlage abhängt, sondern auch von der Länge und Weite der Dampfleitung. Die erstmalige Ladung des Kessels erfordert unter üblichen Verhältnissen etwa 20—30 Minuten, eine Nachfüllung des noch warmen Behälters etwa 10—20 Minuten.

2. Beschreibung ausgeführter feuerloser Lokomotiven.

A. Feuerlose Lokomotiven der Hannoverschen Maschinenbau-Aktien-Gesellschaft, Hannover-Linden (Hanomag).

Die Konstruktion der feuerlosen Lokomotiven weicht im wesentlichen nur wenig von der der gefeuerten Lokomotiven ab. Es ist jedoch selbstverständlich, daß die besonderen Betriebsbedingungen, unter welchen die feuerlosen Lokomotiven zu arbeiten haben, berücksichtigt werden müssen. Dies gilt besonders von der Isolierung des Behälters. Bei der Hanomag wird die aus einer doppelten Blechbekleidung mit Filzzwischenlage bestehende Isolierung, wie sie in Fig. 207 dargestellt ist, verwendet. Die Anbringung der schon erwähnten Schwallbleche zur Dämpfung der Stoßwirkung auf die im Behälter befindliche große Wassermasse beim Bremsen usw. zeigt Fig. 208.

Den Gesamtaufbau einer 200 PS-Hanomag-Lokomotive zeigt Fig. 209 mit der dazugehörigen Querschnittszeichnung Fig. 210. Am vorderen Teil, des Behälters ist eine durch Verschraubung verschließbare Oeffnung angebracht, die zum Füllen des Behälters dient. Das Füllventil ist an der vorderen Stirnwand des Behälters angebracht, das, wie schon erwähnt, mit einem durch-

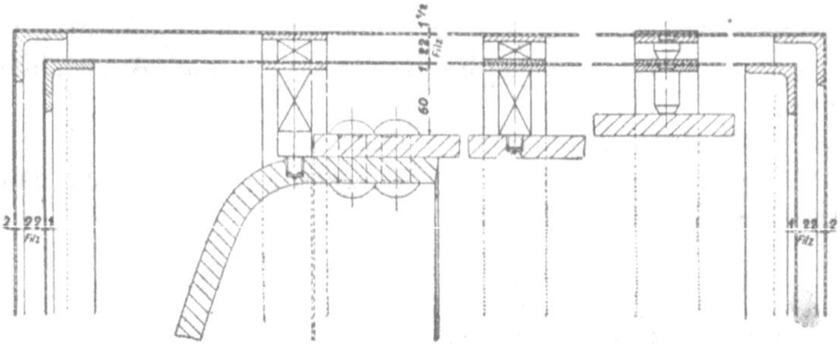

Fig. 207.

löcherten Rohr in Verbindung steht. Die Bauart des Füllventils geht aus Fig. 211 hervor. Die Zylinderabmessungen sind verhältnismäßig groß bemessen, damit auch bei niedrigen Spannungen genügend hohe Zugkräfte entwickelt werden. Besondere Sorgfalt muß auf die Ausarbeitung der Steuerungsanordnung verwendet werden, da hiervon in erster Linie die Wirtschaftlichkeit und Brauchbarkeit der feuerlosen Lokomotive abhängt. Es ist zu bedenken, daß eine solche Lokomotive bei verschiedenen Spannungen mit gün-

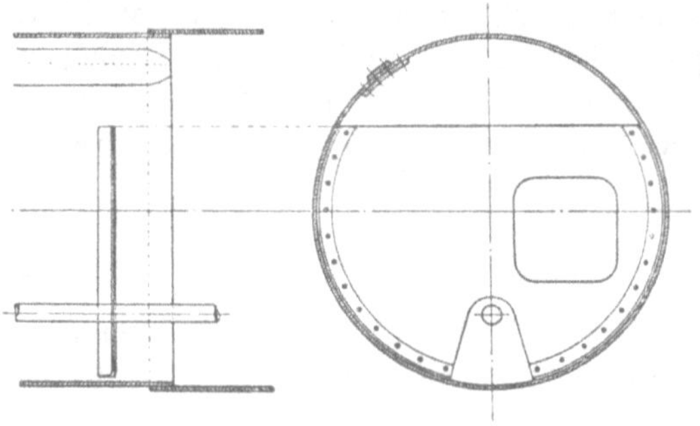

Fig. 208.

stiger Dampfverteilung zu arbeiten hat. Die Steuerungsanordnung ist so zu wählen, daß hohe Zusammendrückungen vermieden bleiben, selbst wenn hierdurch die Dampfverteilung bei höherer Spannung und kleinerer Füllung ungünstig beeinflußt wird.

Fig. 212 zeigt eine für das Werk der Hanomag gebaute regelspurige kleine Verschiebelokomotive, die nur für die Beförderung leichter Lasten zwischen den einzelnen Werkstätten bestimmt ist. Die Lokomotive hat aus diesem

Grunde nur eine Treibachse. Nachstehend sind die Hauptdaten dieser 40 PS-Lokomotive angeführt:

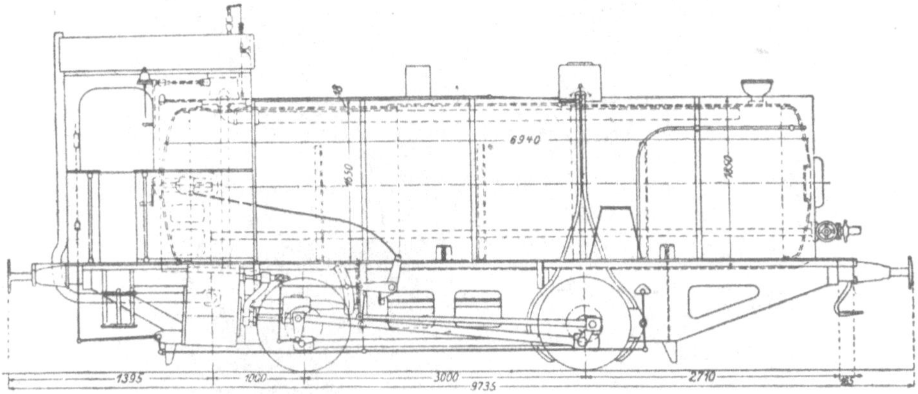

Fig. 209.

Spurweite	1435 mm	Höchstzulässige Füllspannung	12 Atm.
Zylinderdurchmesser	225 mm	Leergewicht	8,5 t
Kolbenhub	360 mm	Größtes Dienstgewicht	10,2 t
Raddurchmesser	600/800 mm	Reibungsgewicht	5,2 t
Radstand	1200 mm	Größte Zugkraft aus dem Reibungsgewicht	f = ⅓ = 1730 t
Wasserraum des Kessels	1,5 cbm		
Dampfraum des Kessels	0,5 cbm		f = ¼ = 1300 t

Kleinster Krümmungshalbmesser 20 m.

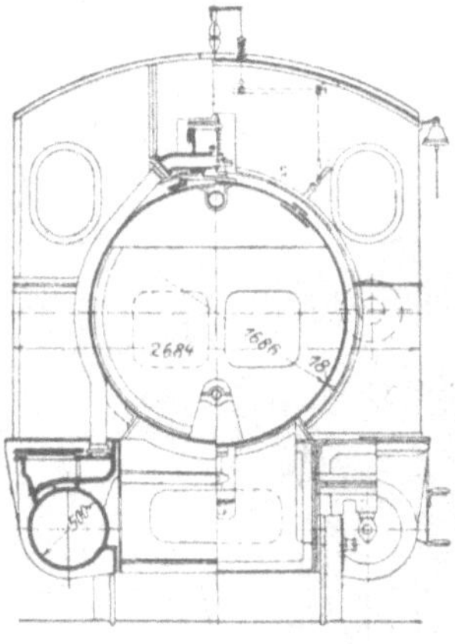

Fig. 210.

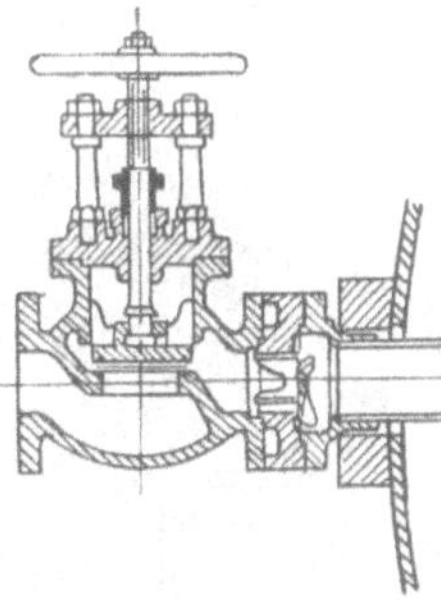

Fig. 211.

Fig. 213 zeigt eine kleine zweiachsige feuerlose Lokomotive der Hanomag, die für die Brazil Railway Co. geliefert wurde. Ihre Hauptdaten sind folgende:

Fig. 212.

Fig. 213.

Spurweite	1000 mm	Wasserraum des Behälters	2,4 cbm
Zylinderdurchmesser	400 mm	Dampfraum des Behälters	0,8 cbm
Kolbenhub	400 mm	Leergewicht	9,6 t
Raddurchmesser	820 mm	Dienstgewicht	12,1 t

Dampfdruck 12 Atm.

Fig. 214.

Die in Fig. 214 dargestellte regelspurige Hanomag-Lokomotive von 70 PS wird häufig auf Werkbahnen als Rangierlokomotive verwendet. Die Hauptdaten dieser Maschine sind:

Spurweite	1435 mm	Wasserraum	3,5 cbm
Zylinderdurchmesser	400 mm	Dampfraum	1,2 cbm
Kolbenhub	400 mm	Leergewicht	12,8 t
Raddurchmesser	820 mm	Dienstgewicht	16,5 t

Dampfdruck 12 Atm.

Zwei von der Hanomag häufiger ausgeführte Füllanlagen sind in Fig. 215 und 216 dargestellt. Die einfachere Bauart (Fig. 215) besteht im wesentlichen nur aus einem Metallschlauch, der mit Niederschraubventil unmittelbar an die Rohrleitung angeschlossen ist, die mit der ortsfesten Kesselanlage verbunden ist. Um ein Knicken oder Ueberfahren des Metallschlauches zu verhindern, wird nach Beendigung der Ladung der Metallschlauch vom Füllventil der Lokomotive abgeschraubt, zurückgebogen und in einer Gabel aufgehängt. Zweckmäßiger, aber auch kostspieliger, ist die Ausführung nach Fig. 216. Hier ist an die Dampfleitung ein Wandarm angeschlossen, der um eine wagerechte Achse gedreht werden kann. Das Gelenk des Wandarmes ist als Hahn ausgebildet, der die Dampfleitung erst dann freigibt, wenn der Wandarm aus seiner Ruhelage um etwa 45° gesenkt ist.

Tabelle XIX.

Feuerlose Hanomag-Lokomotiven.

Bauart		0—4—0	0—4—0	0—4—0	0—4—0	0—4—0	0—4—0	0—4—0	0—4—0	0—6—0
PS		40	60	40	70	100	150	200	250	300
Spurweite	in mm	600	1000	1435	1435	1435	1435	1435	1435	1435
Zylinderdurchmesser	„ „	355	400	400	400	430	430	500	500	500
Hub	„ „	300	400	400	400	400	400	400	400	500
Raddurchmesser	„ „	600	820	820	820	880	880	1000	1000	1000
Gesamtradstand	„ „	1200	1650	1650	2000	2300	2500	2800	3000	3600
Wasserraum des Behälters	in cbm	1,8	2,4	1,8	3,5	5,25	8,0	10,5	12,0	15,0
Dampfraum des Behälters	„ „	0,5	0,8	0,5	1,2	1,75	2,0	2,5	2,5	3,0
Leergewicht	in t	6,3	10,7	8,6	12,8	16,5	18,1	20,8	21,5	25,5
Dienstgewicht	„ „	8,3	13,0	10,6	16,5	22,0	26,5	31,6	33,8	41,0
Größte Höhe	in mm	2830	3800	3500	3650	3650	3750	3750	3990	3990
Größte Breite	„ „	1900	2700	2350	2750	2850	2850	2850	2850	2850
Größte Geschwindigkeit i. d. Stunde	in km	25	30	30	30	35	35	40	40	40
Kleinster Krümmungshalbmesser	in m	20	30	30	50	65	80	90	100	125
Größte Zugkraft beim Anfahren = $\frac{1}{3}$ Dienstgewicht in kg (Sandstreuen)		2770	4030	3530	5300	7330	8830	10530	11270	13 670
Grenzzugkraft ohne Sandstreuen = $\frac{1}{5}$ vom Dienstgewicht = Z in kg		1660	2420	2120	3180	4400	5300	6320	6760	8200
Größte Zugkraft aus den Zylindern kg $Z_1 = \alpha \cdot p \cdot \frac{d^2 \cdot h}{D}$ — bei vollausgelegter Steuerung	bei 10 Atm.	—	—	—	—	6720	6720	8000	8000	10 000
	„ 8 „	—	—	—	4992	5376	5376	6400	6400	8000
	„ 6 „	2835	3510	3510	3510	3780	3780	4500	4 500	5625
	„ 4 „	1512	1872	1872	1872	2016	2016	2400	2 400	3000
	„ 3 „	945	1170	1170	1170	1260	1260	1500	1 500	1875
	„ 2 „	378	468	468	468	504	504	600	600	750

Fortsetzung Tabelle XIX.

Zugkraft Z = $^1/_6$ vom Dienstgewicht kann noch geleistet werden bei x Atm.		4,3	4,7	4,3	5,5	6,6	8	8	8,5	8,2
A) Schleppasten bei Z = $^1/_6$ Dienstgewicht in Tonnen bei Steigung	1 : ∞	324	472	519	779	1078	1298	1548	1656	2009
	1 : 500	229	334	343	514	711	857	1022	1093	1326
	1 : 200	158	230	225	337	467	562	670	717	870
	1 : 100	102	149	141	211	—	—	—	—	—
(x + 1) Atm.		5,3	5,7	5,3	6,5	7,6	9	9	9,5	9,2
Wegelange bei Spannungsabfall von 11 bis (x + 1) Atm. und Zugkraft = Z		934 m	785 m	731 m	729 m	593 m	423 m	465 m	374 m	461 m
B) Schleppasten bei weiterer Dampfausnützung von (x + 1) Atm. bis auf 3 Atm. in Tonnen	1 : ∞	181	222	282	276	293	288	343	341	428
	1 : 200	127	155	184	179	198	183	218	216	271
	1 : 200	86	105	119	114	118	113	135	133	167
	1 : 100	55	66	73	68	68	63	75	73	93
Wegelängen bei Dampfausnutzung von (x + 1) bis 3 Atm.		924 m	1143 m	746 m	2062 m	3581 m	6698 m	7385 m	8944 m	8640 m
Wegelänge bei Dampfausnutzung von 11 Atm. bis 3 Atm, wenn nur die unter B angeführten Schleppasten befördert werden		2483 m	2675 m	2006 m	3901 m	5433 m	8279 m	9128 m	10 432 m	10 432 m

Das Laden der Lokomotive ist sehr einfach und braucht bloß darauf geachtet werden, daß, ähnlich wie beim Anlassen einer Dampfmaschine, das Oeffnen des Füllventils vorsichtig und ganz allmählich erfolgt, um heftige Stöße und Wasserschläge zu vermeiden.

Der Vollständigkeit halber sollen noch in Tabelle XIX die Hauptdaten der von der Hanomag vorwiegend gebauten feuerlosen Lokomotiven angeführt werden.

B. Feuerlose Lokomotiven von A. Borsig, Berlin-Tegel.

Die Firma A. Borsig baut feuerlose Lokomotiven als Spezialität, die nicht nur hierzulande, sondern auch im Auslande große Verbreitung in Sprengstoff-, Zellulose-, Zündholz- und anderen Fabriken, ferner als Rangierlokomotiven in größeren Werken gefunden haben. Die Firma baut diese Lokomotiven in jeder Größe für jede Spurweite und jeden Verwendungszweck.

Eine schmalspurige feuerlose Lokomotive für den Dienst in geschlossenen Räumen zeigt Fig. 217. Das Dienstgewicht dieser Lokomotive beträgt 12,5 t.

Fig. 218 zeigt eine Kranlokomotive von Borsig, deren Handkran für 2000 kg Hublast und 5 m Ausladung gebaut ist. Das Dienstgewicht dieser Lokomotive hat 22 t.

Bei allen feuerlosen Lokomotiven von Borsig, bei denen

die Zylinder außerhalb des Rahmens liegen, werden die Umsteuerungen nach der Bauart Heusinger ausgeführt, die konstante Voreinströmung bei allen Füllungen hat und eine ausgezeichnete gleichmäßige Dampfverteilung in beiden Fahrrichtungen gewährleistet. Da während der größten Dauer der Arbeit bei den höheren Dampfdrücken im Behälter mit kleinen Zylinderfüllungen gearbeitet wird, ist die Umsteuerung besonders für die kleinen Füllungen gut ausreguliert und als Steuerorgane sind außerdem in den Zylindern durchwegs

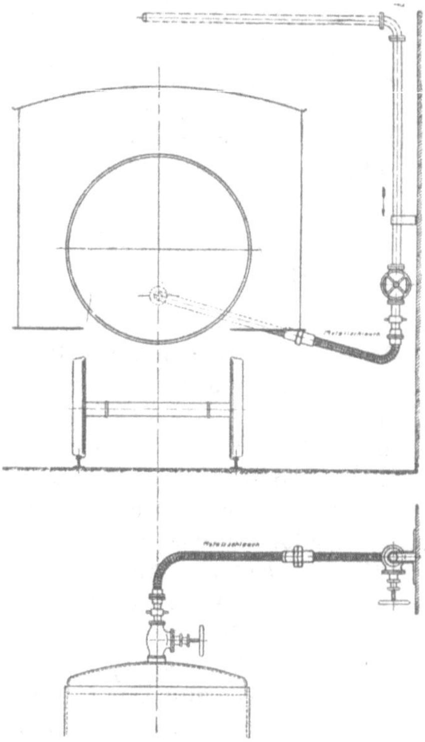

Fig. 215.

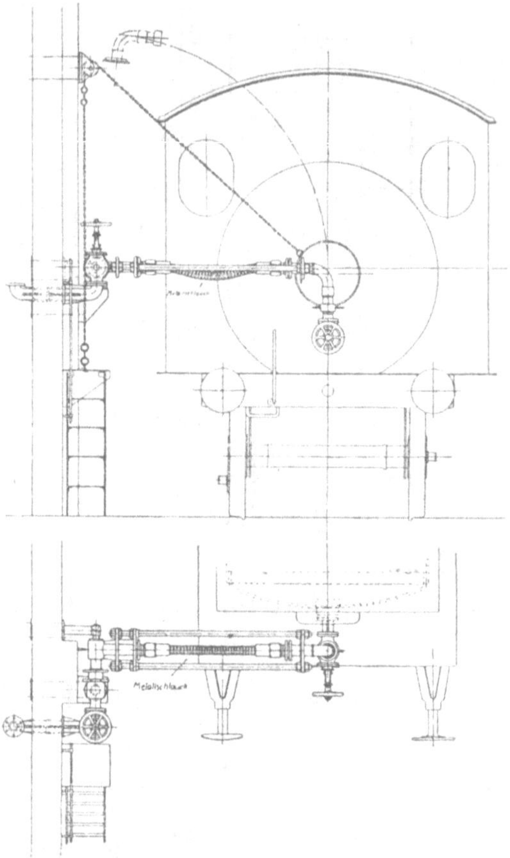

Fig. 216.

Tricksche Kanalschieber benutzt, welche für die den kleinen Zylinderfüllungen entsprechenden kleineren Schieberwege eine doppelte Kanaleröffnung ergeben, wodurch die Drosselung des Dampfes beim Durchströmen durch die kleinen Kanalöffnungen um die Hälfte vermindert wird.

Fig. 217.

Fig. 218.

C. Feuerlose Lokomotiven für Grubenbetrieb.

Für Grubenbetrieb haben die feuerlosen Lokomotiven bisher nur wenig Anwendung gefunden, da ihre Leistungsfähigkeit infolge des Umstandes, daß im Stollenbetrieb die Größe des Kessels an ein begrenztes Höchstmaß gebunden ist, nur sehr klein sein wird. Nichtsdestoweniger haben sich besonders die Firmen Orenstein und Koppel und die Maffeiwerke in München um den Bau von feuerlosen Grubenlokomotiven bemüht.

Der Antrieb der Grubenlokomotiven erfolgt fast immer durch eine stehende Zwillingsmaschine, die rückwärts beim Führersitz angeordnet ist, und die das rückwärtige Räderpaar durch eine Glenkkette antreibt. Die beiden Räderpaare sind durch Pleuelstangen gekuppelt.

Zur Steuerung dient ein Reversierhebel, mit dem der Führer die Füllung dem vorhandenen Dampfdrucke und der jeweiligen Zugkraft entsprechend regelt. Der Auspuffdampf wird in einem Kondensator niedergeschlagen, so daß kein freier Auspuffdampf die Aussicht des Führers behindert.

Eine Grubenlokomotive von Orenstein und Koppel hat folgende Hauptdimensionen:

Inhalt des Kessels: Wasserraum	1000 l
„ „ „ : Dampfraum	250 l
Zylinderdurchmesser	150 mm
Hub	250 mm
Wasserinhalt des Kondensators	650 l
Kühlfläche der Rohre	7 qm
Dampfdruck bis	12 Atm.
Größte Länge über die Puffer	3996 mm
„ Breite	850 mm
Höhe von Schienenoberkante	1600 mm
Radstand	1000 mm
Spurweite	500 mm
Raddurchmesser	450 mm
Leergewicht	3280 kg
Dienstgewicht	4900 kg
Zugkraft	320 kg
Geschwindigkeit	8—10 km/st.

In Schächten, wo eine Dampfleitung bereits eingebaut ist, wie dies bei unterirdischen Wasserhaltungen der Fall ist, wird die feuerlose Lokomotive sicherlich gute wirtschaftliche Resultat erzielen [1]).

Nachstehend sollen die von A. Borsig gemachten Vorschriften über die Bedienung und Behandlung der feuerlosen Lokomotiven der Hauptsache nach wiedergegeben werden.

1) Näheres über die Rentabilität von feuerlosen Lokomotiven im Grubenbetrieb siehe: Czermak, Ueber die Wirtschaftlichkeit der diversen Grubenlokomotivförderungen mit besonderer Berücksichtigung des Ostrau-Karwine-Reviers. Montanistische Rundschau vom 16. Juni, 1. Juli und 1. August 1912.

D. Betriebsvorschriften für feuerlose Lokomotiven.

Allgemeine Bemerkungen.

In der Zeit, in der die Lokomotive nicht arbeitet, und besonders in der Nachtzeit, soll sie vor äußeren Witterungseinflüssen geschützt sein. Zu diesem Zwecke soll ein bequemer Schuppen mit Werkbank usw. vorgesehen sein. Der Schuppen soll derart gebaut sein, daß im Winter die Temperatur in demselben nicht unter 0° sinkt.

Zum Putzen der Maschine sollen scharfe Putzmittel vermieden werden. Es genügt, wenn die blanken Teile mit einem eingefetteten Putzlappen abgerieben werden.

Alle zur Maschine gehörigen Werkzeuge müssen vollzählig vorhanden sein, sowie alle Materialien, die zur Bedienung und Instandhaltung erforderlich sind, müssen stets vorrätig gehalten werden.

Zum Schmieren darf ausschließlich nur Mineralöl verwendet werden.

Die beim Betriebe der Lokomotive zu beachtenden Vorschriften sind in 3 Hauptgruppen eingeteilt: 1. Das Fertigmachen zum Dienste. 2. Der Dienst. 3. Nach dem Dienste. Der Uebersichtlichkeit halber sind diese Vorschriften nachstehend in Paragraphen geordnet.

Vor dem Dienste.

Wie bereits erwähnt, braucht der Behälter der Lokomotive nur erstmalig bei Indienststellung der Lokomotive besonders mit Wasser gefüllt zu werden, da sich das während der Arbeit verbrauchte Wasser selbsttätig ergänzt durch Kondensierung des in den Behälter eingeführten Dampfes aus der ortsfesten Kesselanlage. Vorteilhaft wird für die erstmalige Auffüllung des Behälters bereits angewärmtes Wasser verwendet.

α. Die neu angelieferte oder zwecks Revision entleerte Lokomotive.

§ 1. Der Regulator bzw. das Dampfentnahmeventil ist geschlossen. Die Zylinderentwässerungshähne sind gleichfalls geschlossen, die Hähne des Wasserstandszeigers dagegen geöffnet; das Steuerungshändel steht in der Mittelstellung; der Mannlochdeckel ist eingesetzt.

§ 2. Der im oberen Teile des Behälters befindliche konische Pfropfen wird herausgeschraubt und durch die von diesem bisher verschlossene Oeffnung mittels Trichters oder Schlauch der Behälter gefüllt. Ist Druckwasser vorhanden, so kann die Füllung auch durch den Ablaßhahn erfolgen.

§ 3. Die Wasserzufuhr wird abgeschlossen, sobald der Wasserspiegel eine Höhe, die 5 cm unter der Marke „Normaler Wasserstand" liegt, erreicht hat. Darauf wird der obere Pfropfen wieder eingeschraubt.

§ 4. Die Lokomotive wird gründlich abgeschmiert; alle Oelgefäße werden mit Oel gefüllt und die Schmierdochte revidiert.

§ 5. Die Lokomotive wird zur Füllstation gebracht und an die Dampfleitung angeschlossen; bevor jedoch das Absperrventil am Behälter geöffnet wird, ist

§ 6. die Bremse fest anzuziehen, ferner sind

§ 7. die Zylinderentwässerungshähne zu öffnen,

§ 8. der Manometerhahn zu öffnen und

§ 9. das Sicherheitsventil zu lüften, damit bei der nun eintretenden Erwärmung die Luft entweichen und dem sich bildenden Dampfe Platz machen kann.

§ 10. Das Dampfabsperrventil wird jetzt geöffnet, wobei das Wasser allmählich auf die Temperatur des Dampfes erhitzt wird. Die Zeitdauer dieser ersten Füllung beträgt 30—45 Minuten.

§ 11. Sobald Dampf aus dem Sicherheitsventil austritt, ist dasselbe zu schließen.

§ 12. Am Manometer ist das Ansteigen der Spannung im Behälter zu beobachten; zeigt das Manometer keine weitere Steigung der Spannung an, so ist das Wasser im Behälter „gesättigt" und nimmt von dem eingeleiteten Dampf keine Wärme mehr an. Das Dampfabsperrventil wird geschlossen, die Fülleitung gelöst und die Lokomotive ist verwendungsbereit.

§ 13. Am Wasserstandsglase ist nachzusehen, ob der Wasserspiegel sich in der Höhe der Normalmarke befindet; hat er diese wesentlich überschritten, so muß mittels des Ablaßhahnes so lange Wasser abgelassen werden, bis die Marke erreicht ist.

β. Die im Dauerbetriebe befindliche Lokomotive.

Die Vorbereitung zum Dienst ist wesentlich einfacher, wenn die Lokomotive sich tags vorher bereits im Betriebe befand. Wurde sie abends nach beendeter Arbeit noch mit geringer Dampfspannung in den Schuppen gefahren, so wird sie gewöhnlich morgens bei Beginn der Arbeit noch so viel Spannung besitzen, um mit eigener Kraft zur Füllstation zu fahren.

Liegt die Füllstation im Schuppen, so ist zunächst nachzusehen, ob die in § 1 genannten Apparate sich im richtigen Zustande befinden. Die §§ 2, 3, 8, 9 und 11 kommen in diesem Falle nicht in Betracht, hingegen sind die in den §§ 4, 5, 6, 7, 10, 12 und 13 angeführten Handhabungen vorzunehmen. Die Füllung wird in diesem Falle 7—15 Minuten in Anspruch nehmen.

Der Dienst.

§ 14. Die Bremse wird gelöst.

§ 15. Beim Anfahren ist zunächst mit der Dampfpfeife ein Zeichen zu geben; nach einer kleinen Pause wird das Steuerhändel ausgelegt und darauf der Regulator langsam geöffnet.

§ 16. Das Oeffnen des Regulators darf nur ganz allmählich erfolgen, um zunächst zur Anwärmung der Zylinder ein wenig Dampf einströmen zu lassen. Das Steuerhändel wird zunächst voll in der gewünschten Fahrtrichtung ausgelegt und dann zurückgestellt, sobald die Lokomotive sich in Bewegung gesetzt hat.

§ 17. Nach einigen Umdrehungen der Räder werden die Zylinderhähne geschlossen. Von Zeit zu Zeit, überhaupt nach jedem Stillstande der Lokomotive müssen die Zylinderhähne geöffnet werden, um Wasserschläge zu vermeiden.

§ 18. Während der Arbeit der Lokomotive ist mittels des Steuerhändels und des Regulatorhebels der Dampfzutritt zu den Zylindern so zu regeln, daß stets mit möglichst kleinen Zylinderfüllungen gefahren und nur soviel Dampf zugeführt wird, daß der Zug leicht in Bewegung gehalten werden kann. Aus den früher erörterten Gründen ist es zur möglichsten Ausnutzung der im Behälter aufgespeicherten Kraftmenge unbedingt erforderlich, so sparsam als möglich mit dem Dampf umzugehen.

§ 19. Der Führer hat am Manometer das Sinken der Dampfspannung zu beobachten und wird er in kurzer Zeit herausfinden, wie weit er mit der Dampfspannung heruntergehen darf, bevor er zur Nachfüllung an die Füllstation zu fahren hat.

§ 20. Die Nachfüllung geschieht in gleicher Weise, wie vorher bei der Nachfüllung erläutert; bevor der Führer von der Maschine steigt, hat er in jedem Falle wieder die Bremse anzuziehen, das Steuerhändel in die Mittelstellung zu bringen und die Zylinderhähne zu öffnen.

§ 21. Während des Nachfüllens untersucht der Führer abermals die Schmiergefäße und überzeugt sich durch Betasten und Beklopfen, ob alle Gewerkteile in gutem betriebsfähigem Zustande sind.

§ 22. Sind warme Lager vorhanden, so empfiehlt es sich zunächst, die Keile zu lösen und in die Fuge zwischen den Lagerschalen etwas Schwefelblüte zu streuen oder dem Schmieröl solche zuzusetzen und tüchtig zu ölen.

Nach dem Dienste.

Nach Beendigung des Tagesdienstes wird die Maschine in den Schuppen gebracht. Liegt die Füllstation außerhalb des Schuppens, so ist die Lokomotive mit einer Spannung außer Dienst zu stellen, die groß genug ist, um am nächsten Morgen mindestens noch ½—1 Atm. Ueberdruck zu haben, mit welcher die Lokomotive sich selbst noch zur Füllstation befördern kann. Bei normalen Außentemperaturen und gut isoliertem Behälter wird in einem Zeitraum von 4—5 Stunden mit einem Spannungsabfall von 1 Atm. zu rechnen sein, so daß es genügt, wenn 10 Stunden Ruhepause angenommen werden, die Lokomotive mit 3 Atm. Spannung in den Schuppen zu bringen.

§ 23. Sobald die Maschine im Schuppen ist, sind wiederum in erster Linie, wie bereits in § 20 hervorgehoben: Die Bremse anzuziehen, das Steuerhändel in die Mittelstellung zu bringen und die Zylinderhähne zu öffnen.

§ 24. Sämtliche Lager sind zu prüfen.

§ 25. Im dauernden Betrieb nützen sich die reibenden Teile allmählich ab, so daß sie während des Betriebes klopfen oder schlagen. Zur Beseitigung dieser Schläge müssen die Stellkeile und Schrauben vorsichtig angezogen werden. Schlagen die Lager alsdann trotzdem noch, so sind sie an der Stoßfläche nachzufeilen.

§ 26. Die Stopfbüchsen für Kolben und Schieberstangen sind gleichmäßig nachzuziehen.

§ 27. Der Regulator soll stets dicht sein. Eine Probe auf das richtige Abschließen des Regulators kann leicht dadurch angestellt werden, daß man beobachtet, ob bei ausgelegter Steuerung aus den geöffneten Zylinderhähnen Dampf ausströmt oder nicht.

§ 28. Sind aus besonderen Gründen die Achsgabelverbindungen herausgenommen worden und nicht sorgfältig wieder eingesetzt, so kann es vorkommen, daß die Achsausschnitte oben an den Ecken einbrechen.

§ 29. Die Arbeitsflächen der Dampfschieber und die Gleitflächen dafür in den Zylindern müssen so aufeinandergepaßt sein, daß kein Dampf zwischen Schieber und Schieberspiegel treten kann; man hat darauf zu achten, daß die Arbeitsflächen stets glatt bleiben. Eine Probe auf den richtigen Zustand der Schieberflächen ergibt sich aus der Beobachtung, ob bei in Mittelstellung gebrachter Steuerung und bei Kurbelstellung unter etwa 45° aus den geöffneten Zylinderhähnen Dampf ausströmt.

§ 30. Ist eine längere Betriebspause bei starker Kälte bevorstehend, so soll die Lokomotive in den Schuppen gebracht werden, um das Einfrieren des Wassers in den Rohren und Zylindern zu verhüten. Bei größerer Kälte darf auf keinen Fall die Lokomotive über Nacht im Freien stehen bleiben, ohne daß vorher das Wasser aus dem Kessel entleert wurde.

§ 31. Nach den Verfügungen des Ministers für Handel und Gewerbe und nach den Bestimmungen der preußischen Staatseisenbahnverwaltung gelten die Behälter feuerloser Lokomotiven als „Dampfkessel“ im Sinne des Gesetzes und unterliegen als solche den hierfür geltenden Bestimmungen. Zur Vornahme der äußeren Revision ist nur die Isolierung abzunehmen. Bei der inneren Revision ist nur der Mannlochdeckel zu öffnen. Der Kesselstein braucht nicht entfernt zu werden, da er als weiteres Schutzmittel gegen Wärmeausstrahlung dient.

e) Elektrische Lokomotiven.

Die Schwierigkeiten der Brennstoffbeschaffung und die ständig steigenden Kosten hierfür auf der einen Seite, die immer weitere Ausdehnung der Ueberlandzentralen mit billigen Kraftstromtarifen auf der anderen Seite führen dazu, daß bei der Anlage von Industrie- und Feldbahnen in steigendem Maße neben den bisher überwiegend vorhandenen Dampf- und Benzollokomotiven elektrische Lokomotiven verwendet werden. Gerade bei leichtem Feldbahngleis trägt es zur Schonung des Oberbaues wesentlich bei, daß bei elektrischem Antrieb die Bewegung des Ankers durch Zahnräder unmittelbar auf die angetriebene Achse des Fahrzeuges übertragen wird und damit alle Beanspruchungen durch hin- und hergehende Massen des Triebwerks fortfallen. Die für die Steuerung und Bedienung elektrischer Lokomotiven erforderlichen

Apparate sind so sorgfältig durchgearbeitet worden, daß es zu ihrer Bedienung keiner besonderen Vorkenntnisse bedarf, sondern ein halbwegs zuverlässiger Arbeiter nach kurzer Anleitung als Lokomotivführer verwendet werden kann. Die in den Fig. 219—224 abgebildeten Lokomotiven sind Erzeugnisse der Allgemeinen Elektrizitäts-Gesellschaft Berlin.

Die in Fig. 219 dargestellte schmalspurige Lokomotive zeigt die Bauart einer leichten Drehgestell-Lokomotive auf einer Rübenbahn. Um die Beanspruchung des Gleises auf das geringste Maß zurückzuführen, ist das erforderliche Lokomotivgewicht auf 4 Achsen verteilt. Zwei von ihnen werden angetrieben, die beiden andern sind mit den angetriebenen Achsen durch Stangen gekuppelt. Da je zwei Achsen zu einem Drehgestell mit kurzem Radstand vereinigt sind, vermag diese Lokomotive auch scharfe Krümmungen leicht zu durchfahren.

Fig. 219.

Fig. 220 zeigt eine ähnliche Lokomotive, bei der jedoch jede Achse direkt von einem Motor angetrieben wird, so daß die Kuppelstangen fortfallen können. Für kleinere Leistungen werden zweiachsige Lokomotiven nach Fig. 221 oder auch wohl nach Fig. 222, die eine Schmalspurlokomotive von besonders gedrängter Bauart für den Betrieb unter Erzbunkern darstellt, ausgeführt.

Alle diese Lokomotiven haben Stromabnehmer, die dazu dienen, den Motoren den Strom von der Oberleitung aus über die im Führerstand angeordneten Steuerapparate zuzuführen. Die Fahrleitung aus Kupfer oder Eisendraht wird in einfacher Weise an Holz- oder Eisenmasten aufgehängt. Zur Rückleitung dienen die Schienen des Gleises, die an den Stößen leitend miteinander verbunden werden.

An Stellen, an denen aus räumlichen Gründen oder mit Rücksicht auf Feuersgefahr eine Oberleitung nicht angeordnet werden kann, wählt man

Lokomotiven, in die eine Akkumulatorenbatterie eingebaut ist. An einer Ladestelle wird ihr die elektrische Energie zugeführt, die dann ausreicht, um die Lokomotive eine bestimmte Zeit arbeiten zu lassen. Fig. 223 zeigt eine Schmalspur-Drehgestell-Lokomotive mit Akkumulatoren für krümmungsreiche Strecken.

Ein Gebiet, in dem die elektrische Lokomotive häufig verwendet wird, ist die Streckenförderung in Kohlen- und Erzgruben, für die wegen der geringen Höhe und Breite der Stollen Sonderbauarten entwickelt sind. Eine der neuesten Lokomotiven dieser Bauart ist die auf Fig. 224 dargestellte Grubenlokomotive der Regelbauart der A.E.G., die bei einer Fahrdrahtspannung von 250 Volt eine Motorleistung von 40 PS und eine Zugkraft von

Fig. 220.

rund 1000 kg hat. Außer dem Führersitz an einem Ende wird häufig noch am anderen Ende ein Sitz für einen mitfahrenden Beamten vorgesehen. Langjährige Erfahrungen und genaue Vergleichsuntersuchungen haben ergeben, daß diese Förderart wirtschaftlich sehr hervorragend ist.

Sehr schwere Schmalspurlokomotiven werden neuerdings in größerer Zahl im Braunkohlenbergbau verwendet, wo sie, wie Fig. 225 zeigt, dazu dienen, die von den Baggern geförderten Erd- oder Kohlenmassen auf die Halde oder zu den Brikettfabriken zu befördern. Die Leistung der von der

A.E.G. für diese Zwecke gelieferten Lokomotive ist 500 PS bei 600 Volt und einer Zugkraft von 8000 kg.

Fig. 221.

Ueber die konstruktive Durchbildung einer elektrischen Motorlokomotive geben die Fig. 226—229 näheren Aufschluß.

Fig. 222.

Fig. 223.

Fig. 224.

Fig. 225.

Fig. 226 zeigt eine 90—100 PS-Grubenlokomotive der Benrather Maschinenfabrik A.-G. Die beiden Kopfstücke bestehen hier aus gußeisernen Pufferkasten, welche die Zug- und Stoßvorrichtungen aufnehmen. Jede Achse wird durch einen besonderen Motor angetrieben. Jeder Motor bildet mit seinem Räderwerke eine in sich geschlossene Konstruktion, die in einer kräftigen Schwinge S gelagert ist. Die Schwinge ist pendelnd an der Laufachse aufgehängt, wobei der zweite Stützpunkt der Schwinge abgefedert ist. Die erste und die zweite Vorgelegewelle sind starr voneinander abhängig, während

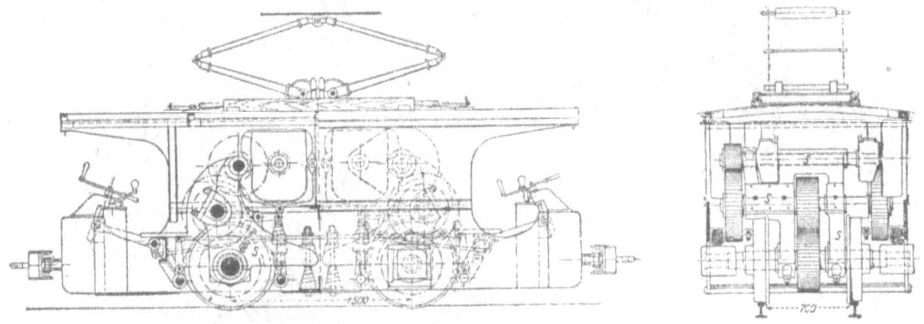

Fig. 226.

der Motor wieder federnd zur Schwinge gelagert ist. Die Lager der ersten Vorgelegewelle sind am Motor angegossen. Die Zahnräder sind aus Stahlguß mit geschnittenen Zähnen hergestellt. Die Lager sind nachstellbar.

Die Ausführung der Bremse zeigt Fig. 227. Jede Bremse wirkt gleichzeitig auf alle vier Räder. Die Puffer und Zugvorrichtungen sind den besonderen Betriebszwecken entsprechend ausgebildet und in Fig. 228 bzw. 229 dargestellt. Der Puffer hat die Form eines Kreissegmentes, gegen welches

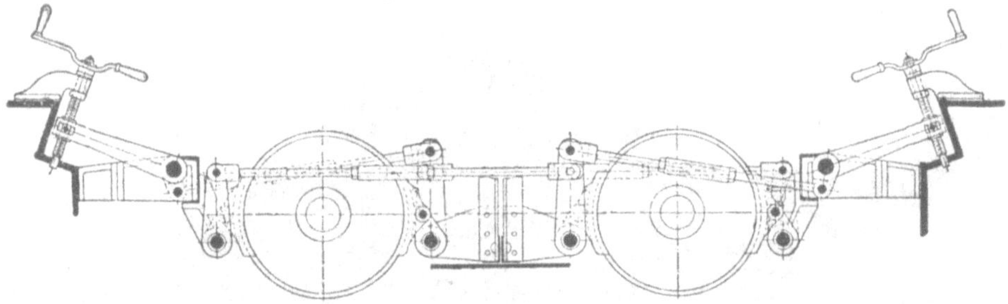

Fig. 227.

sich die Balken der Grubenhunte anlegen. Er ist in Schmiedeeisen ausgeführt und gelenkig an zwei Stangen aufgehängt, die in den Pufferkasten geführt sind und den Druck durch Kegelfedern übertragen. Die Stangen haben Raum für seitliche Bewegung, so daß der Puffer auch in Krümmungen mit den Balken der Hunte in Berührung bleibt. Der Zughaken ist durch einen Schlitz des

Puffers geführt und gelenkig mit einer Stange verbunden, die den Zug mittelst starker Kegelfedern auf den Pufferkasten überträgt. Die Lokomotiven werden für Leistungen von 10—150 PS gebaut.

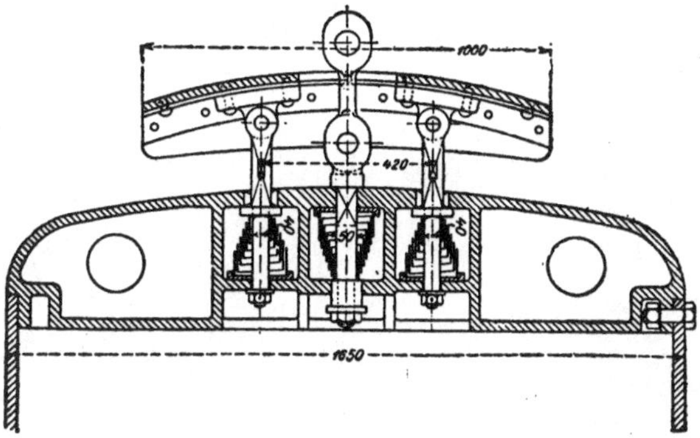

Fig. 228.

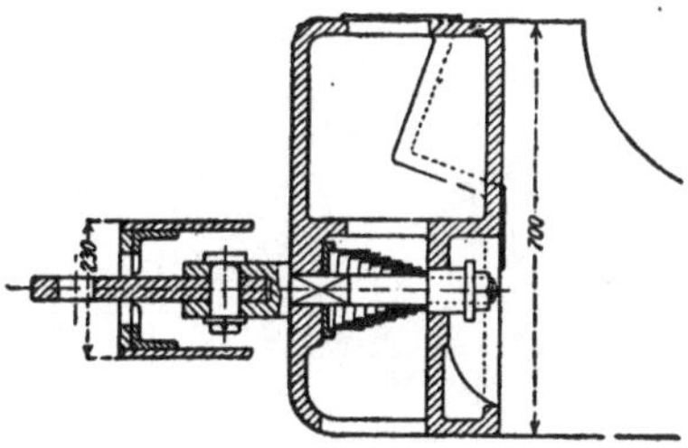

Fig. 229.

Sehr gut bewährt haben sich auch die geschlossenen elektrischen Förderbahnlokomotiven der Siemens-Schuckertwerke. Die Firma gibt über diese Maschinen folgende Daten bekannt.

Tabelle XX.

Kleinste Spur mm	Kleinster Laufraddurchmesser mm	Spannung Volt	Leistung PS	Geschwindigkeit [1]) km/std.	Zugkraft [1]) kg	Gewicht kg
450	600	110	9	8	290	3100
450	600	110	12	5	575	3500
450	600	220	24	10	575	3500
450	600	500	18	7,5	585	3500
450	600	500	27	11	585	3500
500	750	220	15,5	7	535	3750
500	750	500	10	12	410	3750
500	750	220	38	10,5	880	5000
500	750	500	40	11,5	820	5000
700	800	250	70	9,5	1800	7000
700	800	500	64	9	1730	7000

[1]) Bei kleinstem Laufraddurchmesser und größter Uebersetzung.

Inhaltsverzeichnis.

Seite

Einleitung 1

I. Linienführung 3

II. Bahnkörper 10
a) Unterbau 10
b) Brücken 10
c) Straßenkreuzungen 16
d) Sonstige Baulichkeiten 16

III. Oberbau 18
a) Neigungs- und Krümmungsverhältnisse, Radstand 18
b) Schienen, Berechnung und Querschnitte, Schienenverbindungen 21
1. Bewegliches Gleis 21
2. Halbbewegliches Gleis 24
3. Festverlegtes Gleis 24
4. Berechnung und Dimensionen der Schienen 26
c) Schwellen 27
d) Weichen 31
1. Bewegliche Weichen 31
A. Zungenweichen 31
B. Schleppweichen 33
C. Kletterweichen 34
2. Festverlegte Weichen 37
3. Versenkte Weichen 38
e) Umstellvorrichtungen 38
f) Paßstücke und Feldbahnkreuzungen 39
1. Paßstücke 39
2. Feldbahnkreuzungen 39
g) Drehscheiben und Schiebebühnen 40
1. Drehscheiben 40
A. Transportable Drehscheiben 41
B. Festverlegte Drehscheiben 45
2. Schiebebühnen 45

IV. Betriebsmittel 47
a) Details der Betriebsmittel 47
1. Räder 47
2. Radsätze 48
3. Lager 51
A. Feste geschlossene Lager 51
B. Federnde Lager 54
4. Zug- und Stoßvorrichtungen 56
5. Bremsen 59
b) Wagen 61
1. Wagenuntergestelle 61
2. Kippwagen 65

Seite

A. Muldenkippwagen 65
B. Kastenkippwagen 67
3. Plateauwagen 68
4. Kastenwagen 70
5. Wagen für die Land- und Forstwirtschaft 70
6. Wagen für Gruben und Bergwerke 73
7. Spezialwagen 77

V. Fahrwiderstand und Zugkraft 79

VI. Lokomotiven 85

a) Dampflokomotiven 87
1. Feldbahnlokomotiven der Firma A. Borsig 92
2. Feldbahnlokomotiven der Hannoverschen Maschinenbau-Aktien-Gesellschaft 98
3. Betriebsvorschriften für kleine Dampflokomotiven 101
b) Motorlokomotiven 105
1. Motorlokomotiven der Gasmotorenfabrik Deutz 106
2. Deutzer Grubenlokomotiven 115
3. Motorlokomotiven der Ruhrthaler Maschinenfabrik 117
4. Oberurseler Feldbahn-Lokomotiven 122
5. Betriebsvorschriften für Motorlokomotiven 128
c) Druckluftlokomotiven 131
1. Druckluftlokomotiven für Tunnelbauten von A. Borsig . . 137
2. Druckluftlokomotiven für Bergwerke und Grubenbahnen . 140
3. Betriebs- und Instandhaltungsvorschriften für Druckluftlokomotiven 141
d) Feuerlose Lokomotiven 142
1. Berechnung der feuerlosen Lokomotiven 145
2. Beschreibung ausgeführter feuerloser Lokomotiven 161
A. Feuerlose Lokomotiven der Hanomag 161
B. Feuerlose Lokomotiven von A. Borsig 167
C. Feuerlose Lokomotiven für Grubenbetrieb 170
D. Betriebsvorschriften für feuerlose Lokomotiven 171
e) Elektrische Lokomotiven 174

Hans de Bruycker jr

Mackensen
Drahtseilbahnen Hängebahnen Kettenbahnen
Seilförderungen Rangieranlagen
Transportanlagen f. alle Zwecke d. Industrie
A·W·MACKENSEN
Maschinenfabrik u. Eisengießerei G-m-b-H
SCHÖNINGEN

Feld u. Industrie Bahnen
Lokomotiven
Komplette Bauzüge
Oberbaumaterialien
Gleise - Weichen
Drehscheiben
Ersatz und Reserve Teile
Kauf Miete
Gebr. Sensburg
CÖLN a/Rh.
Hohestr. 61
Thelephon: A 8604 u. A 7609.
Telegr. Adr.: Bahnbedarf

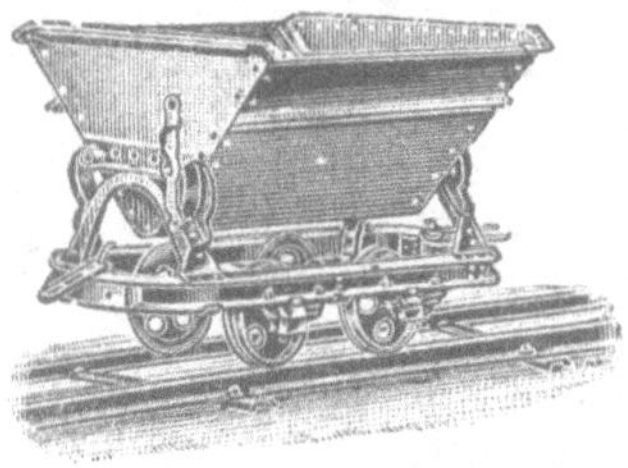

Automobiltechnische Bibliothek

Band VI. **Das Fahrgestell von Gaskraftwagen.** Von Dr. Ing. **R. Lutz,** Professor der techn. Hochschule Trondhjem in Norwegen. Drei Teile. I. Teil mit 147 Abbildungen (202 Seiten Umfang.) Preis brosch. M. 8.65, gebd. M. 12.65. Inhaltsübersicht: **Abriß der Arbeitsübertragung.** Wechselgetriebe — Ausgleichgetriebe — Gesamtaufbau der Arbeitsübertragung. **Die Unebenheit der Fahrbahn.** Achsbewegungen gegen den Wagenrahmen — Achsantrieb — Achsabstützung — Die durch Wegunebenheiten hervorgerufenen Massenkräfte im Triebwerk — Formänderungen des Rahmens. **Beziehungen des Fahrgestells zum Wagenkasten.**

Teil II. **Lenkung, Räder, Bereifung, Achsen und Abfederungen.** Von Dipl.-Ing. **A. G. von Loewe.** Mit 395 Abbildungen 464 Seiten Umfang. Preis geh. M. 20.—. Teil III in Vorbereitung.

Band VII. **Die Leistungsverluste und die Abfederung von Kraftfahrzeugen.** Von Dr.-Ing. **Erich Bobeth.** 234 Seiten Umfang. Mit 146 Abbildungen. Preis brosch. M. 9.80, gebd. M. 13.80.

Band VIII. **Konstruktionsberechnungen von Kraftfahrzeugen und die Organisation des Konstruktionsbüros.** Von Dipl.-Ing. **A. G. von Loewe.** Mit 15 Fig. im Text und 100 Berechnungstafeln. (280 Seiten Umfang. Gr. 8°.) 2. verbesserte Auflage. Preis geh. M. 20.—, gbd. 25.—.

Band IX. **Die Schmierung leichter Verbrennungsmotoren.** Von **K. R. H. Praetorius,** Ing. Mit 186 Fig. im Text, Preis (229 Seiten Umfang) geh. M. 15.—, gebd. M. 19.—.

Band X. **Die Kühlung leichter Verbrennungsmotoren.** Von **K. R. H. Praetorius,** Ing. (erscheint Anfang 1920.)

Preise mit 10 % Teuerungszuschlag.

FSC
www.fsc.org
MIX
Papier | Fördert gute Waldnutzung
FSC® C083411

Kolibri 360 GmbH
Ferdinand-Jühlke-Straße 7
99095 Erfurt, Deutschland
produktsicherheit@kolibri360.de